三道手绘快题表现系列丛书

袁旦 主编

建筑学快速设计应试教程

Architecture Exam-oriented Rapid Design Tutorial

三道手绘 编著

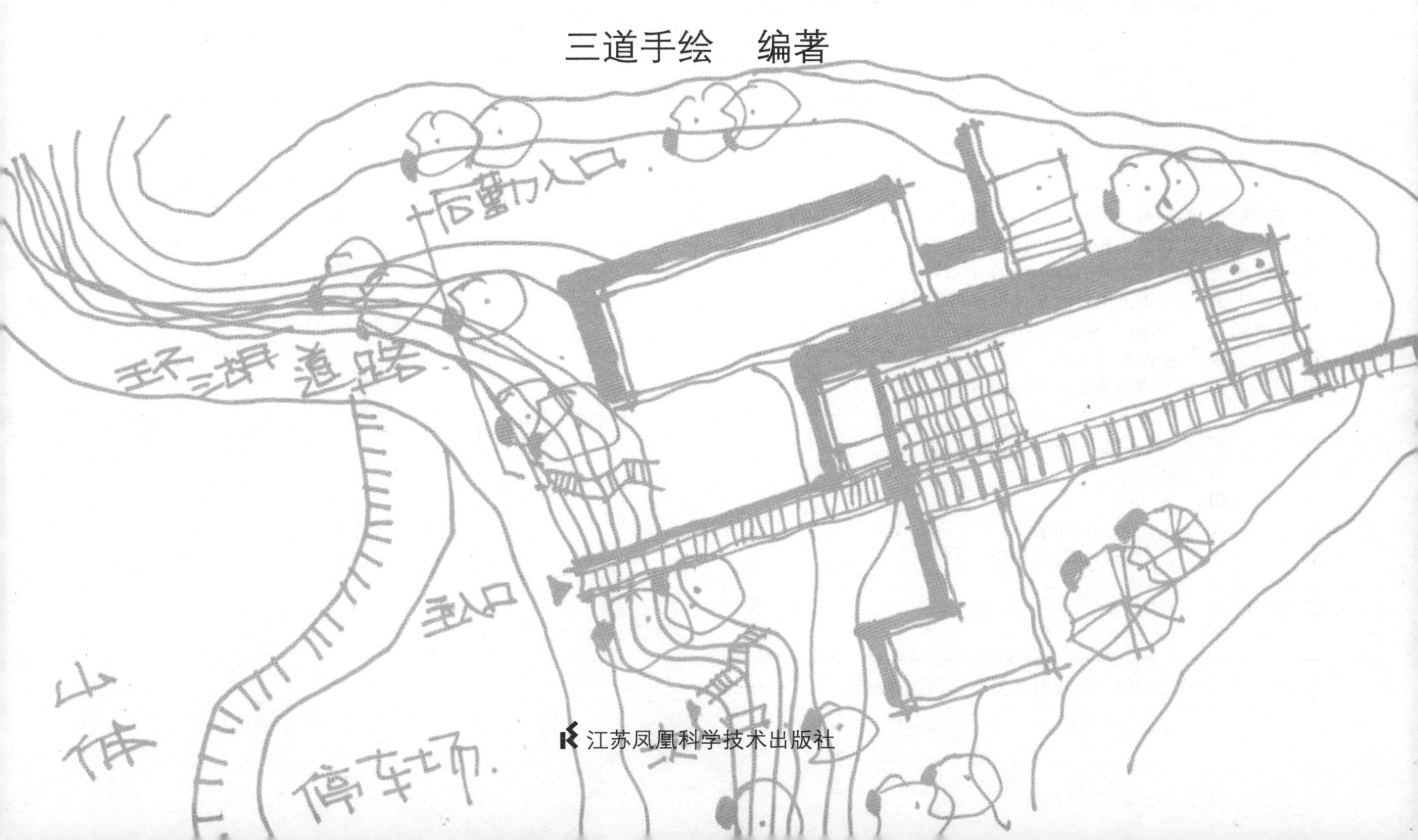

江苏凤凰科学技术出版社

图书在版编目（CIP）数据

建筑学快速设计应试教程 / 三道手绘编著 . -- 南京 : 江苏凤凰科学技术出版社，2017.7
（三道手绘快题表现系列丛书）
ISBN 978-7-5537-8320-8

Ⅰ . ①建… Ⅱ . ①三… Ⅲ . ①建筑设计－研究生－入学考试－自学参考资料 Ⅳ . ① TU2

中国版本图书馆 CIP 数据核字 (2017) 第 122859 号

三道手绘快题表现系列丛书

建筑学快速设计应试教程

编　　著　三道手绘
项目策划　凤凰空间/张　群　高　红　郑亚男
责任编辑　刘屹立　赵　研
特约编辑　张　群　于洋洋

出版发行　江苏凤凰科学技术出版社
出版社地址　南京市湖南路1号A楼，邮编：210009
出版社网址　http://www.pspress.cn
总 经 销　天津凤凰空间文化传媒有限公司
总经销网址　http://www.ifengspace.cn
经　　销　全国新华书店
印　　刷　北京博海升彩色印刷有限公司

开　　本　787 mm×1 092 mm 1/12
印　　张　16
字　　数　96 000
版　　次　2017年7月第1版
印　　次　2023年3月第2次印刷

标准书号　ISBN 978-7-5537-8320-8
定　　价　68.00元

图书如有印装质量问题，可随时向销售部调换（电话：022-87893668）。

前言 PREFACE

作为建筑学考研以及入职考试的重要科目，建筑学快速设计是考察设计专业设计能力的重要途径，可以很好地反映出考生的综合设计、把控和应变等能力。

快速设计是建筑专业学生需要掌握的一项重要技能。一般规定在 3 至 8 小时内完成一项难度适中的建筑设计方案，其中以 6 小时测试居多。设计的范围非常广泛，包括博览类、办公类、旅馆类、教学类、餐饮类、文化类、图书馆类等。

快速设计通过手绘的方式来表达设计方案，良好的设计、出色的图文表述能全面、清晰地说明设计者的设计意图，体现设计者的专业功底和素养，促成方案的深入推敲。本书基于长期实践和教学经验，针对考生困惑，综合具体案例比较全面地总结了建筑学快速设计中可能会遇到的问题并为其提供行之有效的训练思路与设计方法。

本书主要分为七部分，从易到难地介绍了快速设计的特点与学习方法、技术性图纸的表达要点、快速设计的思维训练及实际题目的解析与点评、常见问题的解答等，循序渐进地对快速设计进行了系统化、逻辑化的总结与归纳。

书中所选案例大部分为快题练习作业和考研真题，笔者在此向各位提供资料的学生表示感谢，同时也感谢在此书编排过程中付出努力的各位同仁。

由于笔者水平有限，加之时间仓促，书中难免会存在一些纰漏和不足，希望广大读者提出宝贵意见。

三道手绘

2017 年 3 月

目录 CONTENTS

第1章　绪论

建筑方案设计具有科学合理的设计周期，从建筑任务书的制定、完善到方案设计，再到成果表达，这个过程需要建筑师进行反复推敲、修改与完善，每个环节都需要一定的时间以确保方案的质量。因此，方案设计周期视建筑性质、规模及各种错综复杂的内外因素而定，短则一两个月，长则一年半载。但是，在某种特定情况下，建筑师没有足够的时间进行设计方案的深入研究，而是需要在很短的时间内，拿出一个可供发展的设计方案，这种工作方法就是快速设计（图 1.1）。

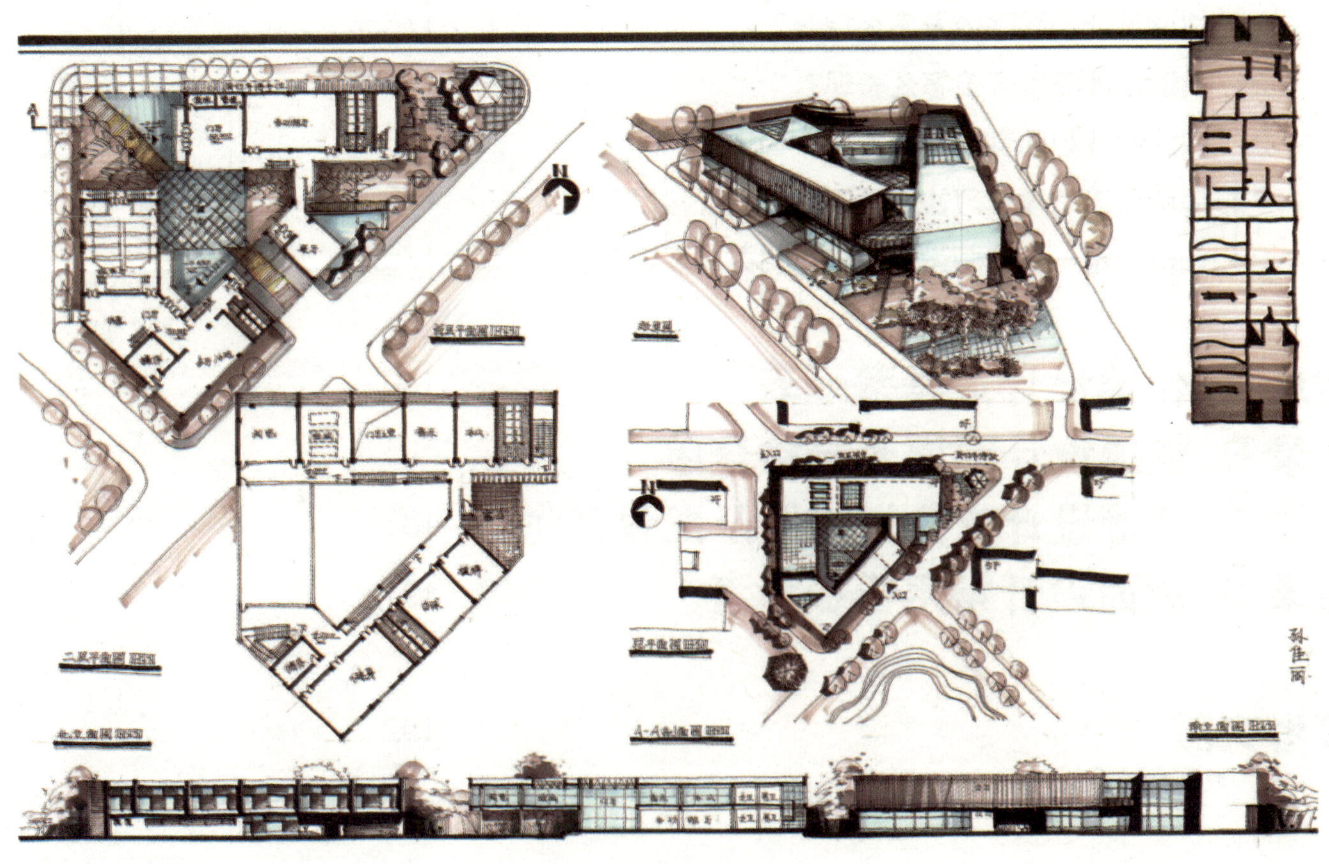

图 1.1　快速设计方案示例

1.1 建筑学快速设计的意义

1.1.1 快速设计是考核应试人员设计能力与素质的有效手段之一

快速设计已经成为建筑学研究生入学、设计单位招聘员工以及注册建筑师等考试的主要考核方式，考核的对象涵盖了绝大部分的建筑学专业学生、教师以及相关从业人员。快速设计能真实地反映应试者设计素质与潜力、创作思维活跃程度、图面表达基本功底等综合能力（图 1.2）。

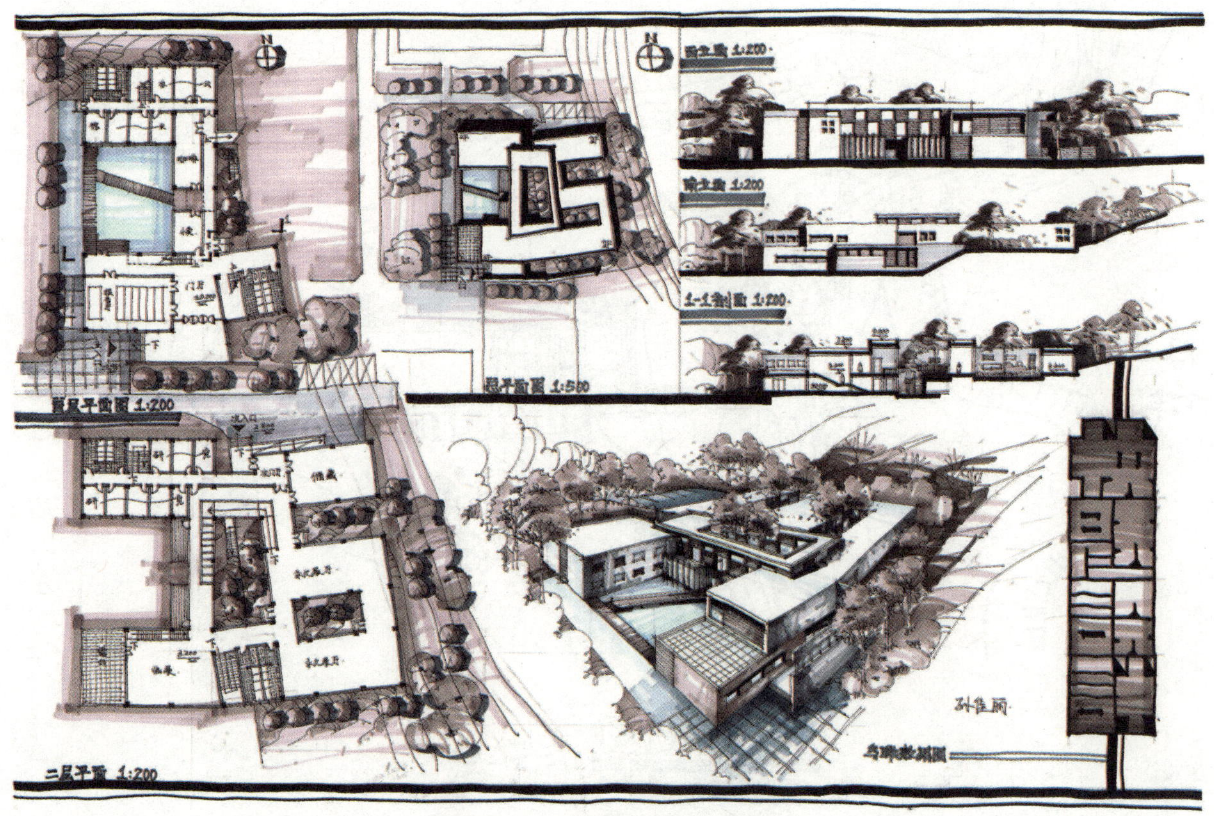

图 1.2　快速设计方案示例

1.1.2 快速设计是实际工作中的工作方式之一

快速设计是建筑师需要掌握的一项重要技能，在建筑师的日常工作中也会起到重要作用。随着建筑设计市场竞争的日益激烈，具备这样的综和能力对建筑师来说尤为重要。在现实工作中，特别是对于部分青年建筑师而言，大多数方案从接受任务到出图，一般也就 10~20 天。如果能在短暂的时间内完成基地调研、现状分析、方案构思以及图纸绘制工作，有时候甚至能与业主面对面地进行半个小时内的方案构思与快速手绘，就能起到决定性的作用，而这的确要求建筑师具备过硬的业务素质（图 1.3）。

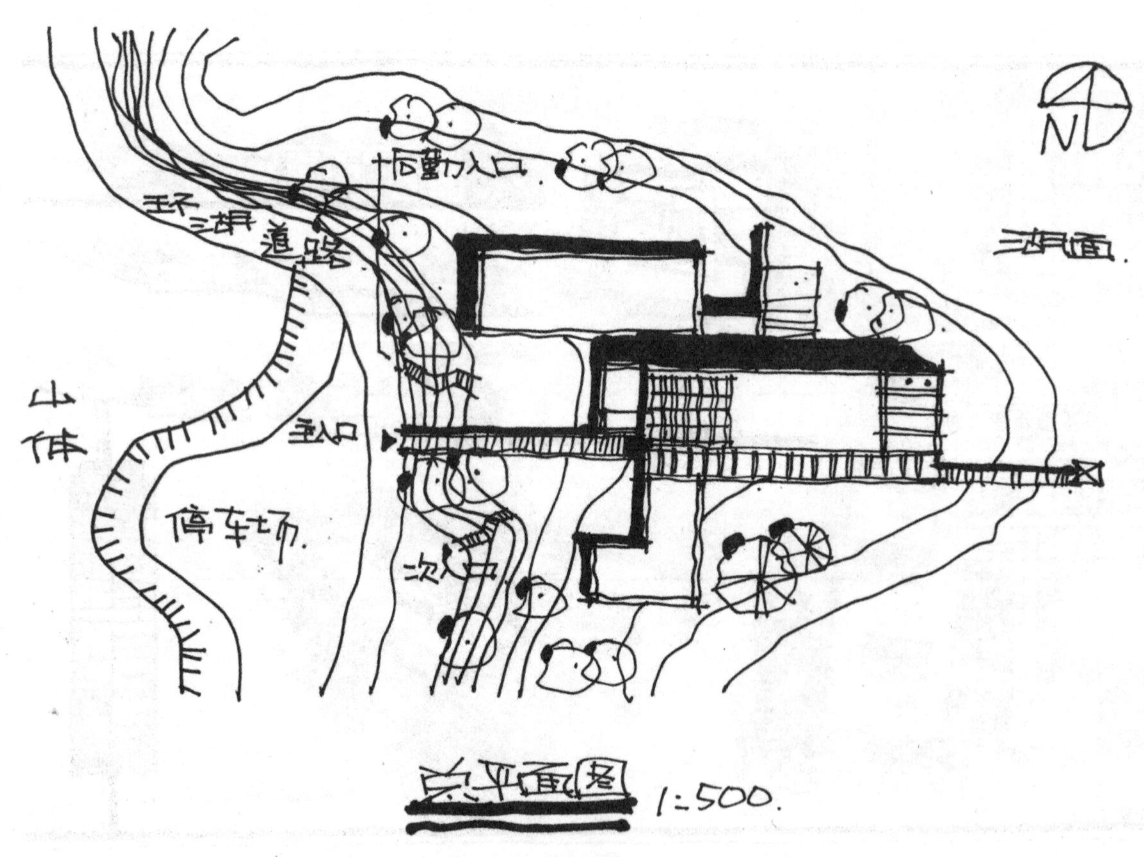

图 1.3　快速设计方案示例

1.1.3 快速设计是训练建筑师思维能力和创作能力的重要环节

建筑师在建筑创作初始，为了寻求一个最佳方案，总是要进行多方案比较。建筑系学生在课程设计中，作为设计方法的学习也要在方案设计开始阶段进行若干方案的探讨。上述多方案的比较过程以及思维方法、设计成果表达等特点都与快速设计的工作方法相似。因此，多方案比较的研究设计过程，也是不断训练建筑师和建筑学学生的思维能力和创作能力的过程（图 1.4）。

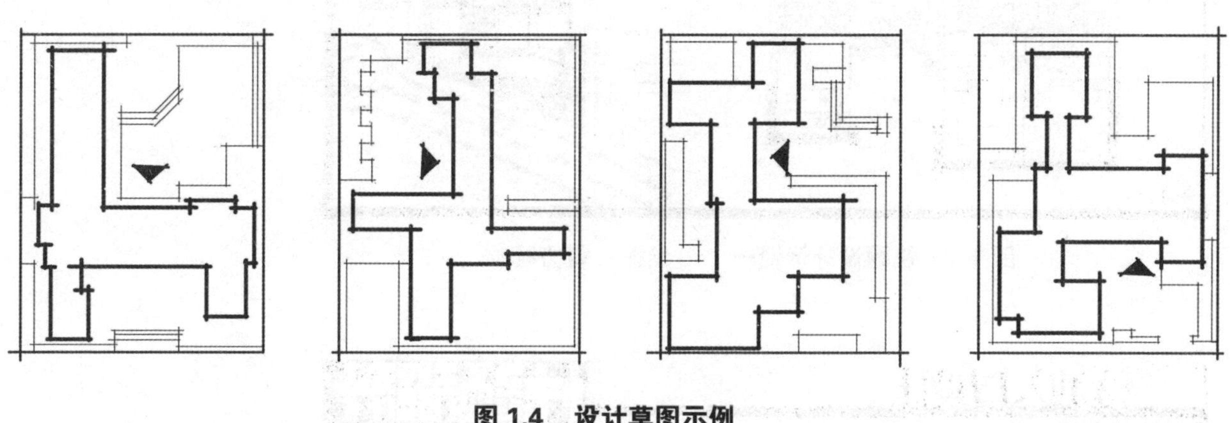

图 1.4 设计草图示例

1.2 建筑学快速设计的特点

1.2.1 设计时间短

快速设计时间紧迫，一般要求在 3 个小时、6 个小时或 8 个小时内完成。为了达到快速的目的，设计者需要在设计过程与绘图过程的各个环节中都加快速度。要快速理解题意，快速分析设计要求，快速理清设计的内外矛盾；要充分发挥灵感的催化作用，尽快找到建立方案框架的切入点；要快速构思立意、快速推敲方案、完善方案，直至快速地用图示表达出设计来（图 1.5、图 1.6）。

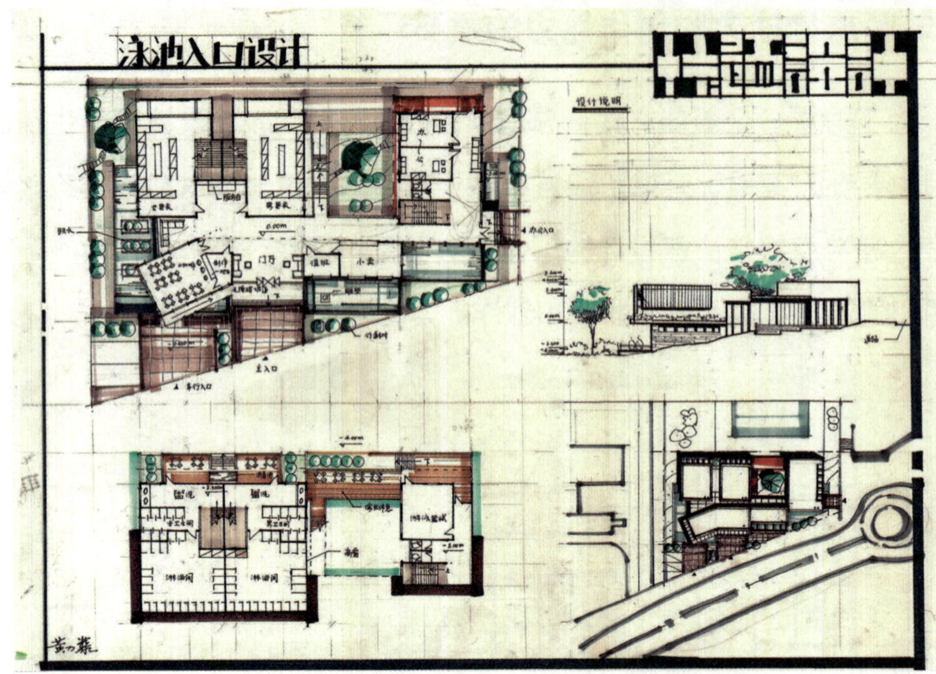

图 1.5　快题设计示例一　　绘图：黄力藜

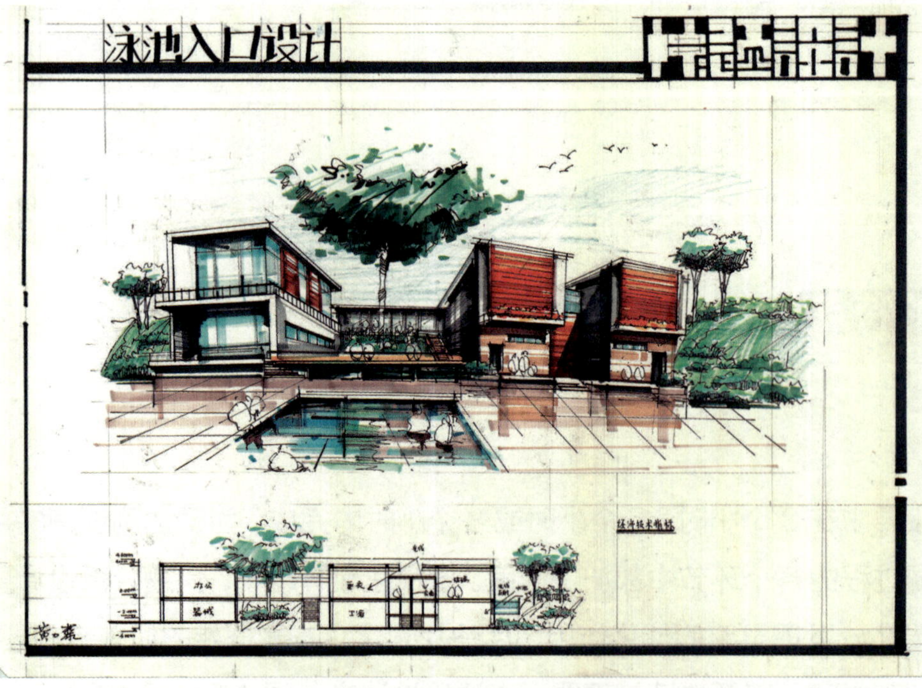

图 1.6　快题设计示例二　　绘图：黄力藜

1.2.2 图面表达简练

快速设计的成果，只要求抓住影响设计方案全局性的大问题，如环境设计考虑、功能分区安排、平面布局框架、造型设计构思等，而不拘泥于设计方案的细枝末节（图 1.7、图 1.8）。

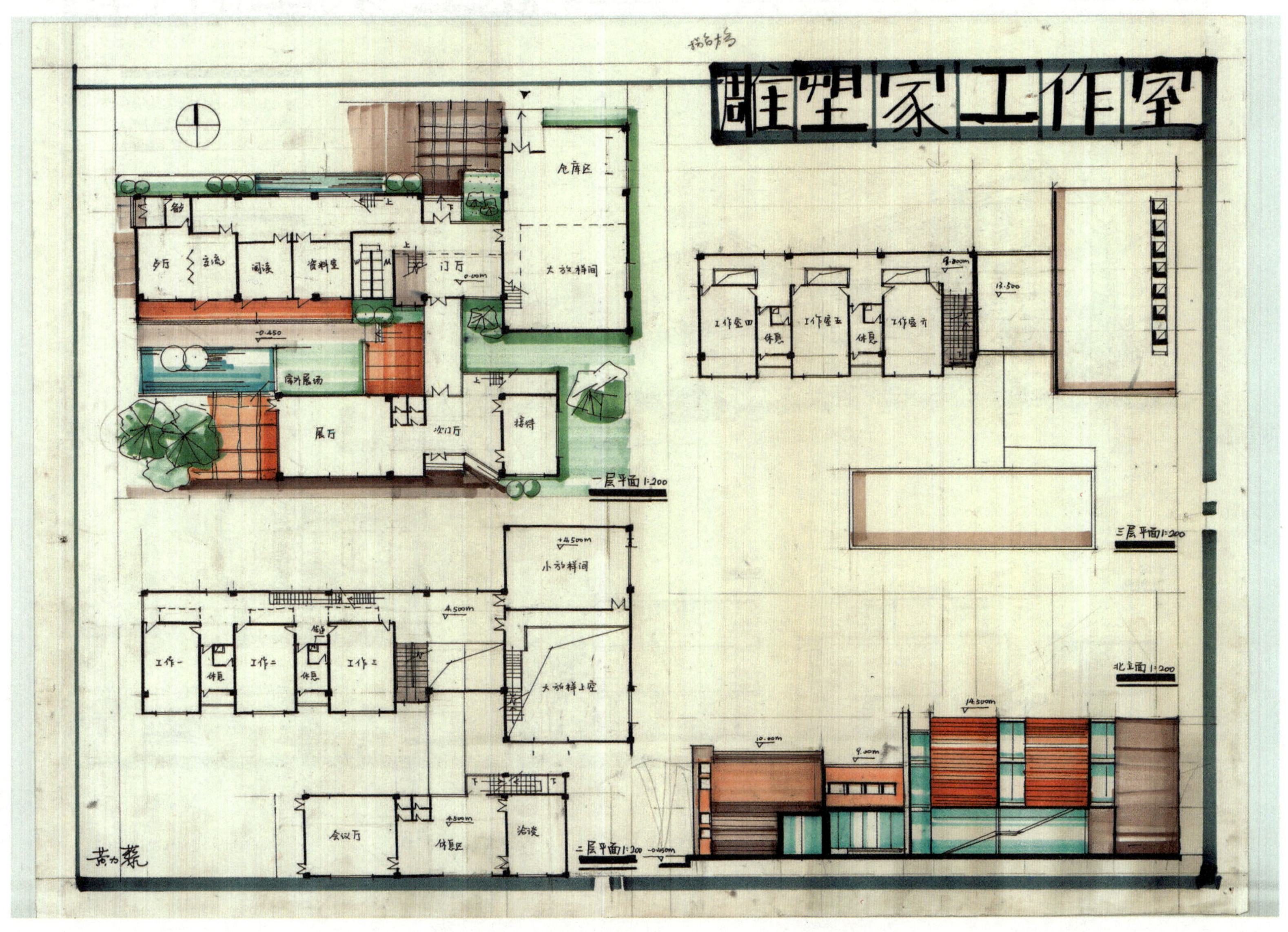

图 1.7 快速设计示例一　　绘图：黄力藜

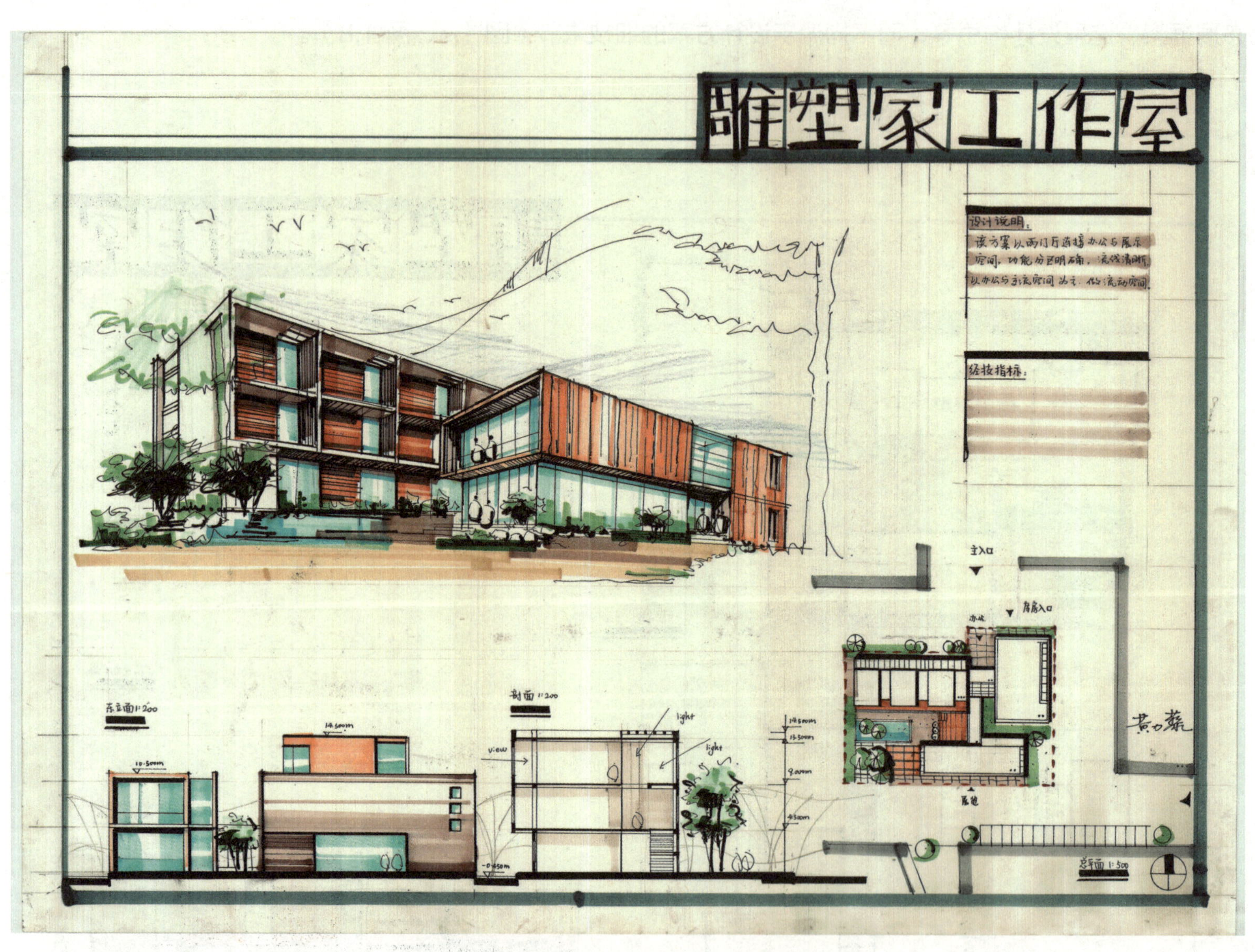

图 1.8　快速设计示例二　绘图：黄力藜

1.2.3 设计思维敏捷

由于设计时间短、速度快，设计思维活动与设计模型的运作就不能稳步推进，而要充分调动创作情绪，捕捉创作灵感，打开创作思路，搜索脑海中的信息，快速分析设计矛盾，果断确定方案建构出路，这一系列思维过程是相当敏捷、高度紧张的，因为对矛盾的分析、综合都是在脑海中同步进行的，有些想法甚至是一闪而过的（图 1.9~ 图 1.11）。

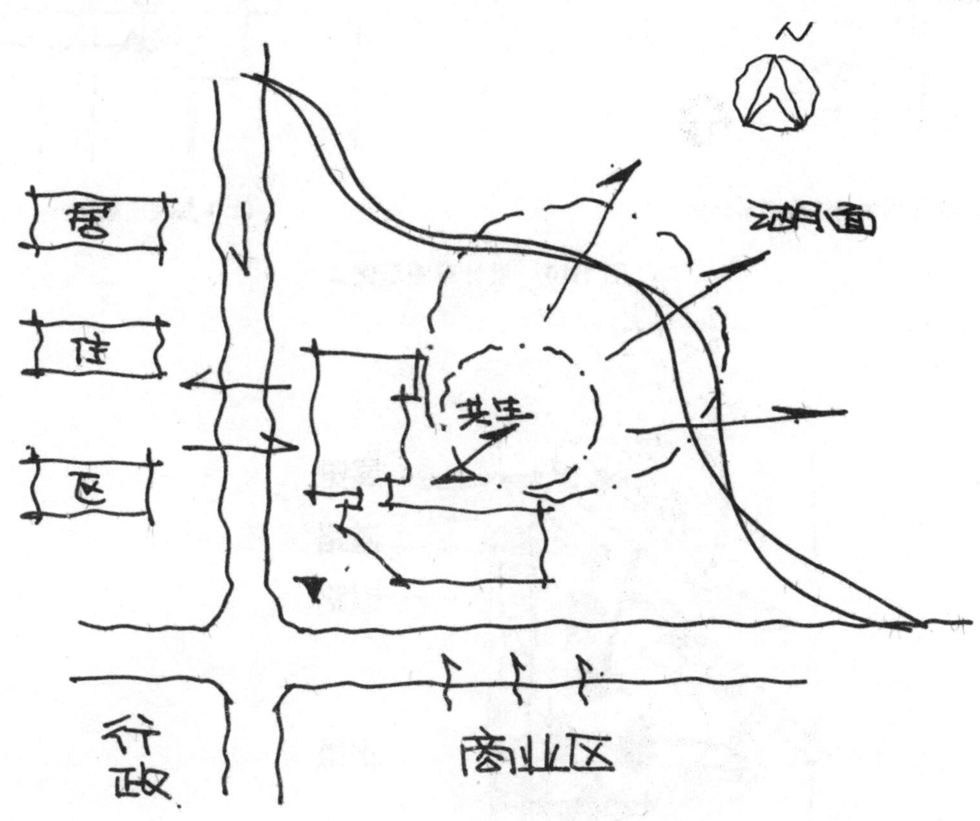

图 1.9　设计草图示例一

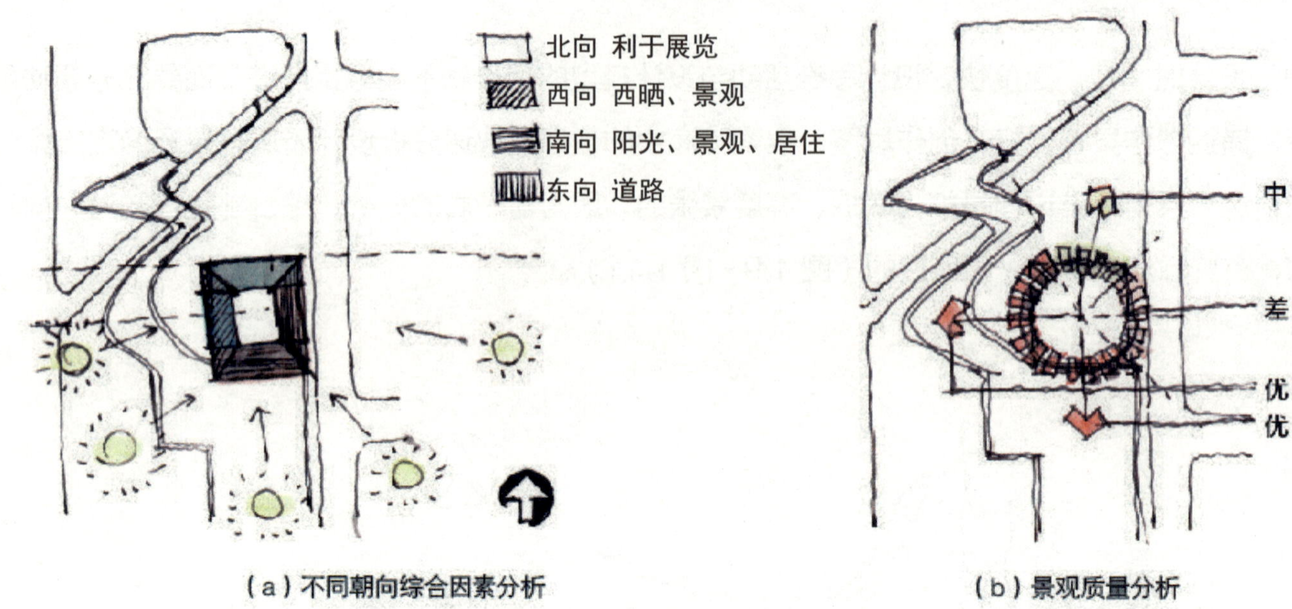

（a）不同朝向综合因素分析

（b）景观质量分析

图 1.10　设计草图示例二

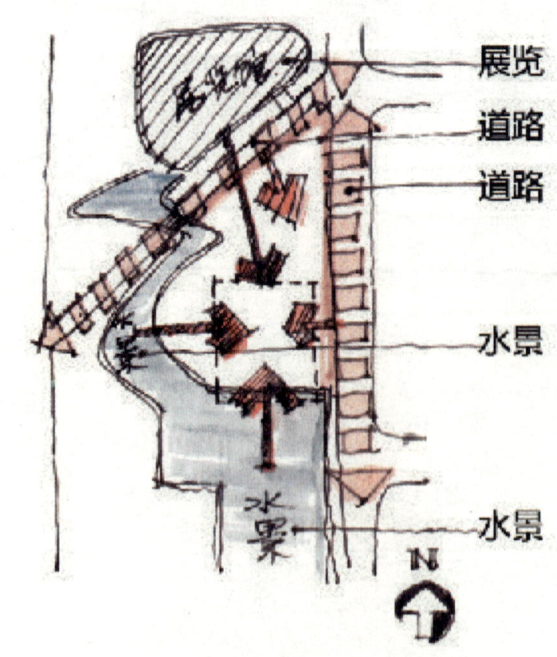

图 1.11　设计草图示例三

1.2.4 表现与设计“分离”

快速设计由于时间限定的特点，在设计意图的表现方式上具有特殊性。快速设计不同于施工图、方案扩初和长周期的课程设计（其图纸表达要求内容完整、具有严谨的对应关系），其图面内容不可能完整地反映方案的各个环节。因此，只能抓住设计理念的主要特点，在形式上不注重表现与内容的同一性。例如，总平面图屋顶构造与立面、透视并无严格的对应关系，其设计内容只能在鸟瞰图上方能有所反映。如果我们只做正常人视高的透视，那么屋顶的构形只能是一定程度上表现在剖面中。正是由于这种缺乏对应的单一性，快速设计可以适当添加一些活跃元素来加深图面的效果，求得总平面图的精致丰富，而这并不影响阅读者对设计方案的整体性把握。但是，需要说明的是，上述方法只能是作为快速设计应试中一种求快、求美观的方法，不要错误地将其理解为一种设计原理，在平常的工作与学习中滥用是有害无益的，正如偶尔的狂欢并不能成为生活中的常态一样（图 1.12）。

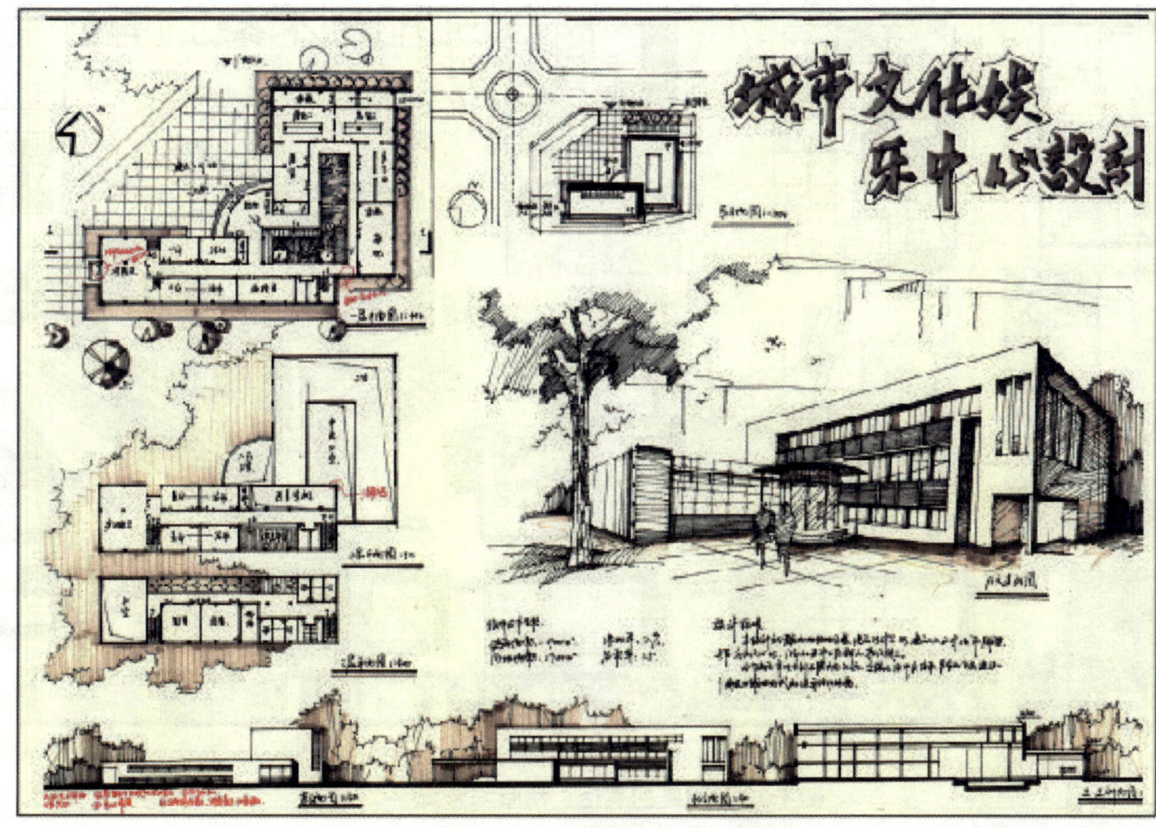

图 1.12　表现与设计“分离”

1.2.5 清晰与含混并存

要想在短时间内高效地完成所有设计内容，就必须在刻画的深度上有所偏重。这种表达方式不同于阶段性汇报图纸的设计意图的严谨、清晰，也不同于概念性构思图纸的示意性的模糊，而是介于二者之间，即清晰与含混并存。所谓清晰，就是方案设计的逻辑结构、功能组织、交通流线以及与环境文脉的关系要交代清晰；所谓含混，就是在总体关系明晰的前提下，运用完形心理的认知，放松一些次要细节的刻画，以意象性的方法表达方案的整体性，如面积指标、室内细部功能及相互间的对应关系等，当然这是建立在不影响理解方案的基础上的。比如，表现方案构思需要抓主要矛盾，概括地解决问题。就设计表现本身而言，在设计理念、功能分区要清晰的基础上，放松细部尺寸的“严谨”，像门窗位置在平、立面是否具有严格对应，可以不做太多计较，也就是相互之间的吻合性可以“含混”一些（图 1.13）。

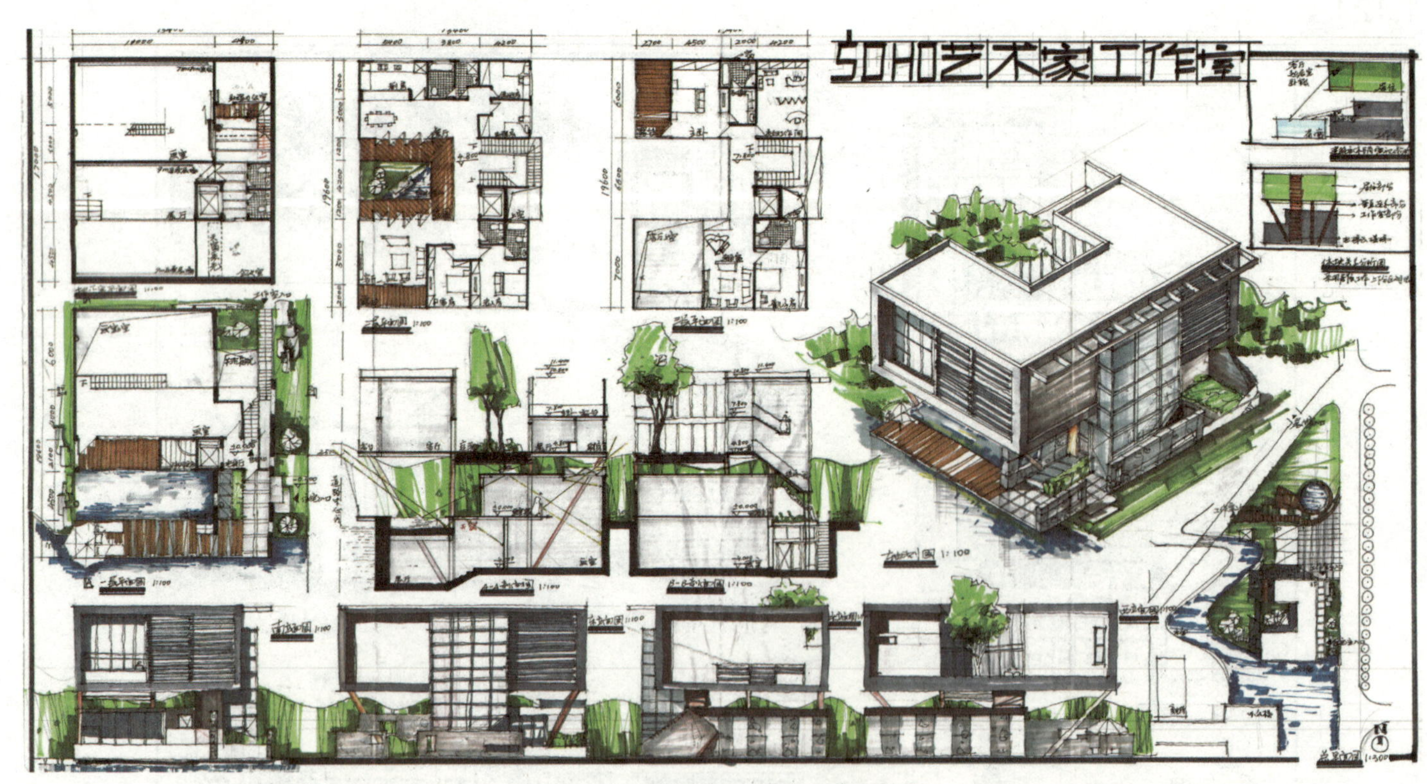

图 1.13　图纸的表达：清晰与含混

1.3 建筑学快速设计的常见类型与时间安排

快速设计考试要求在短时间内完成方案的设计与表现，因此很少出现功能复杂、建筑面积大或有特殊要求的建筑，如医院建筑、体育建筑、剧院建筑等。快速设计中常见的建筑类型是中小型民用建筑，因此设计者应熟悉公共建筑设计原理，熟悉设计方案的深度要求和制图规范的有关规定，掌握常见建筑类型的功能要求和基本的规范数据。

从时间限定上来看，常见的快速设计考试有两种基本形式：3 小时快速设计和 6 小时快速设计。

1.3.1 3 小时快速设计

这类快速设计一般要求在 3 个小时左右的时间内完成一个面积有限、功能简单的建筑单体，常见的建筑类型有报刊亭、大门传达室、小区售楼服务部等。此外，此类快速设计也可能要求完成一个建筑方案设计的部分任务，比如根据总平面、平面形式推断立面形式，根据立面及平面形式推断建筑效果图、剖面图等。

对于一般的 3 小时快速设计，建议的时间进度安排如表 1.1 所示。

表 1.1 3 小时快速设计时间分配

时间	程序	要点及备注
25 分钟	方案构思	要点：读任务书，审视地形图，勾画重点，画结构分析图；搞清性质、功能、环境、潜在条件和暗示； 备注：其间可以做画图框等杂事
50 分钟	各层平面图	要点：绘图顺序为首层平面、各层平面，线条和色彩要简练有效，图面要清晰有力度，统一是关键； 备注：各张图要先有基本内容，文字标注尽量全，以备不测，随时可以交图
20 分钟	主立面图	要点：可直接在正式图上画，H 级铅笔不脏图
30 分钟	透视图	要点：一切按照既定方案
25 分钟	其他立面图、剖面图	要点：图面完整是第一要义
20 分钟	总平面图	要点：重点强调道路与建筑、建筑与场地之间的相互关系
10 分钟	机动时间	要点：查漏补缺，核对任务书和检查清单，按要求写名字和编号，下板裁图

1.3.2 6 小时快速设计

这类快速设计一般在一日内完成，从早晨开始，到下午结束。要求绘制建筑的总平面图、各层平面图、立面图、剖面图和透视图，写出必要的设计说明和技术经济指标等，常见的题目一般要求面积在 2000~3000m^2，建筑类型一般有艺术家工作室、建筑师事务所、展示中心、培训中心、校史馆、图书馆等。此类快题一般含有 2~3 条流线，设计者有较充裕的时间表达出大体构思和方案的整体关系。

对于一般的 6 小时快速设计，建议的时间进度安排如表 1.2 所示。

表 1.2 6 小时快速设计时间分配

时间	程序	要点及备注
45 分钟	方案构思	要点：读任务书，审视地形图，勾画重点，画结构分析图；搞清性质、功能、环境、潜在条件和和暗示； 备注：其间可以做画图框等杂事，1 小时之内方案必须敲定
55 分钟	一层平面图	要点：在一层平面铅笔稿绘制阶段可以继续深入和完善设计方案
60 分钟	二、三层平面图	要点：各张图要先有基本内容，文字标注尽量全，以备不测，随时可以交图
30 分钟	总平面图	要点：重点强调道路与建筑、建筑与场地之间的相互关系
30 分钟	主立面图	要点：可直接在正式图上画，H 级铅笔不脏图
20 分钟	其他立面图	要点：图面完整是第一要义
40 分钟	透视图	要点：一切按照既定方案
20 分钟	剖面图	要点：结构体系表达明了，标高准确
20 分钟	分析图及设计说明	要点：分析图及设计说明根据图面需要进行版面调整，分析图主题突出，文字要规矩
20 分钟	图纸表现	要点：重点区分建筑的黑、白、灰关系，整体图面有层次感
20 分钟	机动时间	要点：查漏补缺，核对任务书和检查清单，按要求写名字和编号，下板裁图

1.4 本书的阅读方法

本书主要讨论有关“快速设计”的问题。随着近些年建筑学考研、设计单位招聘考试等的不断升温，快速设计愈发受到重视。本书的主要目的在于帮助需要参加此类考试的同学们，尽快进入状态，完成从零基础向高分的转变。所以，本书在内容的编排上，从学习的方法、工具的选择、图纸的绘制、设计的流程、规范的应用、版面的构成几个方面入手，先用文字部分做理论介绍，再用图示做出相关解释，希望能将快速设计中最常见的问题呈现给读者。

“习惯成自然”，快速设计也是如此。因此，笔者在附录中给大家整理出一些常见问题的检查清单，方便读者每次做快题之前、之中以及之后，都能按照清单的提示对自己快速设计中所存在的问题进行记录或评价，并逐步改正自己的错误，让“正确”成为一种习惯，以期待在时间紧迫的考试中，做到“习惯成自然”，每画一笔就是正确的，从而赢得阅卷者的青睐。

第 2 章 快速设计学习方法

在学习方法上，不能简单地认为快速设计是长周期课程设计作业在绘图速度上的提高，要将快图表现的学习作为一门课程来理解。快速设计的学习有其内在的规律。在学习之初，很多同学常常都会超出限定的时间。要想完整且快速地表达设计内容，就必须从学习本身的规律出发，分阶段、有步骤地学习。

2.1 设计原理的基础

快速设计是以设计基础课的学习为前提的，从某种意义上讲，快速设计更注重方案的构思。由于时间短，就要求大家在平时的学习中注意搜集与积累素材，这样应试时才能压缩方案设计的时间。但是，这种积累应该是有的放矢的，在这里，本节提供几个快速设计需要积累的入手点供大家参考。

2.1.1 基地

研究不同基地的地貌（坡地、平地、河岸）、地形（矩形、梯形、三角形、不规则地形）以及周边干道的交通状况，注意揣摩功能不同的建筑在特定基地环境中，交通组织、内部功能空间排布上的差异。在碰到基地迥异、功能不同的快速设计考试时，考生就能在构思的宏观层面上把握设计的要点（图 2.1、图 2.2）。

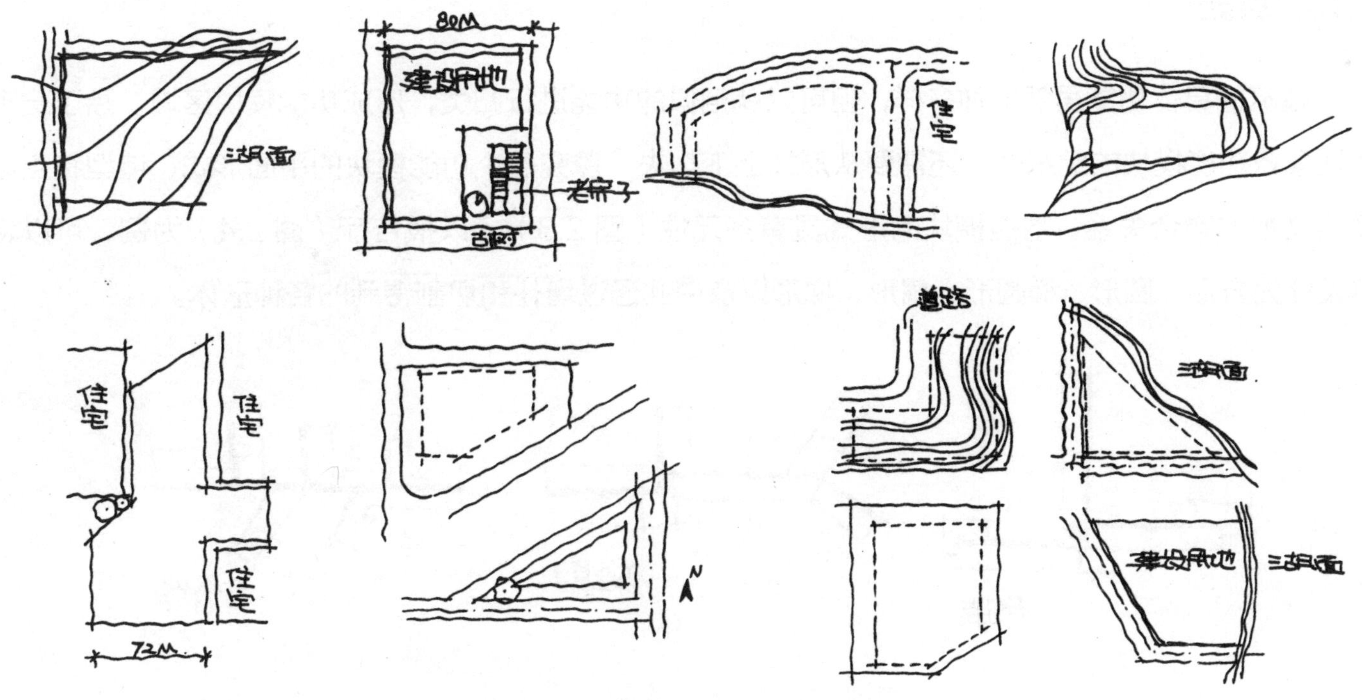

图 2.1　建筑快题中常见基地形状示例一

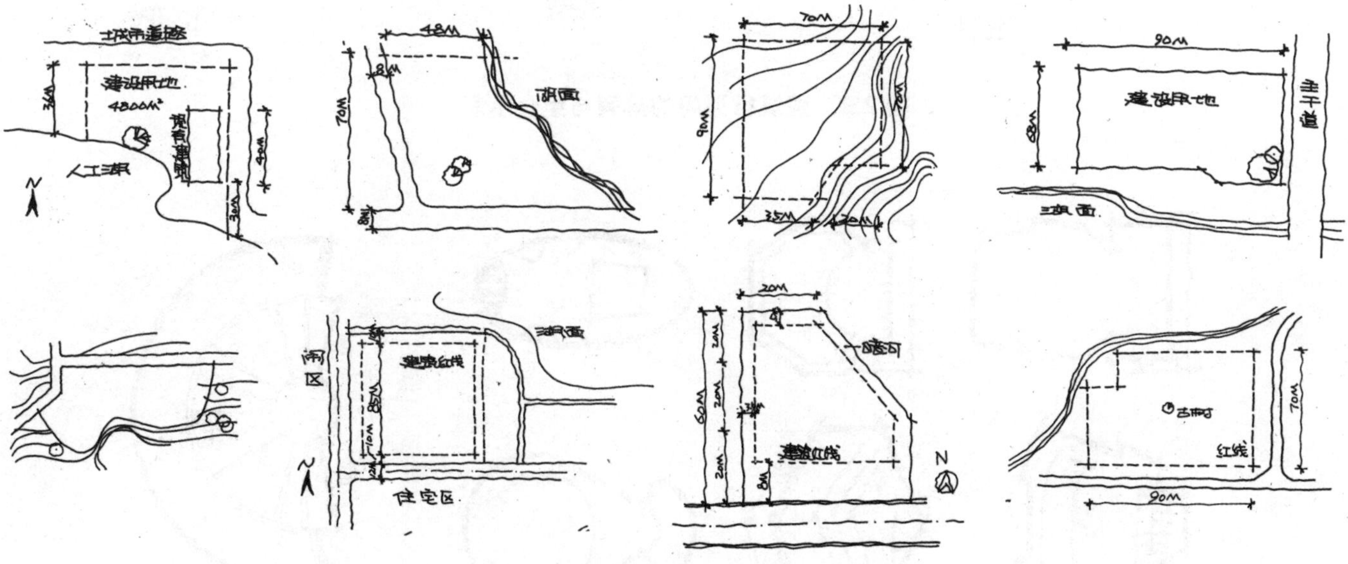

图 2.2　建筑快题中常见基地形状示例二

2.1.2 功能

建筑的具体功能虽然多种多样，但可以就相似的功能进行归类，形成功能模块区域。除了宏观上注意各功能模块的组织外，还需要从形式上下功夫，探究各个功能模块的平面形式、造型特点以及与基地的吻合关系。功能模块的形式具有多元性（图 2.3），以报告厅（图 2.4）为例，可以将其设计为方形、圆形、椭圆形、扇形、梯形以及由此通过增补和切割得到的各种形体。

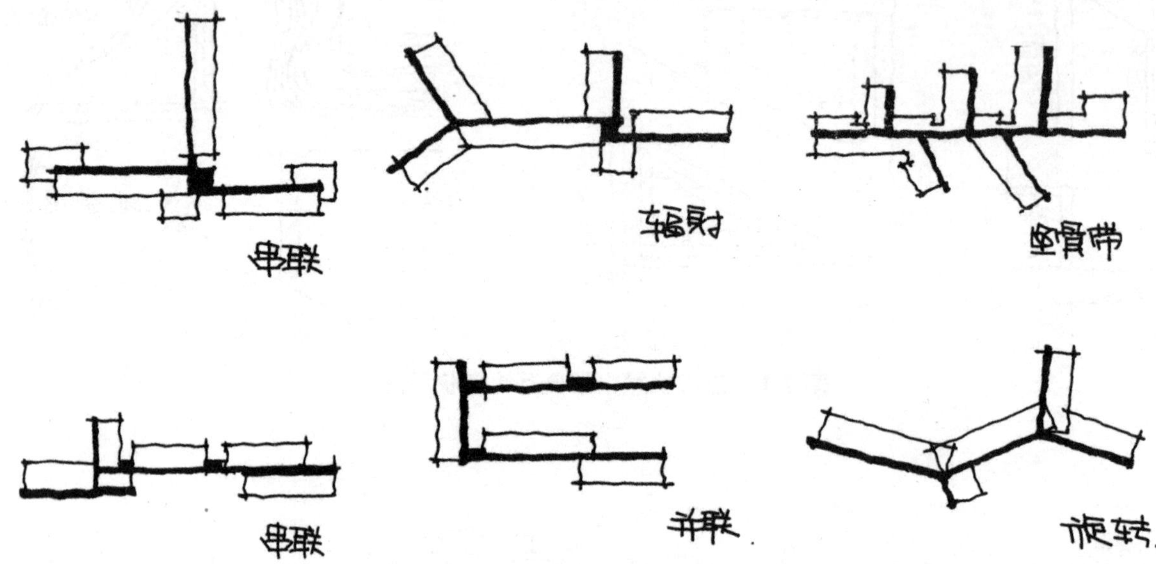

图 2.3　建筑行列间的排列与组合示意

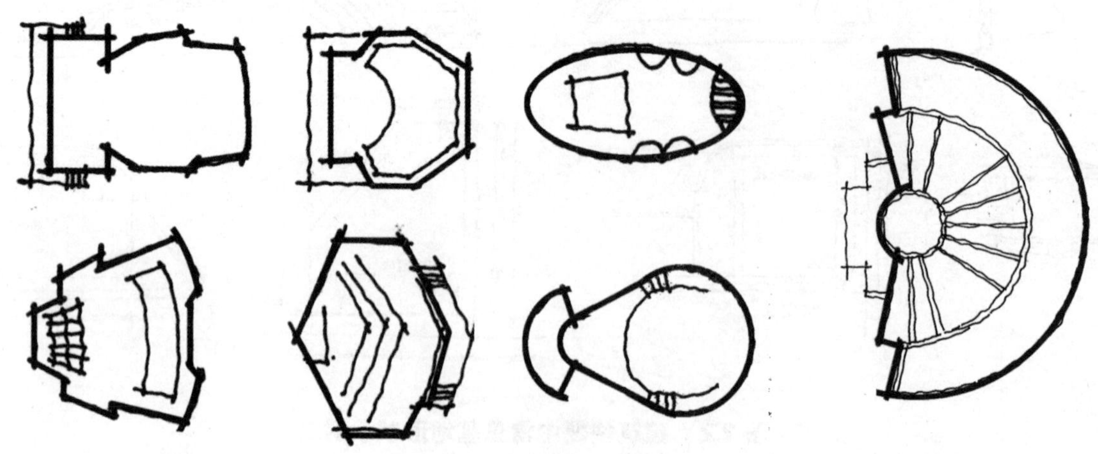

图 2.4　报告厅形状举例

2.1.3 造型

在掌握一定的模块功能特点之后，学习的要点就转移到能表达设计的形体组合、立面创意上来。练习时可以从平面构成、立体构成的角度思考，在解决好功能区域的基础上，进行图形的衍化，获得较好的效果（图 2.5、图 2.6）。

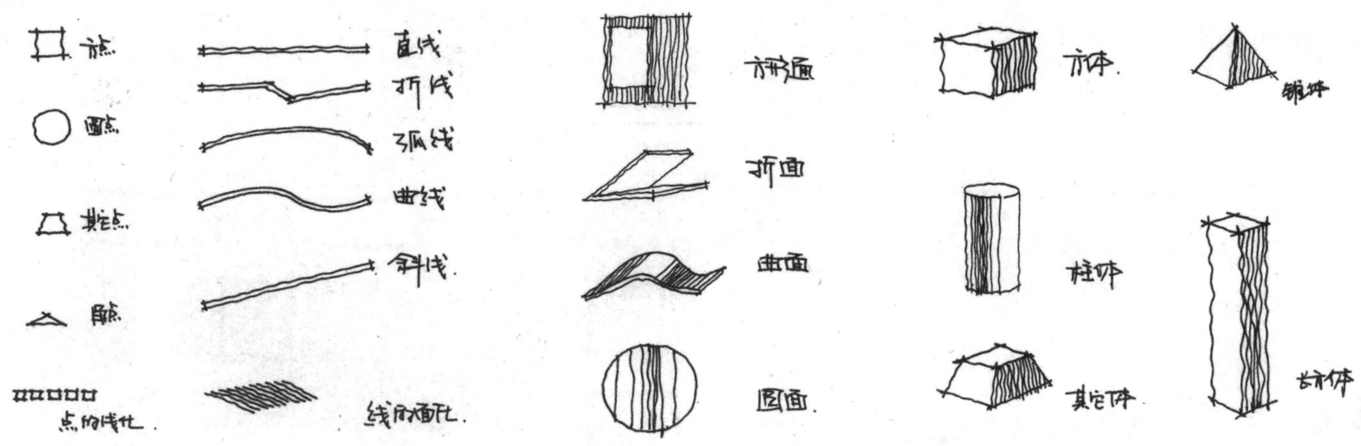

图 2.5　建筑造型——立体构成角度进行拆解

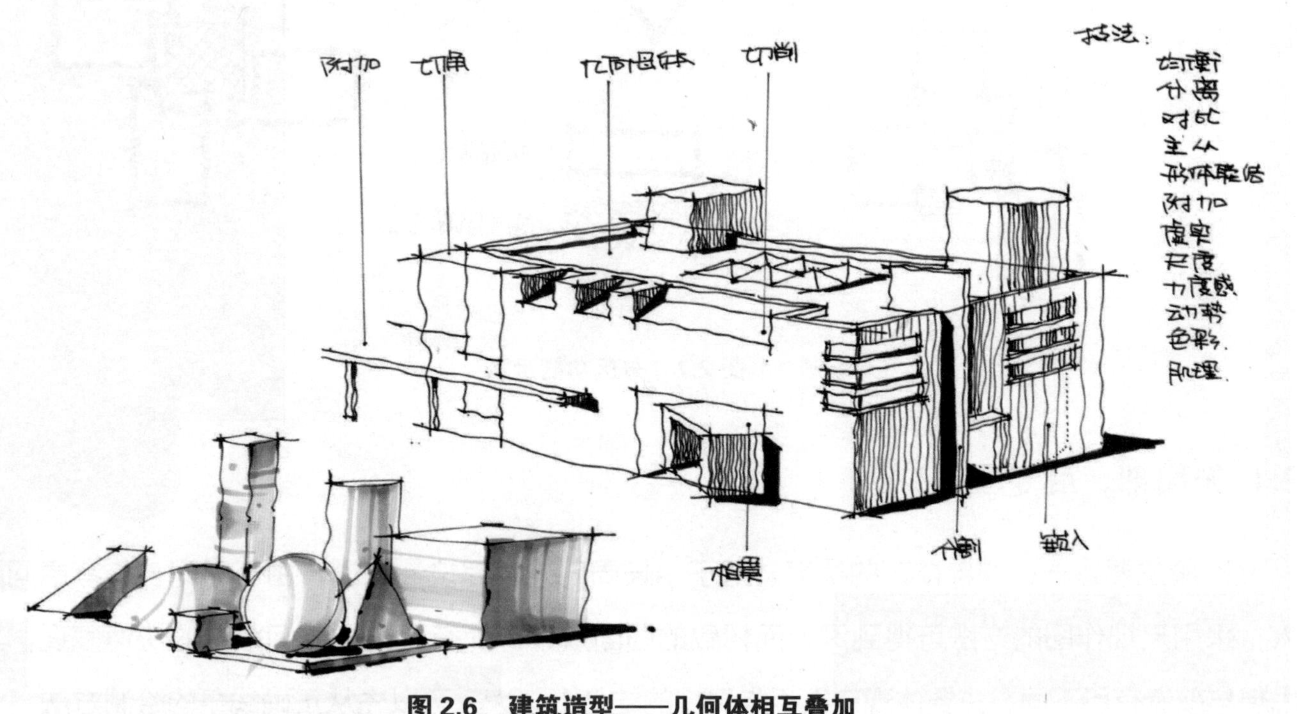

图 2.6　建筑造型——几何体相互叠加

2.2 进阶式方法的使用

快速设计是对所学知识的有机整理，要想较好地掌握快速设计的方法，就必须从学习本身的规律出发。其实，快速设计方法的学习就如同作文的学习一样，要有一个局部到单元，再到整体的过程，同时每次练习又可看作素材与资料的积累。“先词、后句、再语法，然后组织段落，最后成为文章”，这也是快速设计的学习方法（图 2.7）。

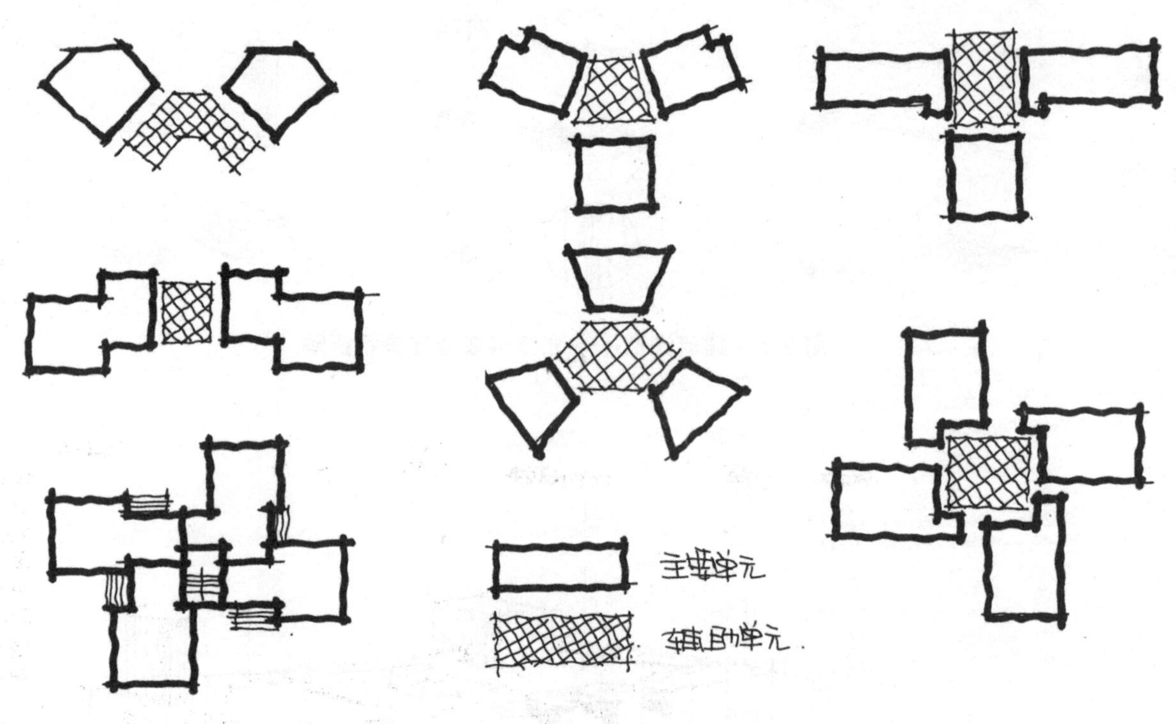

图 2.7　分区功能示意

2.2.1 先局部，后专项

此阶段主要是一种纯粹技巧的练习。对于中长周期的课程设计来说，由于时间长，考虑问题较深入，采用尺规作图的方法可得到深入而精致的图面效果。而有严格的时间限制的快速表现，其指导思想与前者有所不同，主要体现在徒手与尺规的结合上，大家可以先从正确线条的绘制方法开始，再到墙体、门窗、楼梯等技术性节点的局部画起，并在此过程中熟悉快速表现的技巧和方法。

2.2.2 先临摹，后创作

本阶段主要是对快速表现技巧的熟练掌握。在具体的创作过程中，我们主张从临摹已有的优秀的设计方案入手。这样，对于初学者，可以暂时抛开对设计本身的思考，先把图画对、画漂亮。同时把优秀的设计方案拆解成功能处理、图底关系、平面构成、立面语汇等几个部分，并注意积累，以便运用到自己日后的创作中。经过临摹这样的训练阶段，同学们可以开始谱写自己的“篇章”了。

2.2.3 先熟练，后速度

熟能生巧，只有在充分熟练地掌握快速设计的技巧后，才能有效地提高表现的速度。在经过多次反复的练习后，积累了足够的素材，达到了胸有成竹、信手拈来的程度，这时，速度的提升也就水到渠成了。

2.3 绘图前的准备工作

2.3.1 材料与工具

绘图笔、纸张等工具与材料对设计者的重要性不言而喻，合适的工具（图 2.8）与材料将在设计过程中提升设计者的速度与表现力。

①固定：图板、胶带纸、纸夹。

建议在绘图初期，将图纸用粘性较小的胶带纸或纸夹固定在图版上，防止纸张在绘图过程中出现滑动，导致图面定位出现偏差。

②尺规：丁字尺、大三角板、小三角板、平行尺、比例尺 。

一般来说，在快速设计中，虽然有些同学喜欢徒手表现，但是有了尺规的铅笔线稿更有利于后面的徒手线条表现，同时也方便尺度度量。

③墨线笔：草图铅笔（HB、2B）、一次性针管笔（0.2mm、0.5mm、0.8mm）、记号笔 。

绘图笔的准备，一般以 2B 铅笔作为构思的工具，在草图纸上勾勒草图，在正式图的底稿阶段，一般使用 H 或 HB 的铅笔，以免弄脏图纸。

④色彩笔：马克笔（三福、touch、AD）、彩铅（辉柏嘉、马可）。

具体的表现方式可以按照个人的兴趣爱好进行选择。

⑤辅助纸张：打印纸、牛皮纸、色卡纸、拷贝纸、坐标纸 。

⑥其他：橡皮、裁纸刀等 。

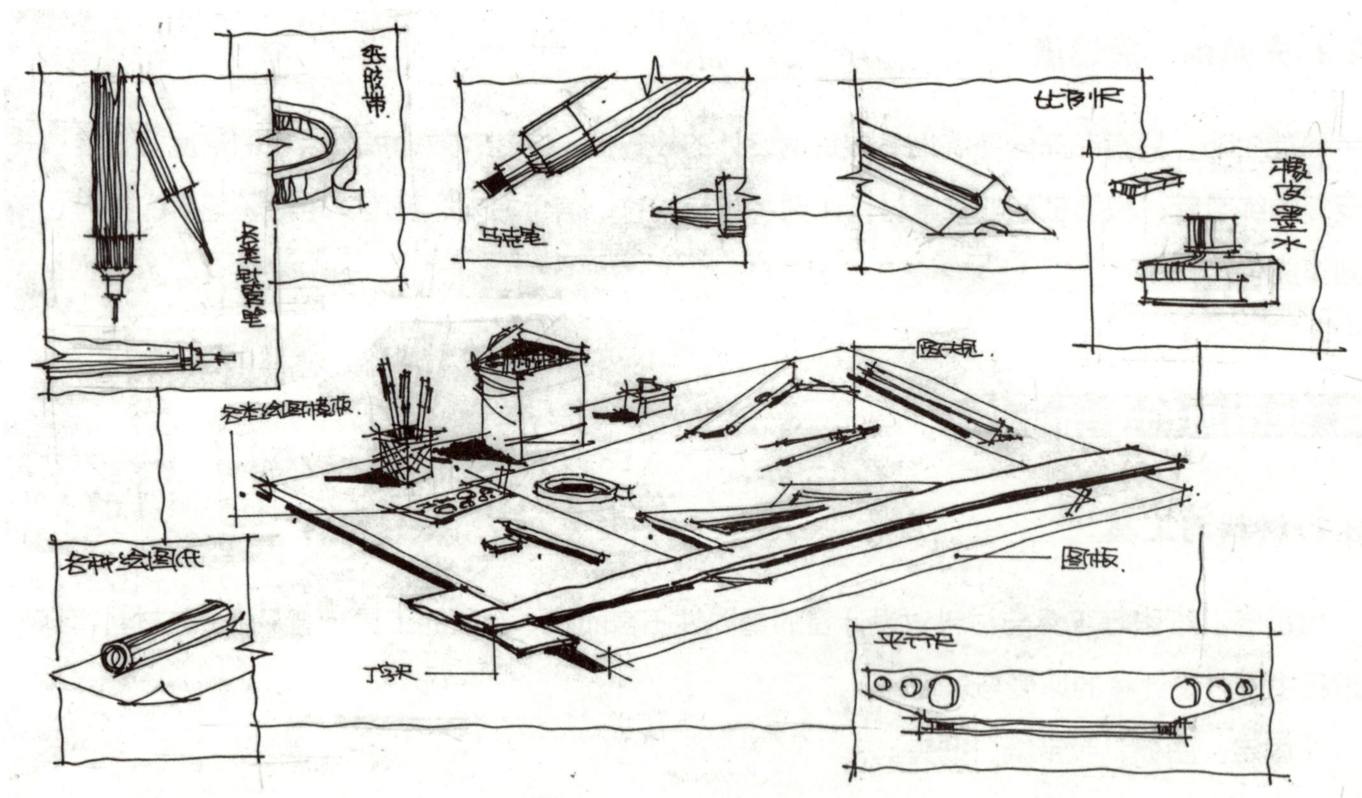

图 2.8　常用绘图工具

2.3.2 线条表现练习

建筑形体、光影的表达无处不需要线条，建筑快题离不开线条的表达。线条画法在造型上有一定的难度，一根富含弹性的线条，可以体现一个建筑师的基本功底。

在进行建筑线条练习的同时，可遵循以下技法要领，如图 2.9 所示。

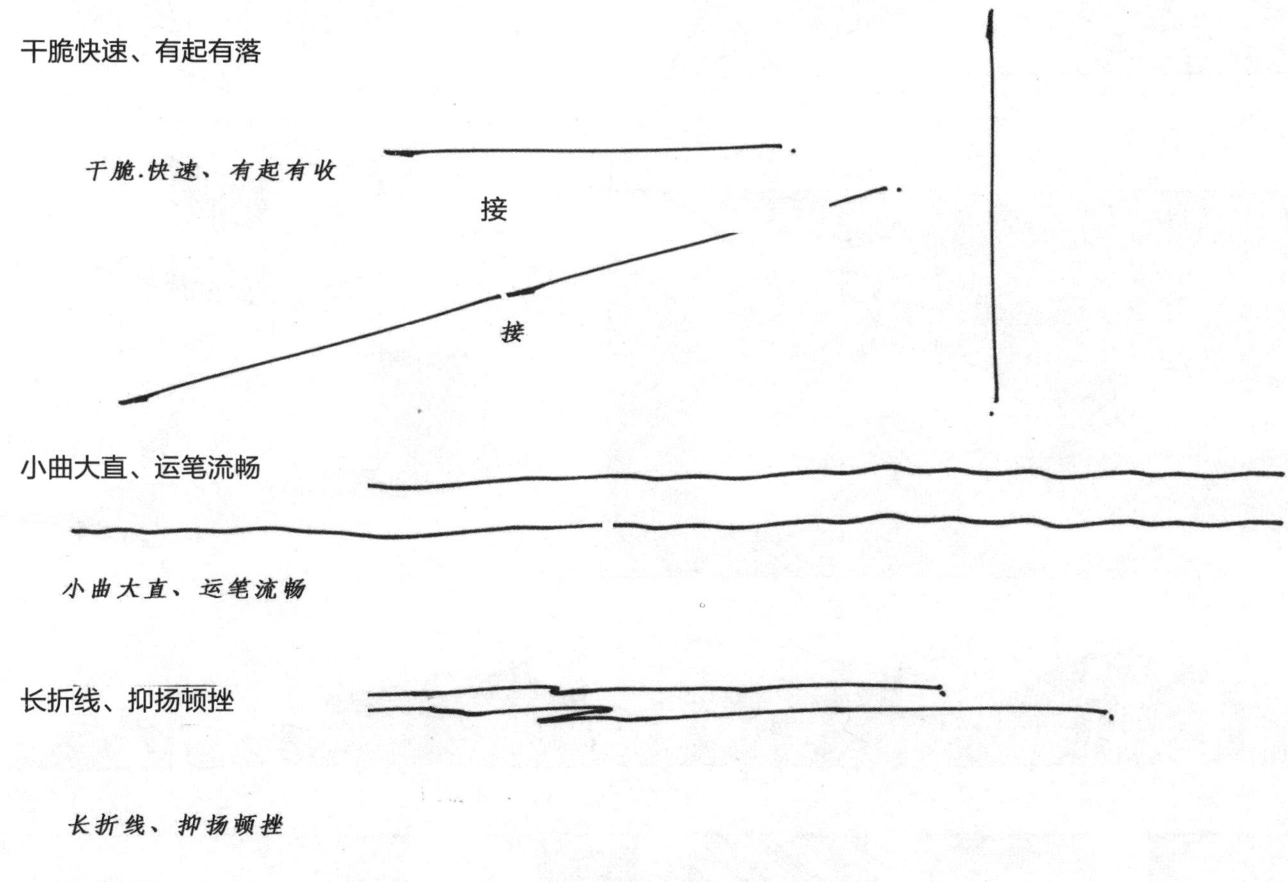

图 2.9　钢笔线条练习技法要领

学习建筑徒手画可以充分利用课余时间，经常地、反复地练习勾画各种不同的线条，只有这样才能熟能生巧，如图 2.10、图 2.11 所示。

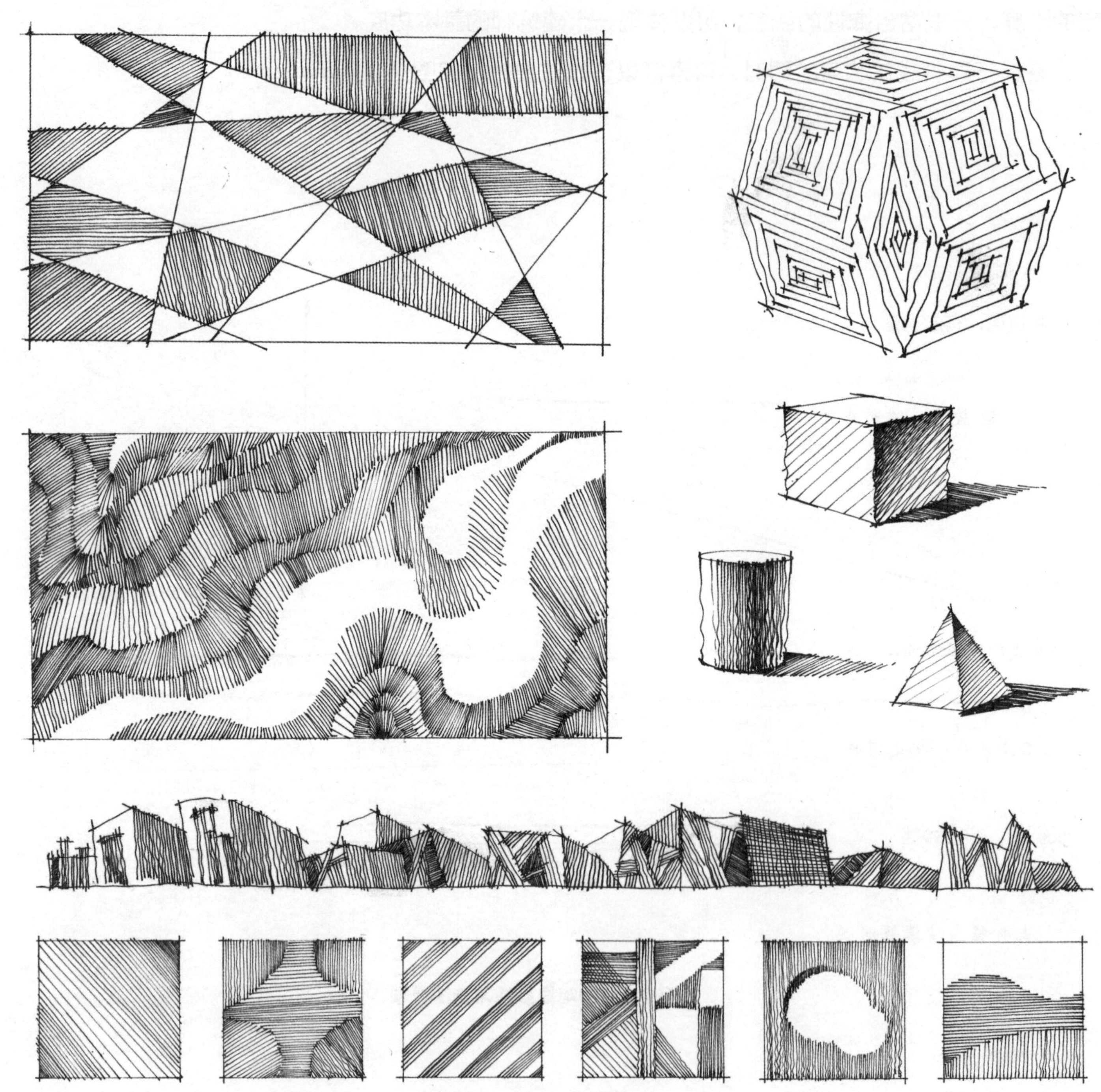

图 2.10　各种线条的练习一

图 2.11　各种线条的练习二

2.3.3 建筑配景表现练习

建筑表现图中或多或少地会存在配景，因而能真实地或艺术性地表现出不同的建筑效果。本节主要介绍快速设计中常用的集中程式化的配景画法，如图 2.12~ 图 2.14 所示。

图 2.12　程式化配景练习一

图 2.13　程式化配景练习二

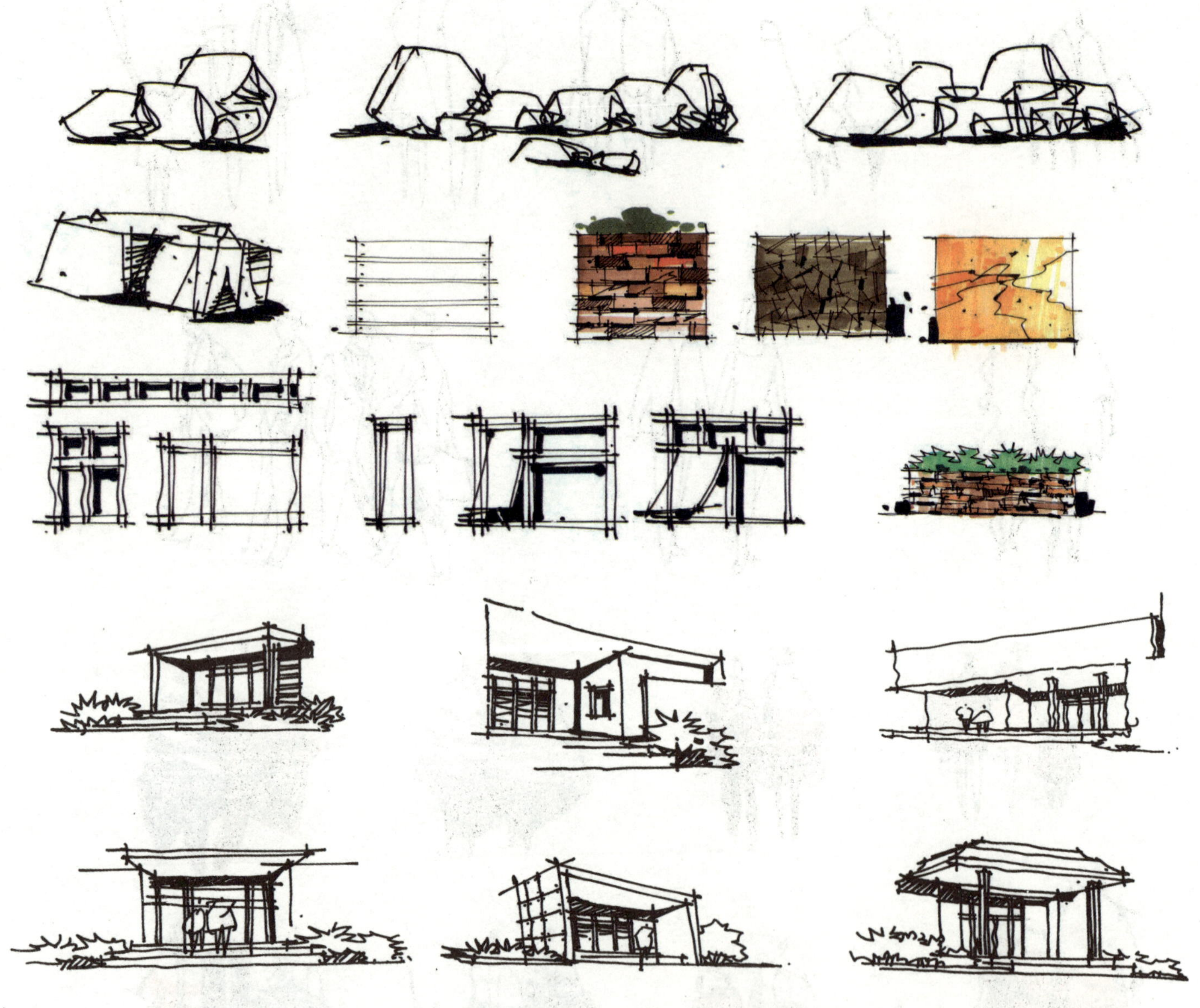

图 2.14　程式化配景练习三

2.3.4 马克笔表现练习

马克笔是一种上色工具，具有携带方便、容易掌握的特性，是设计师手绘快速表现的最佳选择。马克笔分为水性和油性两种，绘图者可以通过马克笔的线条和色块的叠加来创造丰富的画面。马克笔的颜色调和比较难，且不易修改，因此绘画中通常采用深色叠加浅色的方法，否则浅色会稀释掉深色，使画面变脏。

在使用马克笔时需要注意控制力度、方向、笔触等，上色时力求做到用笔刚劲有力，凸显建筑的体块感。马克笔宜用宽线铺面，不宜过分显露笔触，否则将破坏画面的整体感觉。

马克笔适合在不同纸张上使用，不同纸张会产生不同效果，可根据不同需求进行选择。马克笔的表现主要通过渐变与叠加、马克笔的笔触以及体块与光影表现来呈现。

①渐变与叠加：物体的受光通常是逐渐变化的，通过马克笔的渐变表达画面中物体的受光变化，会使画面更加鲜明、逼真。如图 2.15 所示。

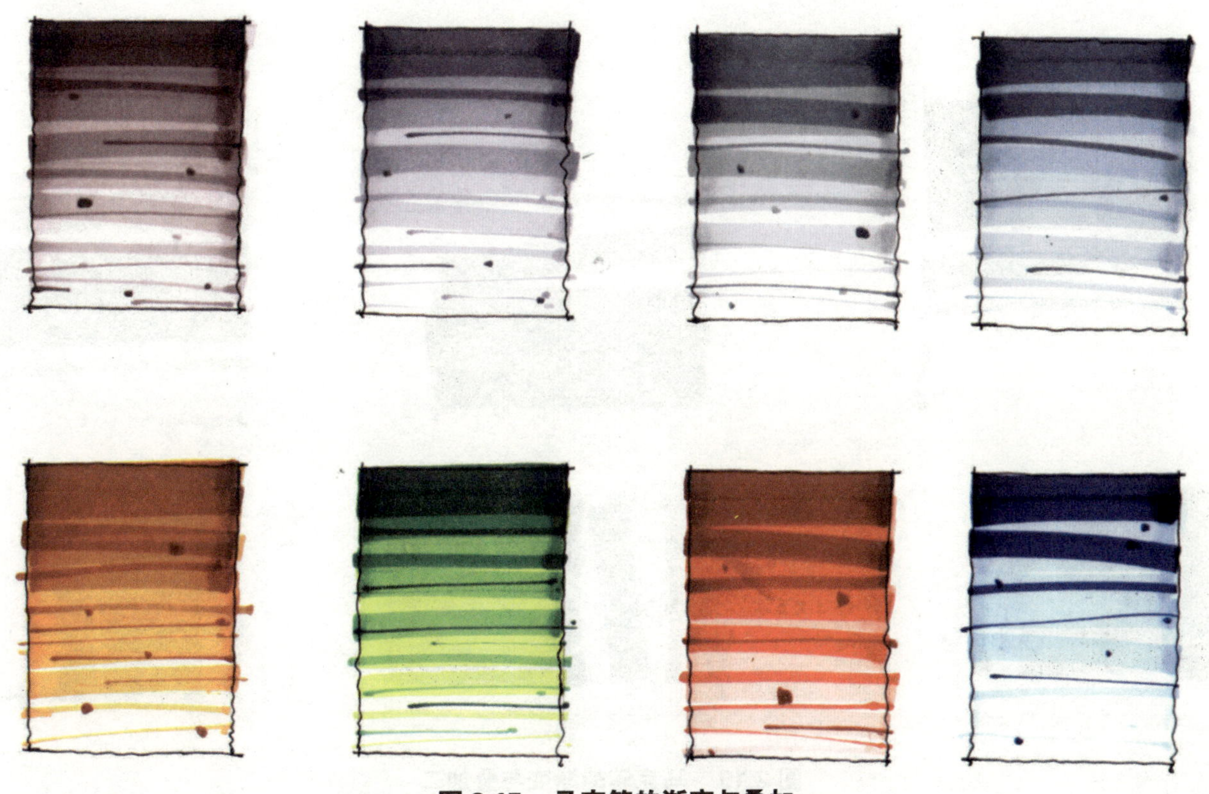

图 2.15 马克笔的渐变与叠加一

用马克笔渲染尽量避免重复涂抹，造成纸张的污损。但是得当的重复涂抹能表达明暗关系，这需要一定的功底。

排笔的时候力度均匀，密排的时候以不留缝、不重叠为宜。上色先浅后深，加深的笔触不得与前一层浅色完全重叠，面积应小于前一层面积，这样才能做出合适的渐变。同时浅色与留白的过渡把握也很重要。

马克笔不适合做大面积的渲染，但是在概括表达上有优势。通常笔触画出三四个层次即可。如图 2.16 所示。

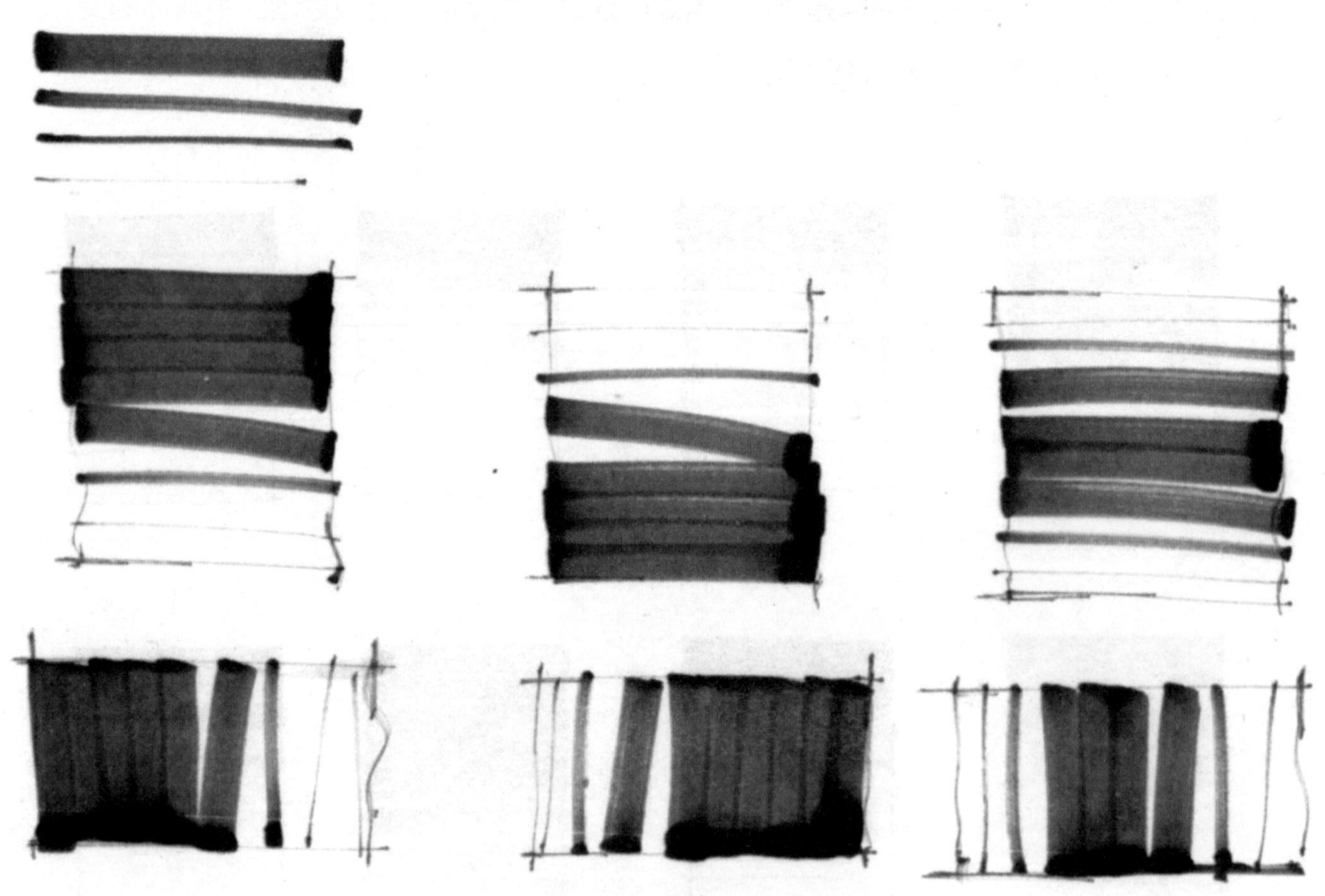

图 2.16　马克笔的渐变与叠加二

②马克笔的笔触：根据马克笔笔头的特点可以画出不同的线条。根据画面不同的需要，可以画出不同效果的笔触。如图 2.17 所示。

（a）直线的表现

（b）快速飞白表现

（c）随意笔触

图 2.17 马克笔的笔触

③体块与光影：通过体块和光影的训练，掌握画面黑、白、灰的关系，有利于画面空间的塑造。如图 2.18、图 2.19 所示。

图 2.18　马克笔表现的体块与光影

图 2.19 马克笔表现

第 3 章 建筑功能与环境的表达设计

3.1 图面表达

3.1.1 平面图设计元素表达、常见问题与绘制步骤

1）元素的表达方法

①相对标高：除了总平面图外，一般都采用相对标高，即把首层室内主要地面标高定为相对标高的零点。如室外地面标高 −0.450 表示室外地面比室内首层地面低 0.45m（图 3.1）。

②入口台阶：给出足够宽度的入口平台，入口台阶高度一般不少于 3 步，注意标注向下的箭头。箭头标注方向注意从标高 ±0.000 处向上向下（图 3.1）。

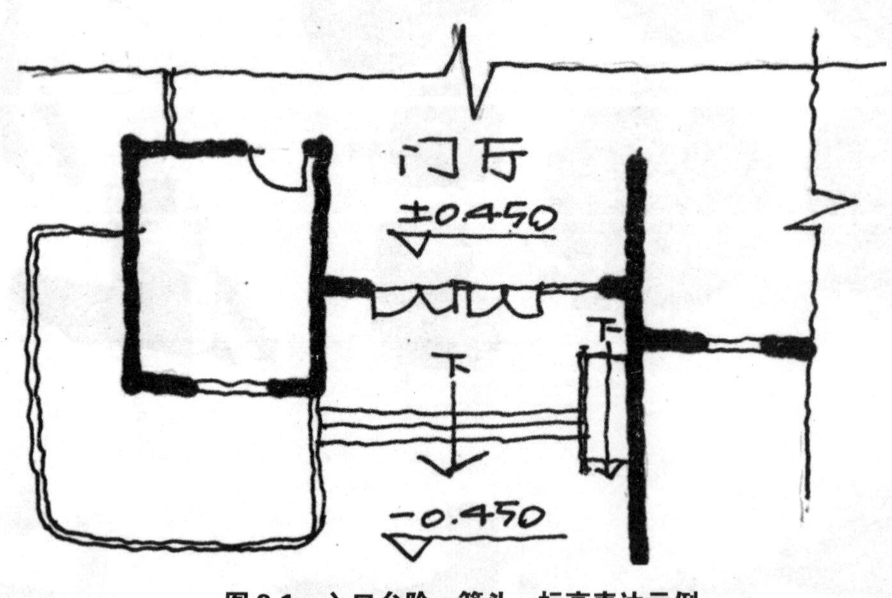

图 3.1 入口台阶、箭头、标高表达示例

③指北针：指北针要标注在总平面图里面，如果首层平面图和总平面图不是平行摆放也可另行标注指北针（或者是两张图纸也可以在各平面图中另行标注）。常见的指北针画法如图 3.2 所示。

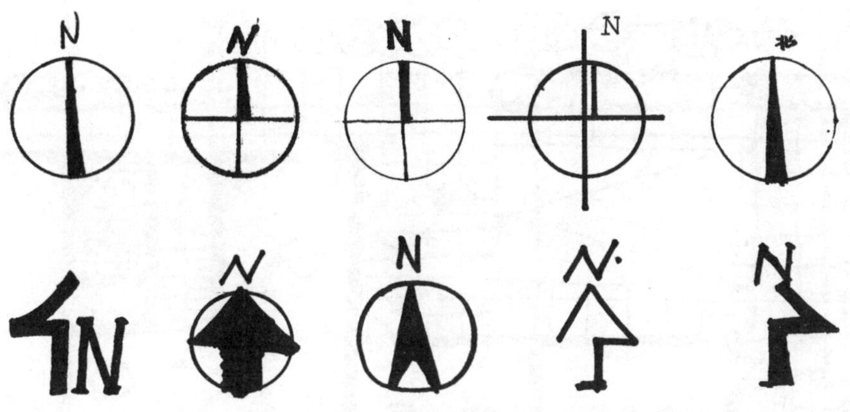

图 3.2 常见指北针画法

④图名：一般用仿宋或者工程字，写在图纸的下方，两条线收尾，后写比例（图 3.3）。

⑤剖切符号：剖面图的剖切符号应由剖切位置线及投射方向线组成。剖切位置线的长度宜为 6~10mm；投射方向线应垂直于剖切位置线，长度应短于剖切位置线，宜为 4~6mm。剖切符号的编号宜采用阿拉伯数字或者用大写字母，以便给剖面图标注名称，例如“1－1 剖面图”“A－A 剖面图”（图 3.3）。

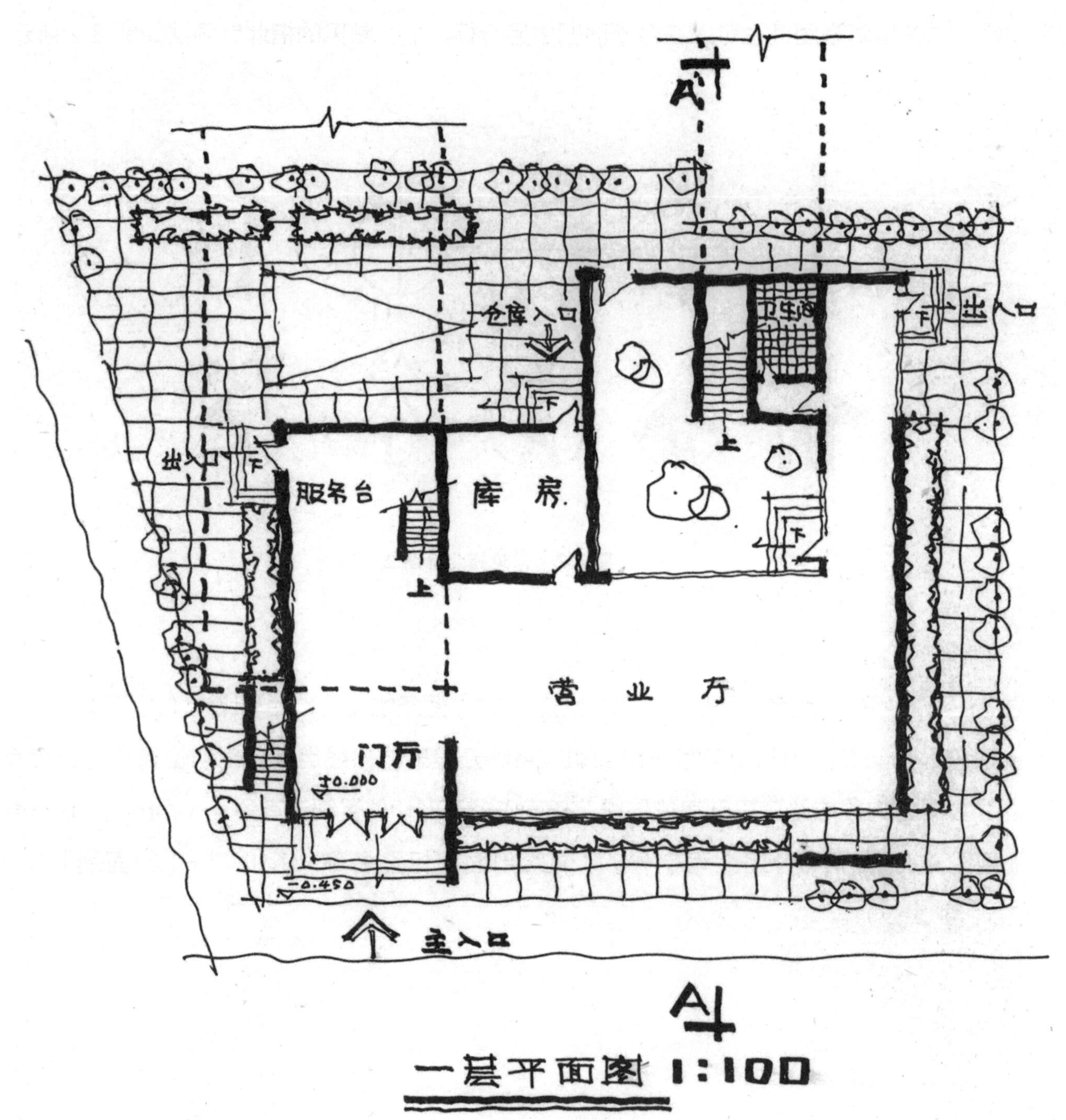

图 3.3　图名及剖切符号画法示例

⑥楼梯以及楼梯指针：平面图的实质是剖面图，剖切高度一般位于窗台上方，故踏步平常表达六七级左右，并习惯上采取用细斜折断线表现剖切位置。另应注意楼梯与楼层位置的关系，首层、标准层、顶层的表达方式略有不同（图 3.4）。

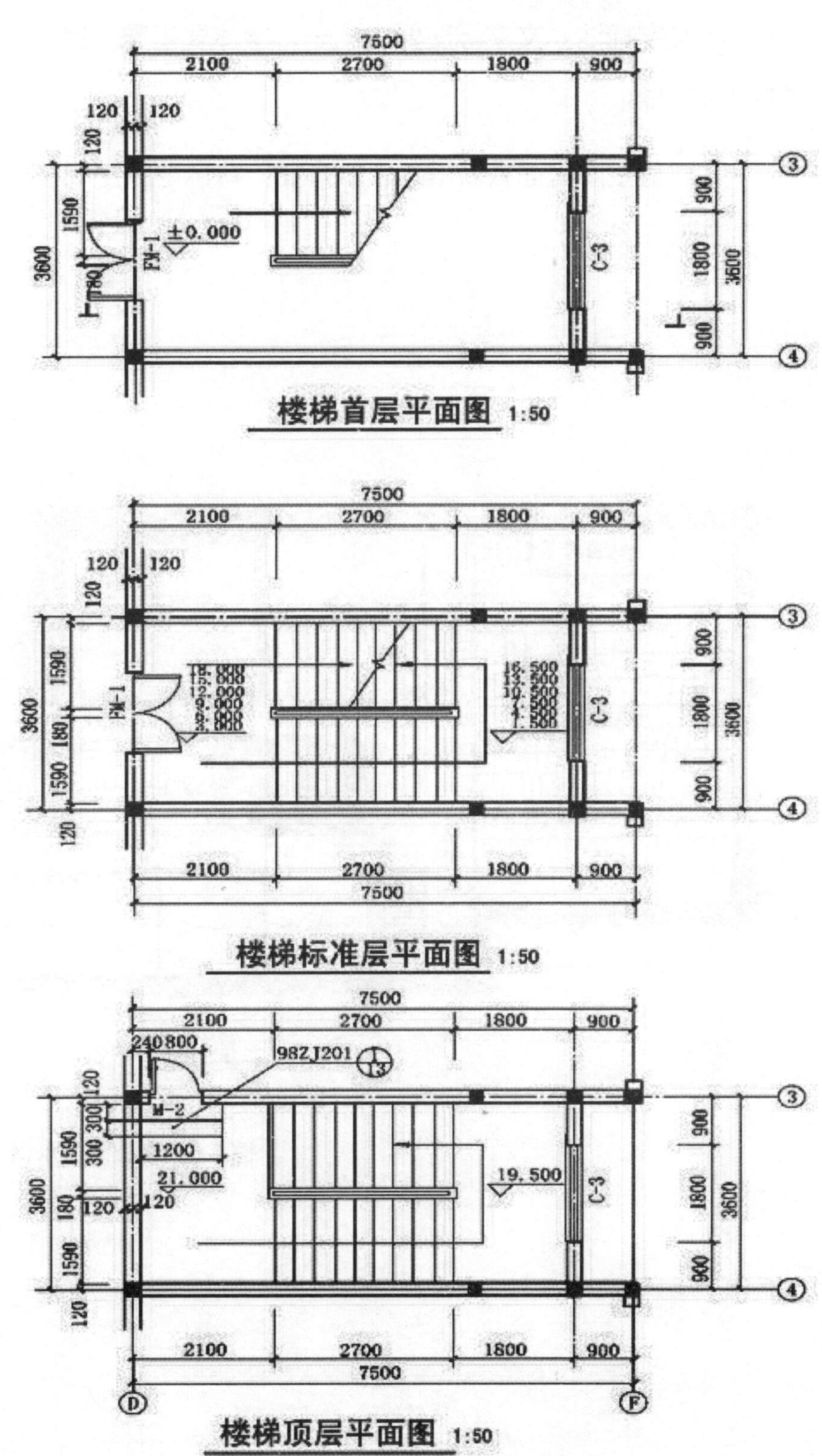

图 3.4 楼梯画法示例

⑦文字标注：文字标注要求第一，字体要工整，第二，文字大小根据图幅大小来定，建议用等线字来书写。

⑧二层空间里面有跃层的表示方式：有挑空的空间一定要在上层平面上表示出中空符号，并用文字注明（图 3.5）。

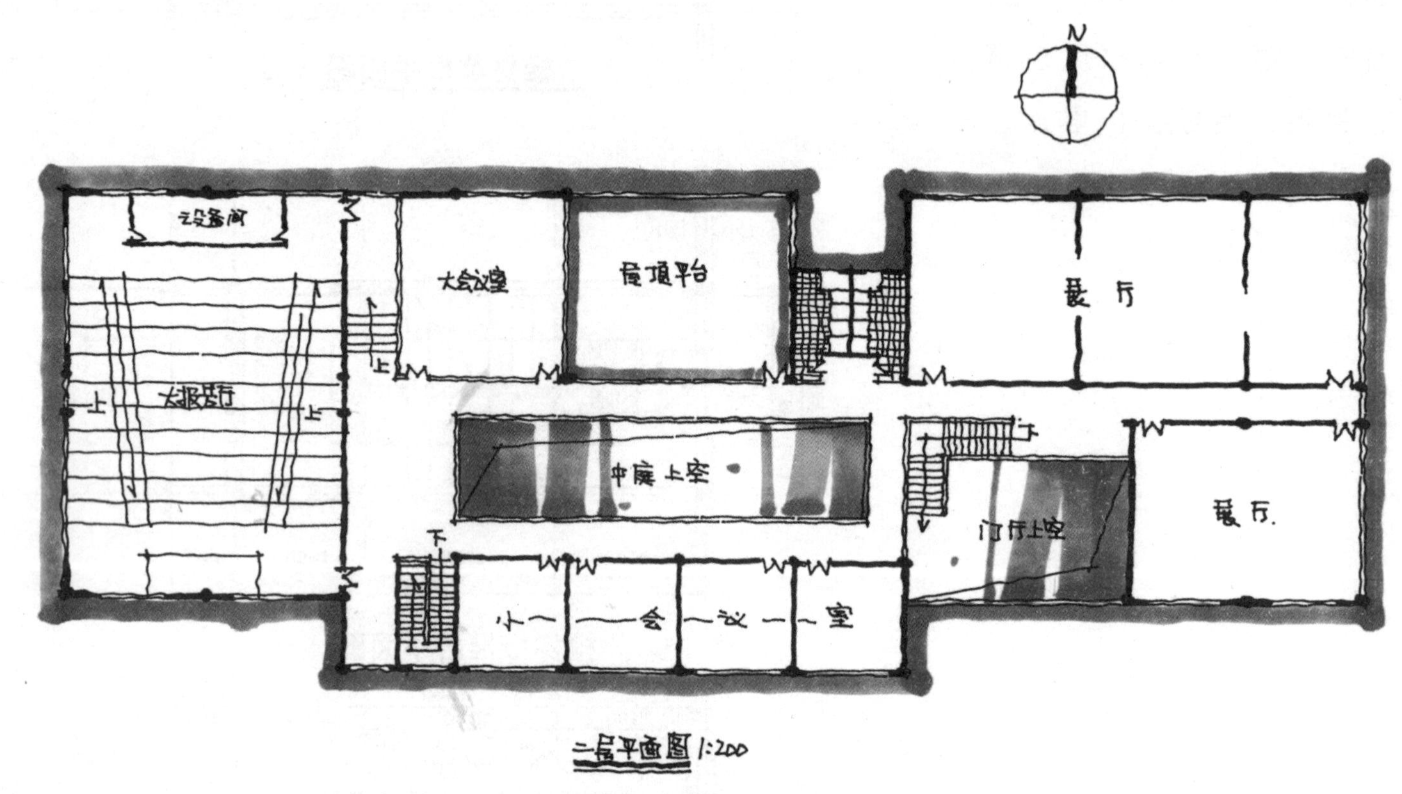

图 3.5　跃层画法示例

⑨墙线的表示：墙线的表示一般分为承重墙、非承重墙和玻璃墙。承重墙和柱子一般用黑色表示，非承重墙用灰色表示。在 1 : 200 的图中，可以仅区分墙与窗之间的关系，并且有一些快速的画法，比如，墙线不一定非得用双线画，可以先用单线画，后用马克笔直接描出来，把窗和门留出来即可（图 3.6）。

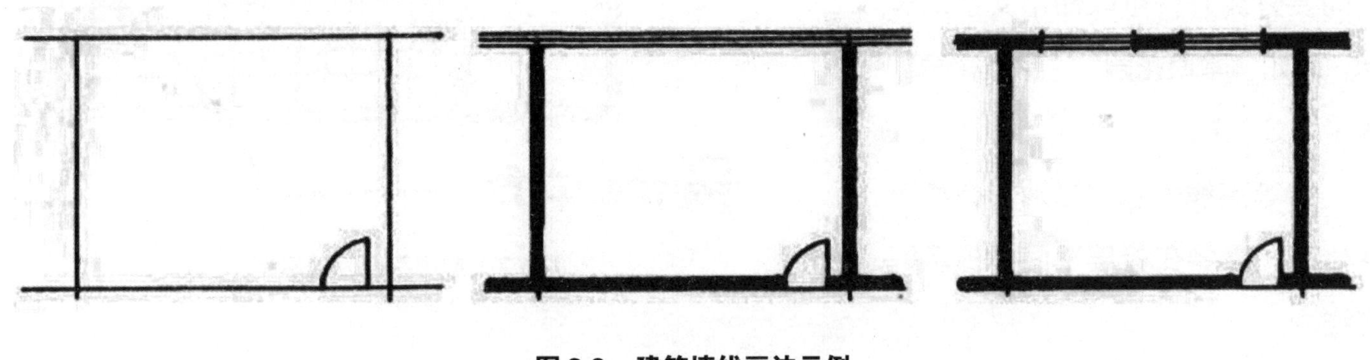

图 3.6　建筑墙线画法示例

⑩窗的部分表示：1 ： 50 的比例时，窗的部分用四条线；1 ： 100 的比例时，窗的部分用三条线；1 ： 200 的比例时，窗的部分用两条线。

⑪门的表示：门一般用 45° 角双线段表示。需要注意的是，卫生间和通向露天阳台的门需要有表示高差的横线（挡水线）。

⑫上层悬挑空间的虚线表示：在画上层空间具有悬挑性质的结构时，应在本层平面图用虚线表示出其正投影的轮廓，以表示出上下空间的关系。

⑬二层平面图中看到一层屋顶空间时要将屋顶画出并注意区分标识：这种空间为灰空间，不属于建筑面积，但是可以呈现很好的建筑景观效果。在设计中可以多加运用，但是在表现时要表示清楚，与室内空间要分离开，可以使用文字来表示，比如“屋顶花园”“露天花园”等（图 3.7）。

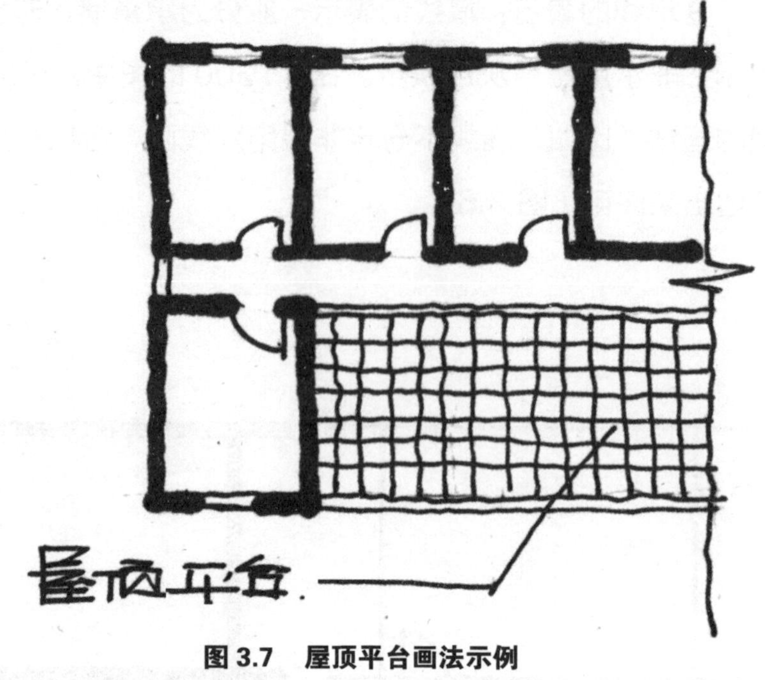

图 3.7　屋顶平台画法示例

⑭等高线表示：当地形有高度变化时，需要在首层平面中标示等高线。

⑮一层平面环境的表达：为清晰表达建筑各功能分区的设计概念，需要采取相应的方法在视觉上加以简单区分，这就要用到衬托原理，具体的手法可以多种多样，目的只有一个，让主要表达的内容凸显出来。比如，在一层平面环境的表达中，衬托原理主要关注于清晰表达主体建筑与环境、道路、绿化的关系，可以在建筑周围布置绿化，同时预留出建筑主次入口用透水地砖等标识，道路直接留白，利用色彩或敏感关系突出主体建筑。同时注重在平面构图上的构成关系，合理安排配景（图 3.8）。

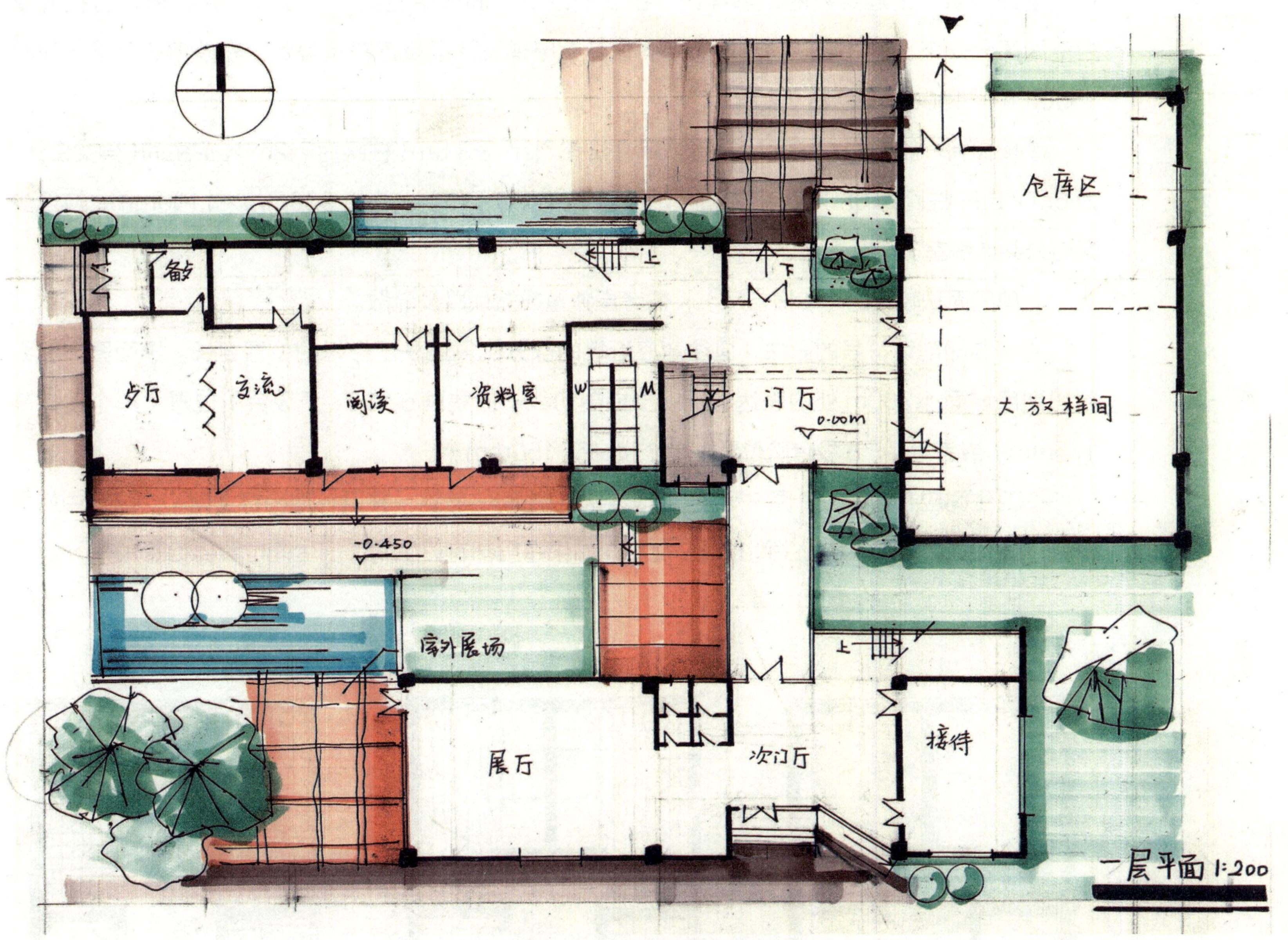

图 3.8 建筑周围环境画法示例

2）常见问题

①平面中易忘指北针、剖切符号、主次入口、室内外不同地坪的标高、房间名称、楼梯指针、室外台阶、上层悬挑的投影虚线，在 2 层以上平面图中若能看见屋顶，要将屋顶打格同室内空间区分开来。有要求时需进行无障碍设计、电梯设计以及停车位设计。室外地砖分格一般在 1500mm × 1500mm 左右。

②楼梯间一般为 3m × 6m（柱网为 6m）或者 7.2m × 3.6m（柱网为 7.2m），卫生间（男女合计）为 6m × 6m（柱网为 6m）或者 7.2m × 7.2m（柱网为 7.2m），蹲位 900mm × 1100mm，应至少配有公共盥洗室。

③单间面积较大时（如报告厅），需考虑独置或置顶以及疏散。

④楼梯间剖切符号的画法，应注意靠近墙的部分比靠近扶手栏杆的位置要长，平面图一般为剖切到离地面 1.200m 处的表达，所以楼梯剖切线一般是画在第 6、7 级台阶位置（单个楼梯高 175mm）或者第 7、8 级台阶位置（单个楼梯高 150mm）。

⑤卫生间应布置蹲位（图 3.9），画出男女卫生间的差别，并且在地面打上网格。建筑中如果只有一层有卫生间，应将卫生间布置在底层。如果每层都有卫生间，卫生间位置要相互对齐。

图 3.9　卫生间常见画法

⑥ 2000m^2 大小的一层平面应至少设置 2 部楼梯，一般不超过 4 部。

⑦一层平面图应布置环境，包括入口铺地和树木、水景等。二层及以上平面图不宜布置环境。环境应将建筑衬托出来，但不能喧宾夺主（图 3.10）。

⑧两个疏散口或者两部疏散楼梯之间的走廊长度不宜大于 40m。走廊尽头没有疏散口或者疏散楼梯时，单廊的长度不宜大于 20m。

⑨一般将主入口标高设置为 ±0.000。从 ±0.000 标高处向上向下标注箭头。

⑩入口台阶高度不宜小于 0.300。不宜只设置一级台阶。

⑪建筑与室外相接的门（大门、阳台的门）以及室内厨房和卫生间的门宜画挡水线。

⑫在大空间和小空间的组合方式中，一般将大空间放在小空间上空，解决大空间室内的柱子问题。

⑬建筑中除不需要采光的功能（摄影室、储藏室等）外，不能设置黑房间。不同功能房间应考虑窗户设置的不同（仓库、卫生间不需要采光，但要通风，所以设置高窗等）。

⑭在朝向和功能冲突的情况下，以功能合理性为主（图 3.11）。

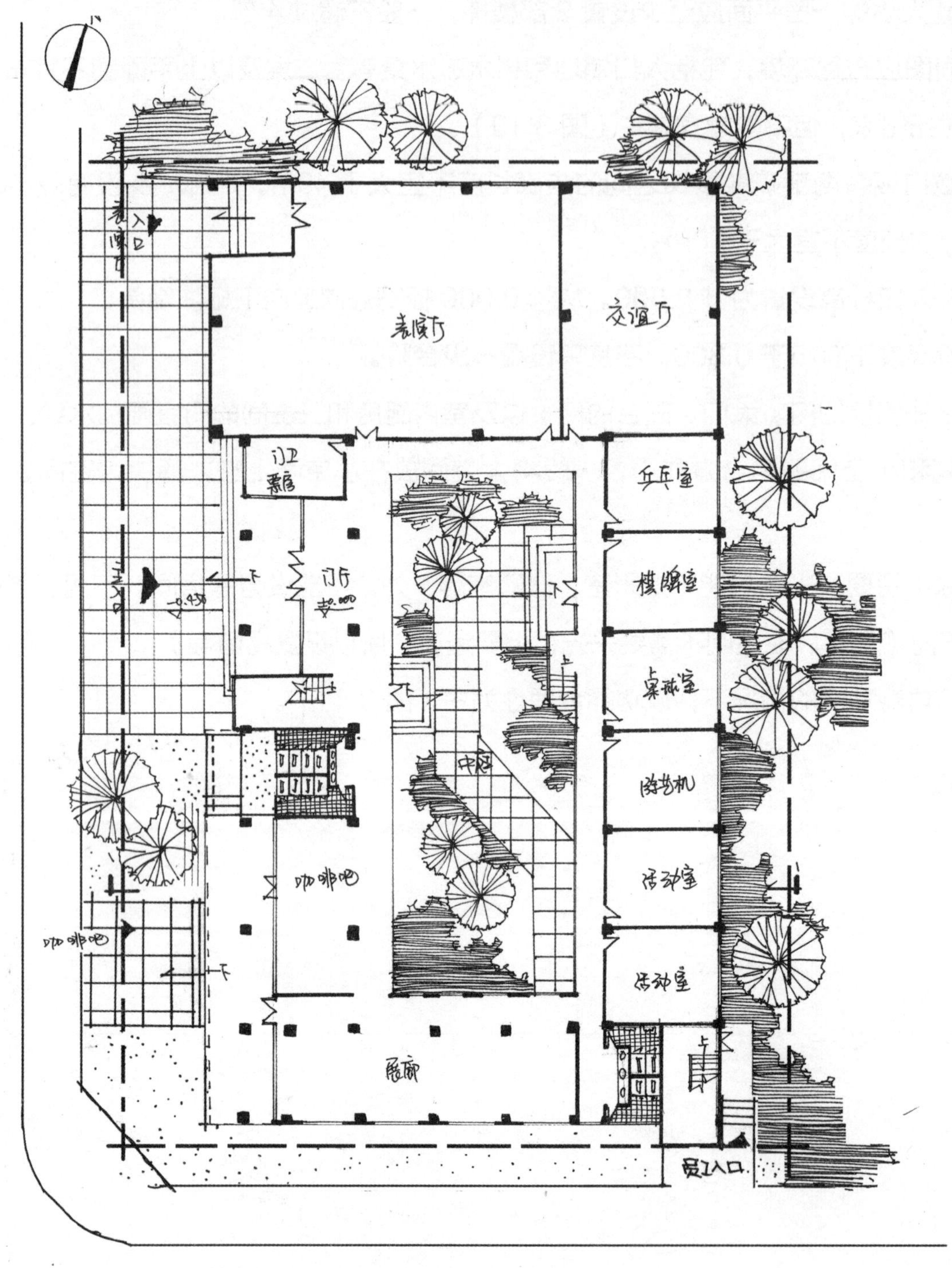

图 3.10　一层平面表达示例

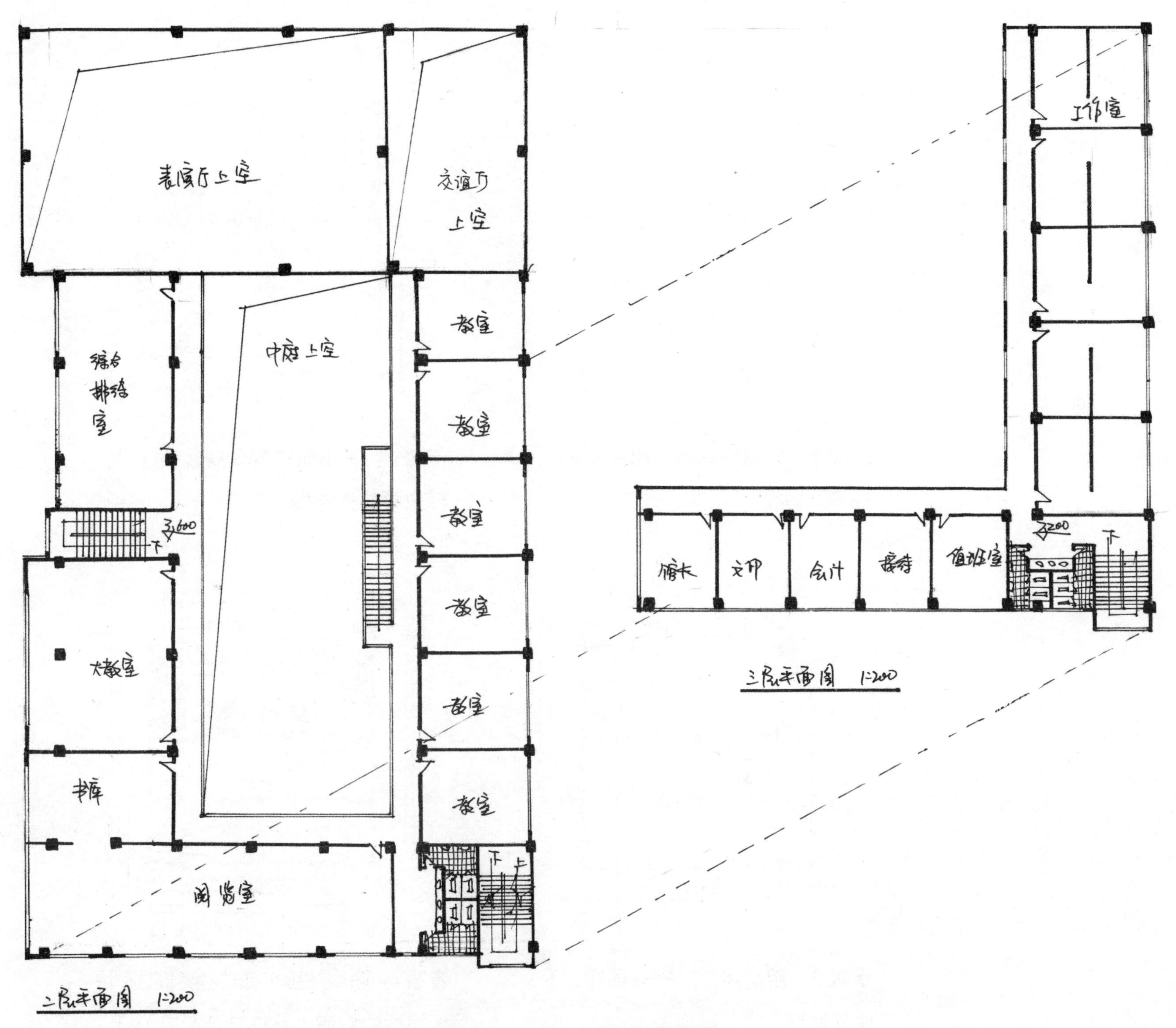

图 3.11　二层、三层平面表达示例

3）平面图绘制的一般步骤

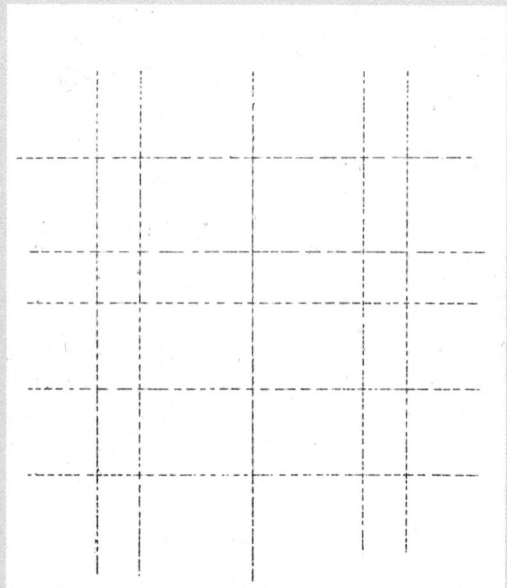

步骤 1：先用铅笔绘制出所有墙、柱子的轴线。

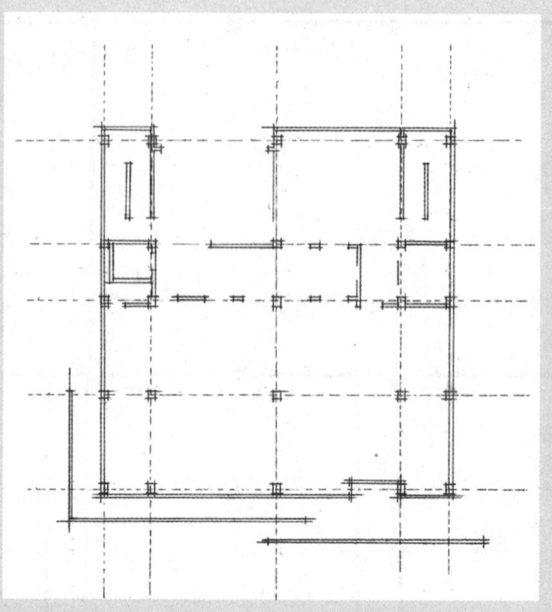

步骤 2：画出所有的墙身线和柱子，预留并补充完整门窗。

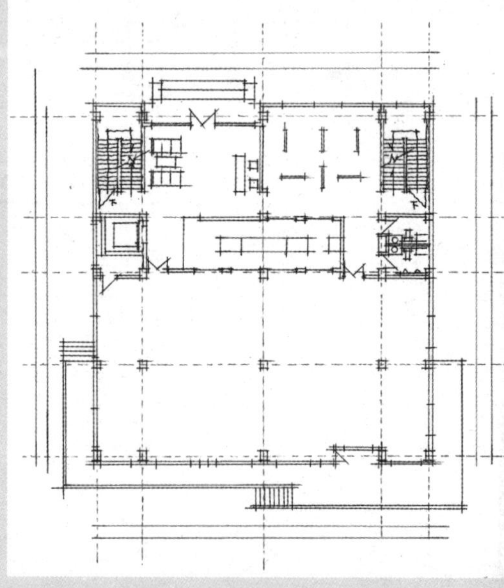

步骤 3：用前述方法补充楼梯、卫生间等细节。

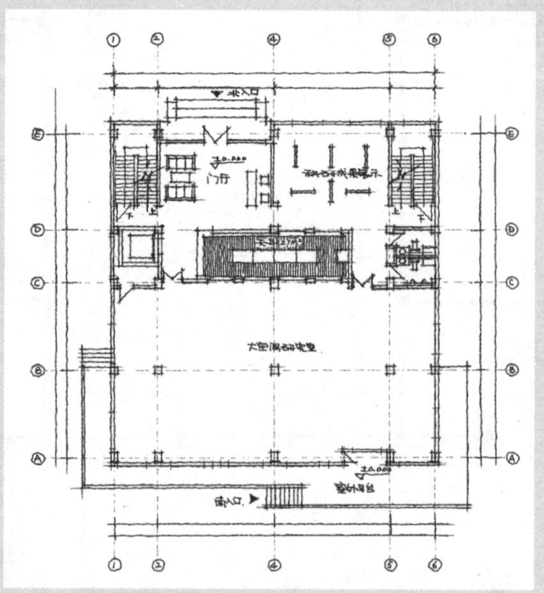

步骤 4：墙线加黑，完成各类标注（快题表达中应适当补充室外配景）。

3.1.2 总平面图设计元素表达与绘制步骤

1）总平面图设计元素表达

总平面图主要考察对建筑用地的整体处理能力，表现在图纸上就是“图底关系”，一个好的总平面图要注意建筑与基地之间的有机结合。对基地内环境和外环境的表达要清晰，一般来说，所表达需要的元素包含以下几种：

①指北针：指北针标在图的旁边，采用最简练和熟练的画法。

②比例尺：比例尺的常用比例为 1：500。

③文字标注：一般要标注各功能区、广场、停车场、用地红线、道路红线、后勤入口、主入口、自行车停车场、古树、遗址保护、河流等（图 3.12）。

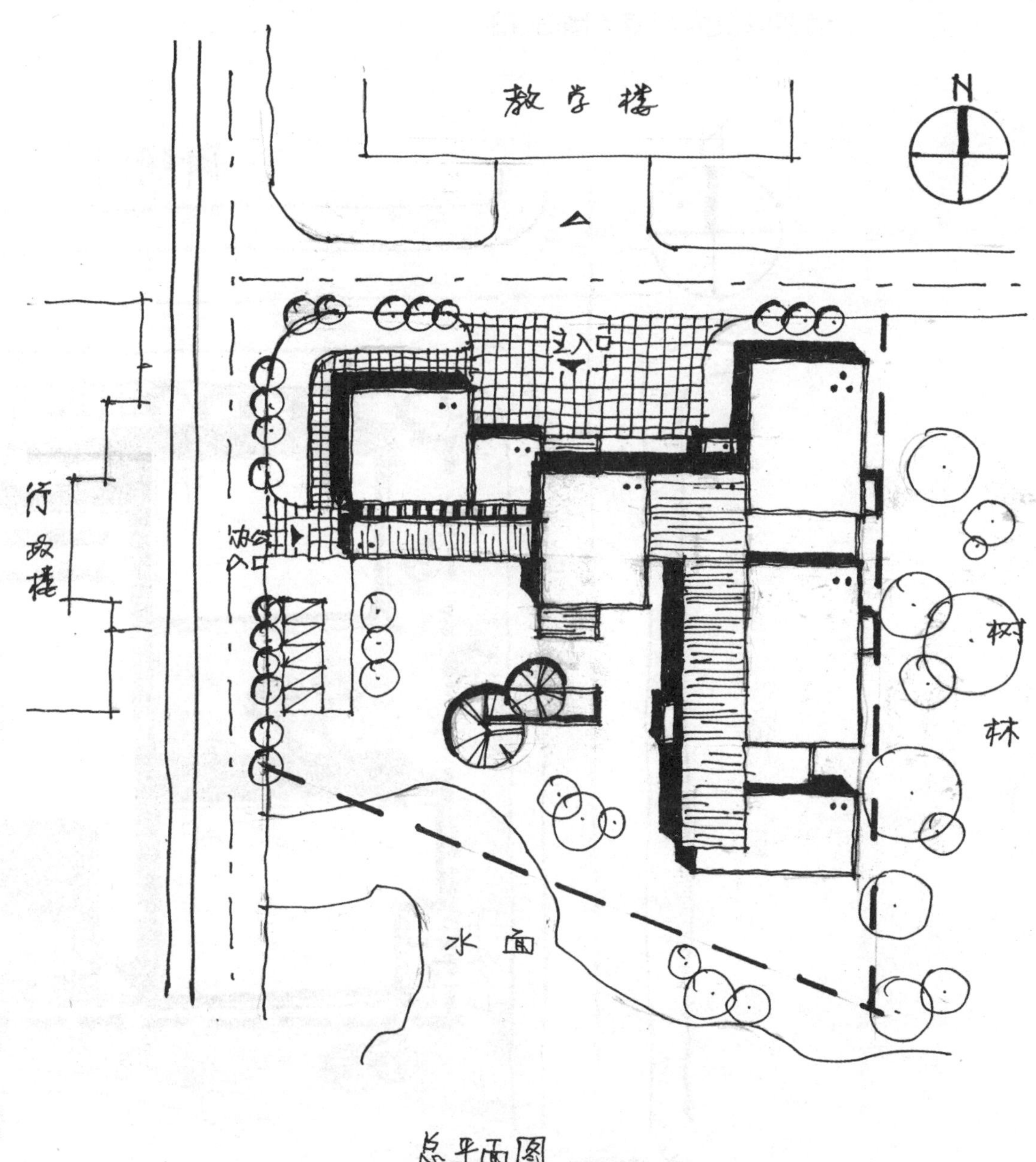

图 3.12　总平面表达示例一

④阴影表现：根据不同高度标示出投影的长短，根据不同的形状画出具体的投影轮廓。

⑤交通系统：主要指主次出入口、车行、人行、车库入口，自行车停车场、汽车停车场、城市道路以及人行道（图 3.13）。

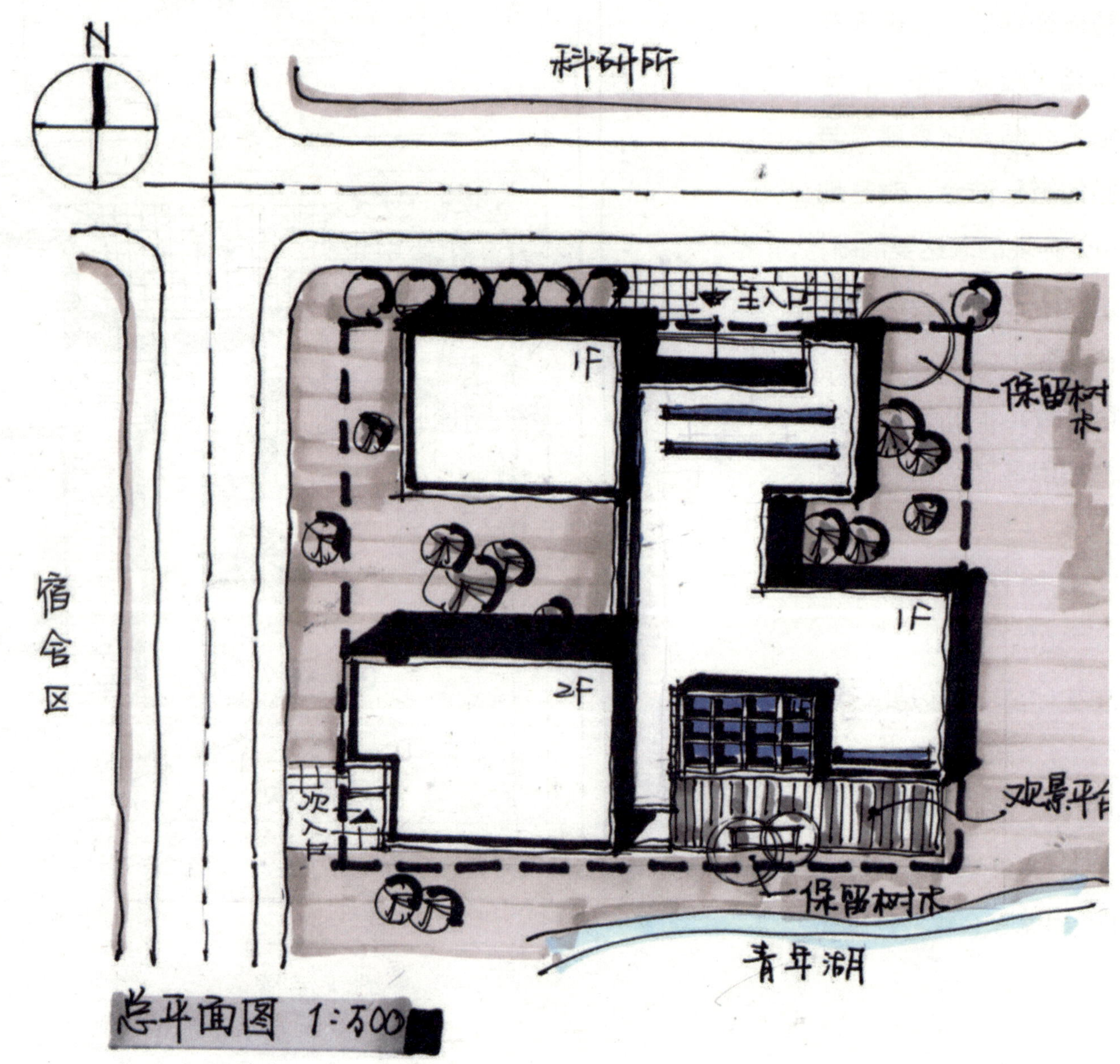

图 3.13　总平面表达示例二

⑥等高线：等高线用来说明地形特征，等高线一般要比建筑线弱，所以用虚线表示。

⑦建筑外轮廓线要加粗（同立面图一样）：女儿墙外线用加粗实线，内线用细实线。

⑧地面铺装：要用不同的线型标示出不同的地面铺装。

⑨建筑层数：层数标注有阿拉伯数字标注和圆点标注两种。

⑩植物配景：植物配景需注意比例尺度，两个一组、三个成团，孤植古树。

⑪用地红线：需用红色虚线标出用地红线的位置。

⑫主次出入口：主次出入口常用黑色三角表示。

⑬屋顶：屋顶的刻画要深入，用双线表示，外轮廓加粗（图 3.14）。

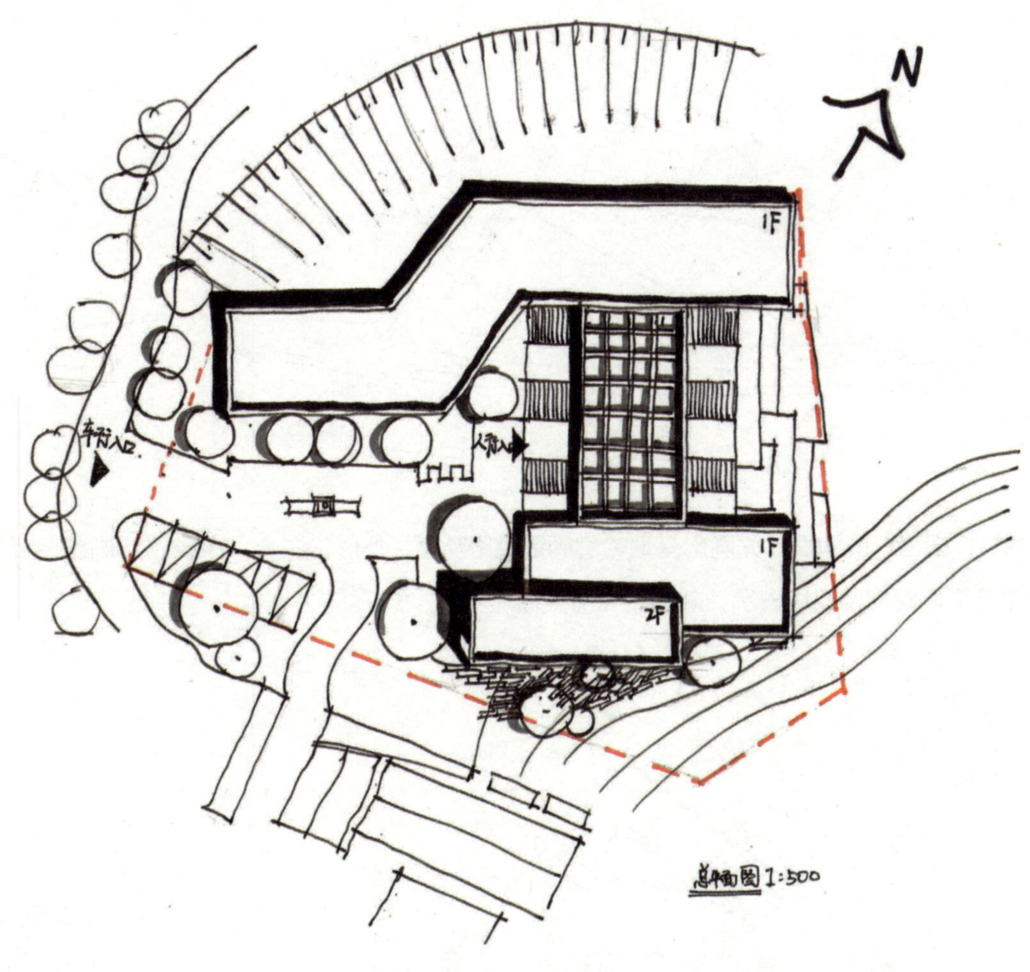

图 3.14　总平面表达示例三

2）总平面绘制的一般步骤

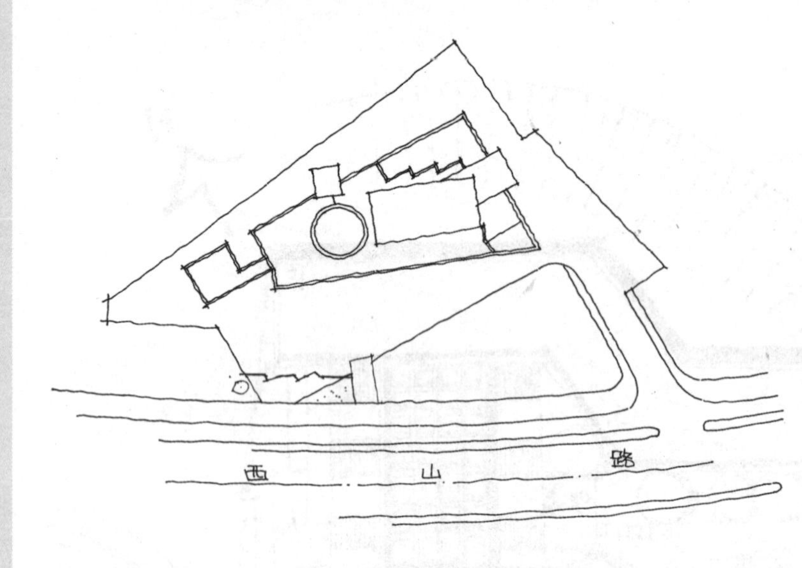

步骤 1：根据总图构思，先画出基地轮廓周边道路及建筑外形。注意建筑形体轮廓用双线表示，并简要画出基地环境。

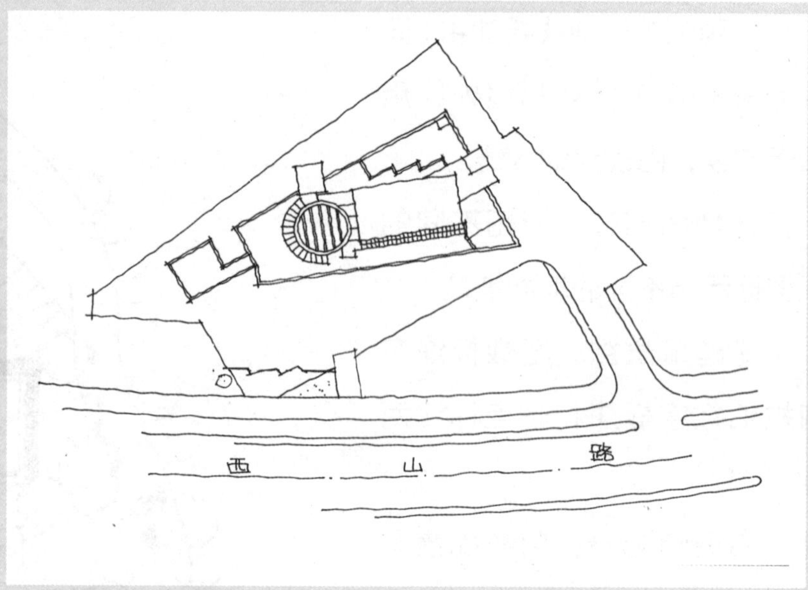

步骤 2：绘制出屋顶平面的相关细节。

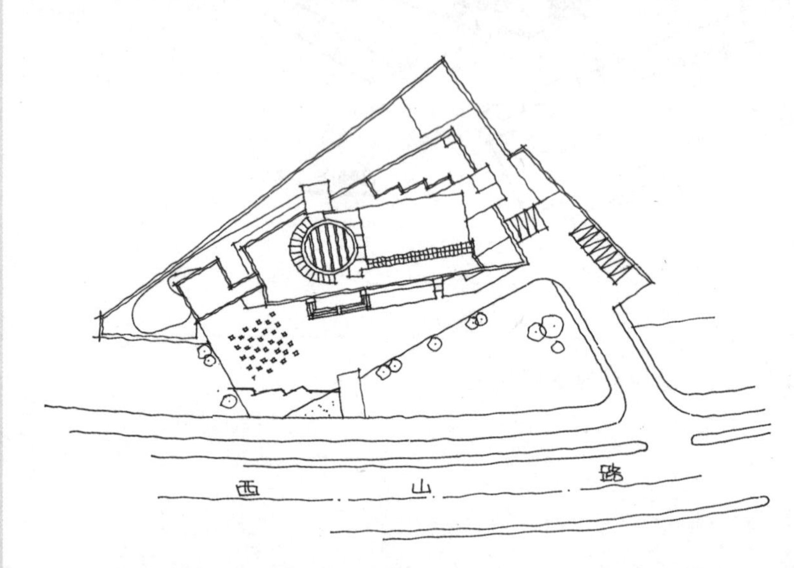

步骤 3：刻画建筑周边环境。

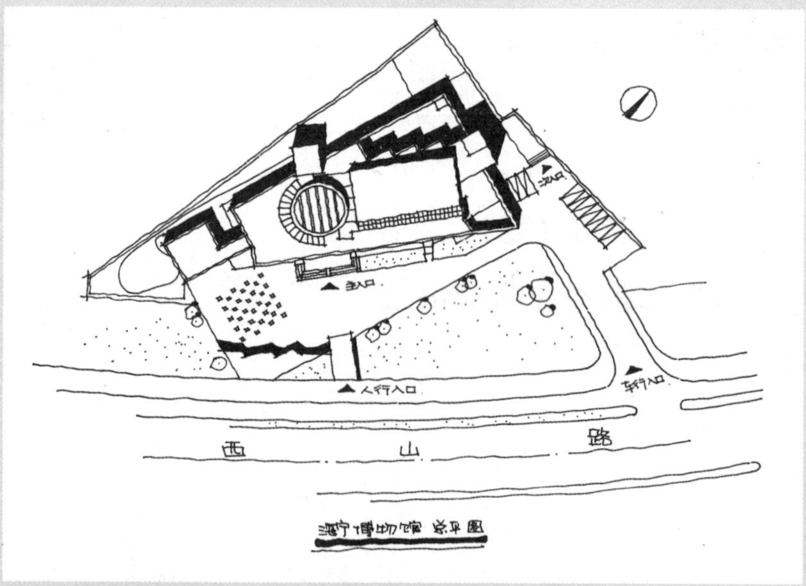

步骤 4：表达建筑阴影及细部刻画；按总平面需要表达的元素进行完善，添加文字标注、层数等完成最终绘图。

3.2 建筑平面设计的一般方法

3.2.1 功能空间分类

本章以一道具体题目为例来介绍建筑平面设计的一般方法。

例题：某重点职业技术中学图书馆设计

一、场地条件

为适应职业技术教育的需要，武汉市某重点职业技术中学拟新建图书馆一座，藏书量约 50 万册，选址位于学校中心区的一片空地上，南面为水面，北面为教学楼，东面为小树林，西南为校行政办公大楼（详见附图）。要求建筑功能设计合理，造型新颖别致，能够反映建筑的时代特征。

二、建筑规模及空间要求

1. 总建筑面积：3500m^2

2. 功能及空间要求：

（1）各类阅览室、书库、出纳与目录室面积：

普通阅览室：250m^2　　科技阅览室：250m^2

书库室：1200m^2　　研究室：8m^2 × 15

开架阅览室：250m^2　　社科阅览室：250m^2

期刊阅览室：250m^2　　视听阅览室：250m^2

出纳与目录室：300m^2　　报告厅：200m^2

（2）内部管理及业务技术用房面积：

办公室：15m^2 × 6　　采编室：30m^2　　装订室：30m^2

照相室：30m^2　　复印室：15m^2　　储藏室：15m^2 × 2

（3）门厅、走道、卫生间、更衣室及存包处等空间可根据需要设置。

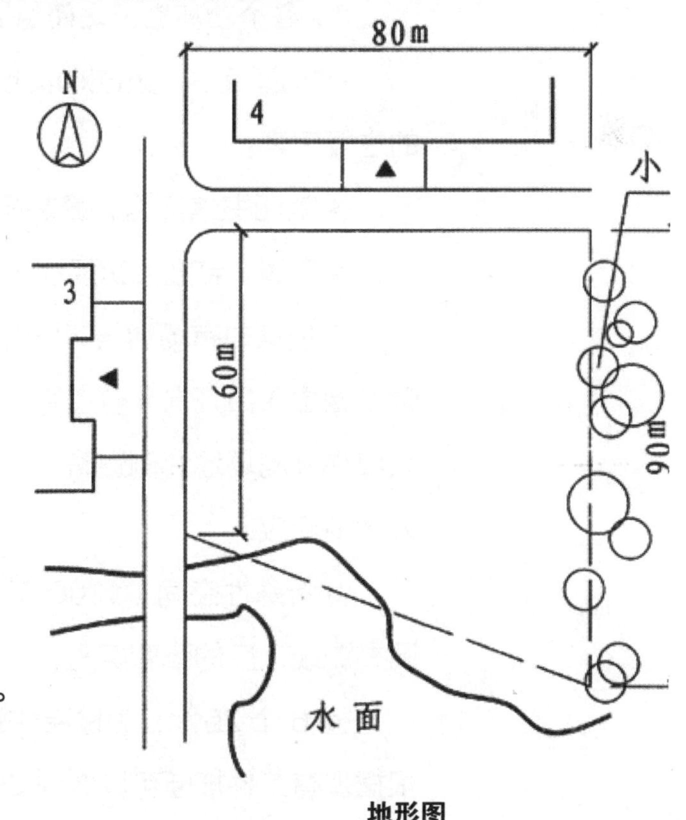

地形图

三、图纸要求

1. 总平面图：比例 1：500，可附必要的文字说明。

2. 各层平面图：比例 1：200，注明各层面积。

3. 立面图（两个）：比例 1：200，注明关键位置标高。

4. 剖面图：比例 1：200，注明各楼层及关键位置标高。

5. 透视图：不小于 A3 尺寸，表现方式不限。

四、考试时间

考试时间：8 小时。

以下为该设计题目的分析入手点与设计过程：

1）寻求合理的分区布局与着手点

①特殊功能空间：观众厅、讲堂、大活动室等，其位置决定了其他空间的布局。

②统率性功能空间：门厅等，其位置影响着整体交通组织方式。

③主体功能空间：教室、活动室等，它构成整体的空间形象，决定着主要的活动区域和结构形式。

④室外空间：广场、活动场地等，影响交通、朝向等问题。

2）各个功能空间之间的流线关系及场地环境分析

在本题目中，通过对以上 4 种空间的归类，并考虑周边环境，可以整理出对教学楼设计有影响的主要因素：

①就图书馆而言，最起码应包含 2~3 条流线，分别是公众使用者的流线、工作人员流线、图书入库离线。若图书馆规模较小，可适当考虑将工作人员流线与图书入库流线合并设置。

②根据现有场地与环境的关系，首先确认主次入口，或者说两条流线的进入方向。在本场地中，教学楼主入口开向北侧道路，那么北侧道路有可能成为人流较为集中的地区，可以考虑将图书馆主入口亦开向场地北侧道路。那么西侧道路便成为办公及图书馆的入口的较好选择，同时，与西侧办公楼相呼应。

③特殊性空间（1200m^2 书库）需要做单独处理，可以考虑夹层做法，另外，此空间需要考虑图书流线入库的配套房间。

④ 6 个 250m^2 为除特殊性空间外的主体部分，其功能面积均相似，决定了主要的柱网尺寸，根据现有条件推断可以做到 2~3 层。可以考虑结合景观较好的东侧或南侧。

⑤门厅作为基本书库、借阅区与馆内阅览区的交通衔接部分，需要做好人员的分流。

⑥报告厅可以考虑放在靠近主入口一侧，便于集中人流的疏散。

⑦将以上功能空间与图书馆功能关系结合进行下一步思考（图 3.15）。

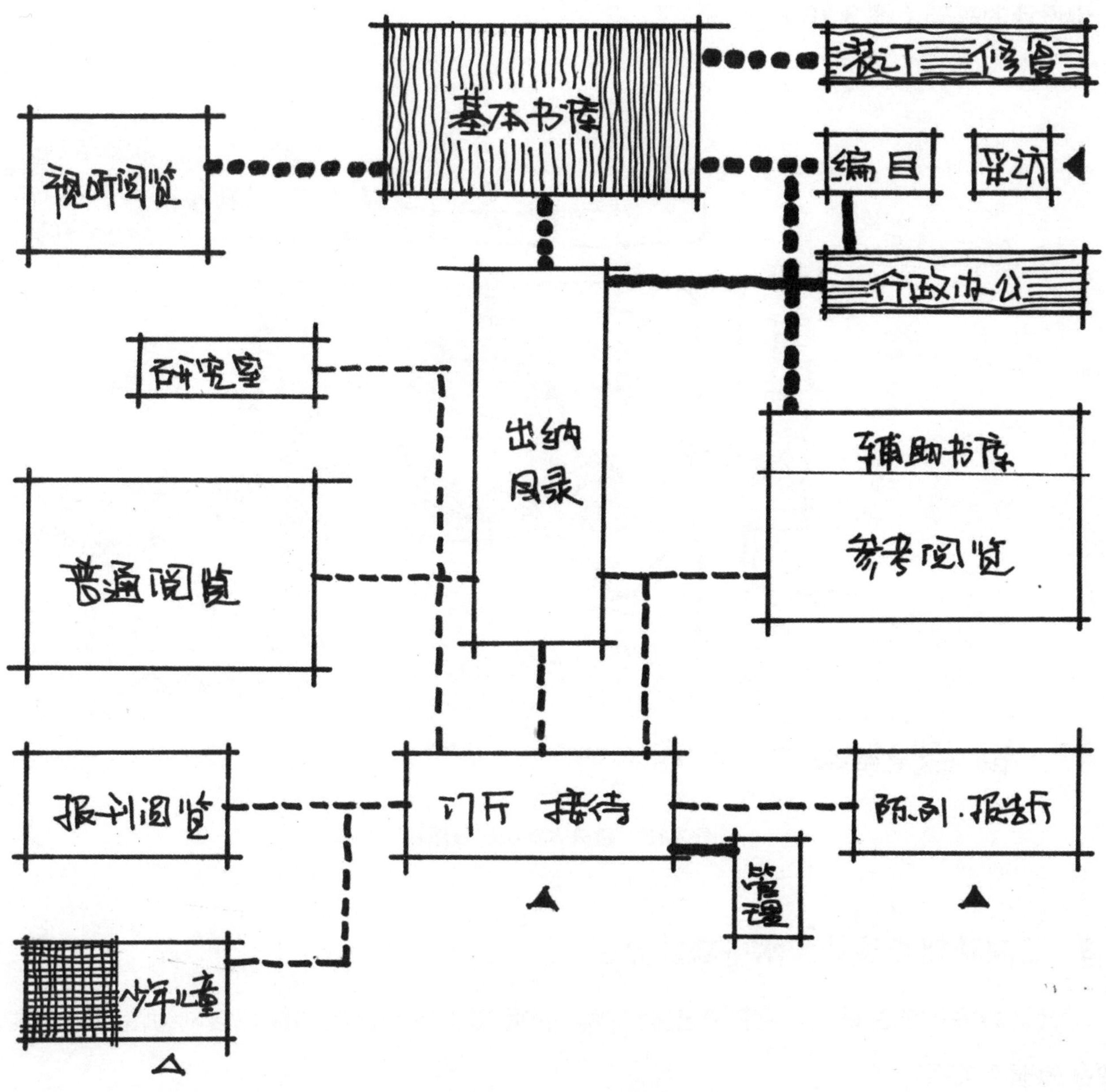

图 3.15　图书馆内部关系简图

3.2.2 功能关系分析图

在整理好上述功能空间的基础上，将场地关系分析结果与房间功能关系分布图绘制出来，作为下一步设计的基础（图 3.16）。

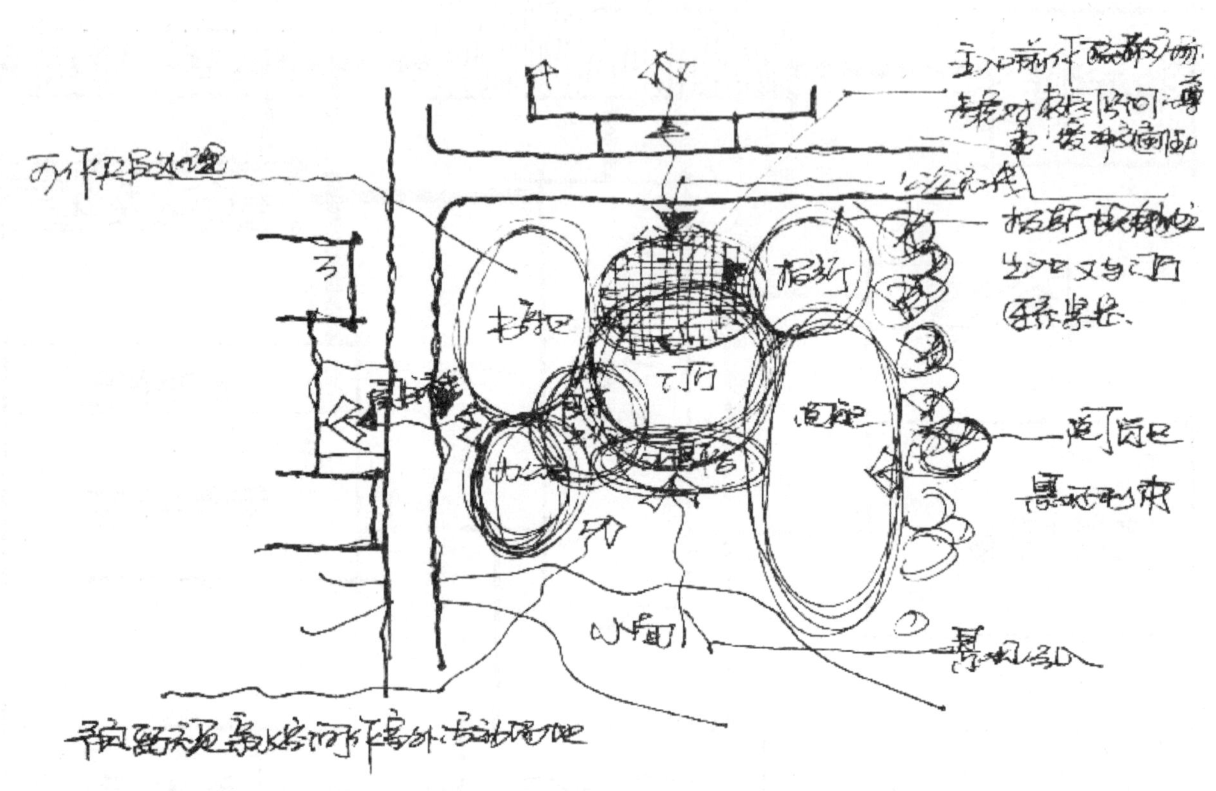

图 3.16　建筑方案构思草图一

3.2.3 竖向功能与设计和水平功能分区

①在计算面积的基础上，尽量找出相同大小的可以上下对应的功能，尝试组合的可能性，组合时要考虑形态关系。

②根据各个功能空间的开放程度、对内对外、私密程度等确定所属楼层。

③水平功能分区与竖向功能分析设计上几乎可以同时进行。

④在前期楼层分区的基础上，按功能性质和面积大小细分房间（图 3.17）。

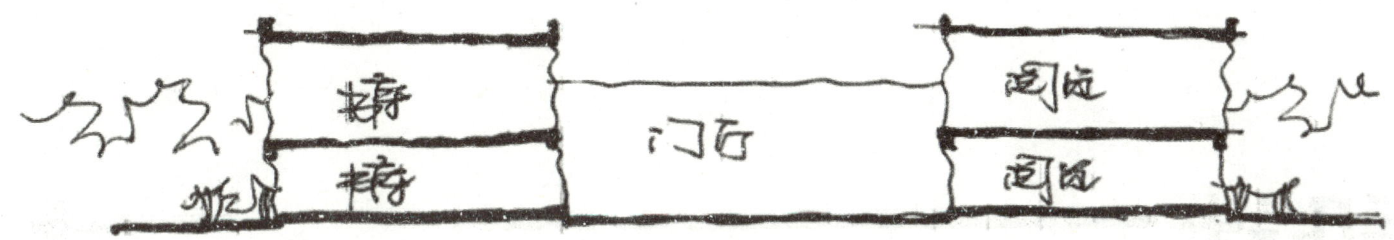

图 3.17 建筑方案构思草图二

在本题目中，可以将 6 个 250m^2 的阅览室做成 2 层或 3 层，上下对应。1200m^2 书库与办公区可在竖向分布上解决，做到体块功能化。另将门厅、储物间、出纳目录等公共性较强的部分放在一层，其余私密性较强的功能空间向较高楼层排布。在布置过程中，尽量保证大多数房间是较为好用的矩形，并用简洁的交通空间将各个房间联系起来，形成最终方案（图 3.18、图 3.19）。

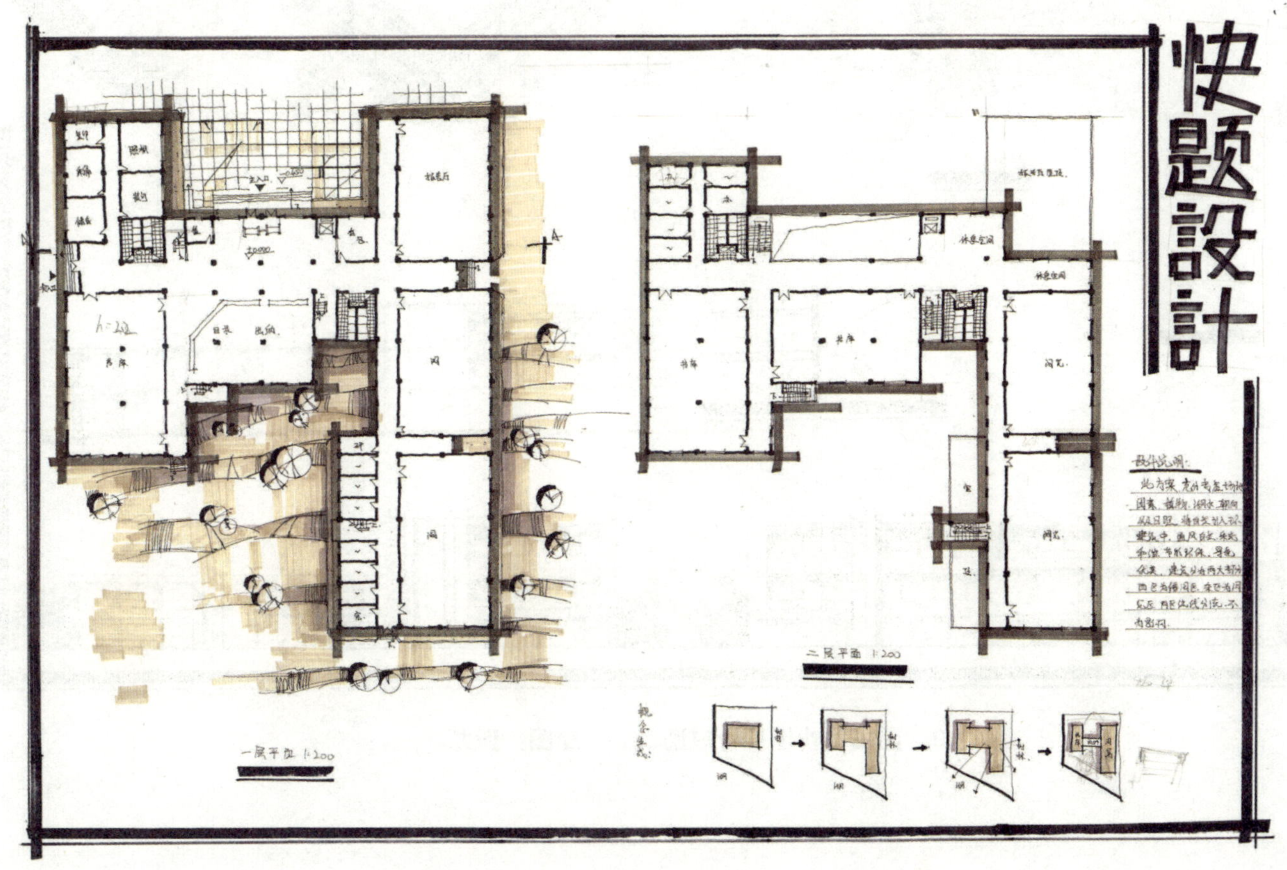

图 3.18 图书馆快速设计成图一　　绘图：谢龙

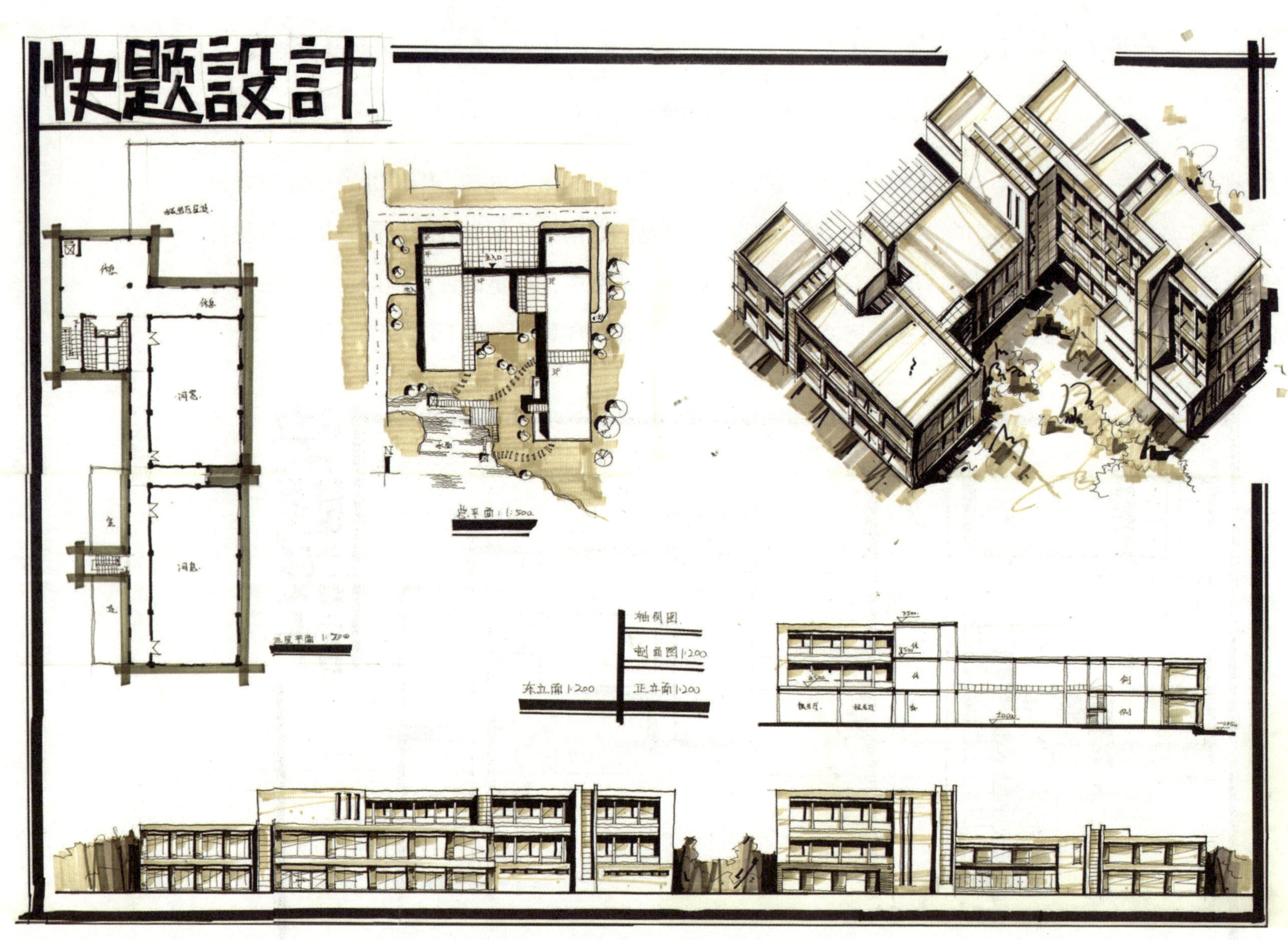

图 3.19　图书馆快速设计成图二　　绘图：谢龙

3.3 建筑平面设计中应该注意的问题

3.3.1 垂直交通体系和卫生间布局

1）楼梯数量的确定

公共楼梯和走廊式住宅一般应设两部楼梯，单元式住宅例外；2000m^2 为一个防火分区，一个防火分区里至少要设置两部楼梯。2000 m^2 以下的建筑楼梯间一般不多于 4 个（特殊需要除外），卫生间不多于 3 个。

2 ~ 3 层的建筑（医院、疗养院、托儿所、幼儿园除外），可设一部疏散楼梯。

2）楼梯位置的确定

楼梯应布置在明显、易于找到的部位，应有直接的采光和自然通风。楼梯间和卫生间合并设置时位于入口或建筑端部，位于入口时宜与人流进入方向一致，尽量不使楼梯中间平台正对大厅和入口（视觉效果差）。分开设置时常位于主体功能之间，形体上可做凹进处理。

3.3.2 选择合适的柱网尺寸

柱网的处理，也是快速设计中也是考生必须掌握的知识点。

1）开间尺寸的决定因素

对于各类型建筑而言，由于各自功能要求、尺度比例、造型特征等方面的不同，开间尺寸也有所不同，影响其开间尺寸的主要因素大致如下。

①受框架结构受力性能的影响：一般情况下，大多数公共建筑的框架结构开间尺寸以 6~8m 为宜，展馆、报告厅等要求大空间的建筑，为了使用方便，开间尺寸可以设计成 12~15m。

②受大小房间可变通的影响：小房间开间尺寸需满足最低使用要求，3.6m 的开间作为小型办公室是合适的，3m 略显狭窄；对于有大量办公室的建筑而言，开间尺寸选在 7.2~8m 之间较合适。

③受建筑个性表达的影响：有些小建筑或为儿童建造，为了表达造型的小尺度感，建筑采用诸如 3m 的小开间尺度，其结构构件的截面尺度就小，也使建筑形体变化灵活，里面分区更为丰富。

④受立面设计的影响：立面上的设计要素要尽可能规律，这就要求开间尺寸的规格要有统一性，最好为等开间。但一般建筑入口处理或立面端部需要适当进行立面变化设计时，可适当调整开间大小。

⑤受房间内部特殊功能的影响：比如传统闭架图书馆设计中，柱网开间尺寸由家具模数确定，书库内书架的经济间距为 1.25m，阅览室中阅览桌到书架的间距为 2.5m，则结构的开间尺寸确定为 5m、6.3m、7.5m。在旅馆建筑设计中，为使客房卫生间、床具、写字台等配置较为舒适，客房开间宜为 4m，那么旅馆建筑框架结构的开间尺寸宜为 8m，在此开间内可容纳 2 间房。在车库的设计中，为减少空间柱子并最大限度地提高使用率，使得每个开间正好合适停放 3 辆车，车库多采取 8m 柱网。

2）跨度选择

需要注意的是，建筑跨度可以是等跨也可以是不等跨，这需要根据之前得出的方案雏形大致形状来定。例如，分为 $20m^2$ 和 $16m^2$ 的两类房间南北布置于一个大空间，开间定为 4m，所以 $20m^2$ 的房间进深尺寸为 5m，$16m^2$ 的房间进深尺寸为 4m，考虑到中间有走道，可另加 2m 跨度，为了减少柱子数量，4m 和 2m 两个小跨度合并为 6m 跨度。这样，大空间进深为两跨：5m 和 6m。将建筑总进深划分为几个大跨之后，根据结构跨度尺寸的合理性和这一大跨中房间布局情况及进深尺寸的要求，还可在大跨度中再划分若干适合的小跨尺寸，直到每跨尺寸都确定下来。

把建筑总进深划分成几个大跨一般有两种方法：第一，在两个功能分区之间应有一条跨度的轴线；第二，在水平交通线一侧应有一条跨度的轴线。

3）基本方法

快速建筑设计一般多为框架结构形式，柱网以简单为宜。具体形式主要由方案的基本平面和多数房间的面积以及使用要求来定。如果总平面为板状，则框架结构柱网多为矩形柱网；如果总平面长宽尺寸相当，则多为正方形柱网，也可以抽掉室内大空间中的几排柱子使局部成为矩形柱网。

柱网尺寸的设定首先要确定平面总尺寸。对于平面比较规整的方案，根据功能布局所获得的一层平面范围，大体上可获得平面的外轮廓长宽总尺寸。对于平面布局富于变化的方案，可按比例估计长宽总尺寸，然后进一步确定开间和跨度尺寸与数量，并与有总尺寸的平面进行互调，保证总平面符合面积要求的同时纳入结构总框架之内（图 3.20）。

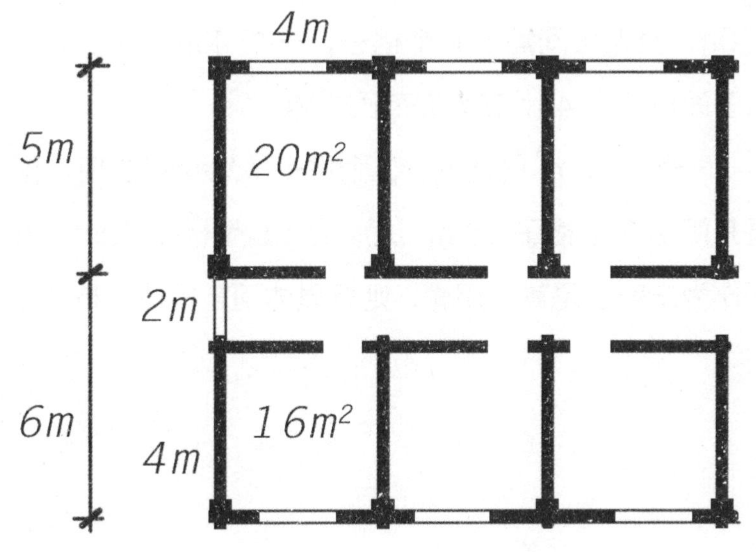

图 3.20　不等跨平面举例

4）注意问题

结构体系基本建立后，接下来要将各层平面功能配置关系有序地纳入结构柱网中，此时，有两个问题需要注意：首先，要运用系统思维的方法按部就班地落实房间的安排；其次，不能因为房间具体面积的大小等因素打乱已经确定的房间功能配置关系。

5）具体操作

①将大的功能分区在整体柱网中分成几部分，并估算各功能区所占的柱网面积或柱网数。

②在柱网系统中，建筑公共空间的尺度和面积如走道宽度或门厅面积等，需要以方案构思过程中确定的交通流线或节点为依据进行转换。

③每个房间定位时需注意三点：房间比例关系，房间面积不可过大或过小，必须结合结构尺寸的规律，不应该完全按照房间面积分割柱网。

④按房间面积配置网格大小：采取数格子的方法可以避免在格网中安排房间时遇到矛盾，我们可以先计算每个格子的面积是多少，如 8m × 8m 的方格网，一个格子的面积为 64m^2。一个 250m^2 的大房间需要 4 个格子，一个 30m^2 的小房间用半个格子即可，一个 60m^2 的房间用一个格子即可，多 4m^2 在允许范围之内。

一个 200m^2 的房间，3 个格子虽然面积合理，但格子并排会导致房间形态失常，恰当的办法是开间给 2 个格子 16m，进深给 1.5 个格子 12m。在保证房间形态合理的前提下，剩下的半个格子作为走廊还是其他用途，则要具体问题具体分析（图 3.21）。

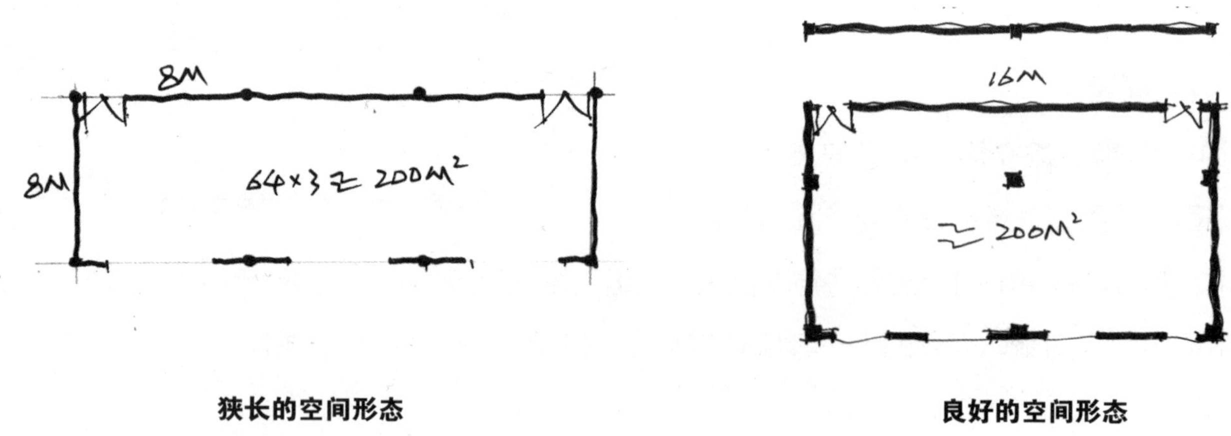

图 3.21　8m × 8m 方格网 200m^2 空间划分方式

矩形柱网如 6m × 8m，一个格子的面积为 $48m^2$。如果一个大房间为 $200m^2$，则需要 4 个格子；如果一个小房间为 $25m^2$，则半个格子即可；如果一个房间为 $54m^2$，需要一个格子，少 $6m^2$ 也是在允许范围内。

如果一个房间为 $150m^2$，3 个格子虽然面积合理，但格子并排会导致房间比例过于狭长，或房间形状呈 L 形，恰当的办法是开间给 2 个格子 16m，进深给 1.5 个格子 9m（图 3.22）。

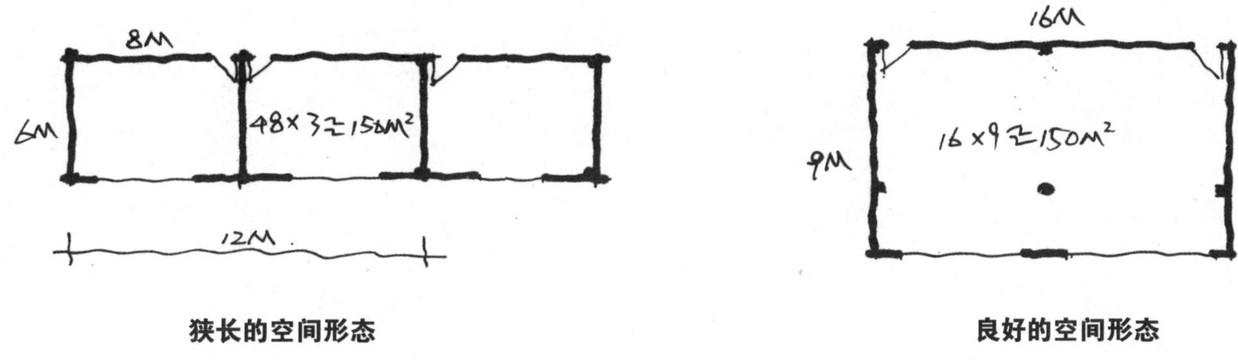

狭长的空间形态

良好的空间形态

图 3.22　6m × 8m 方格网 $150m^2$ 空间划分方式

⑤功能配置关系的优先保证：时常会有个别房间难以放入柱网，而保证功能关系的合理性是矛盾的主要方面。因此，可让房间大一点或小一点，牺牲面积因素来实现合理的功能配置，也就是说房间的位置的重要性要大于它的面积。

3.3.3 平面形式的构思

常用形体布局有一字形、L 形、T 形、十字形、工字形、王字形、回字形。设计时需按功能灵活使用，比如工字形的一边可扭转或改变形状。此外，还要分析哪个平面形式更适合基地和之前所做的功能分区（图 3.23）。

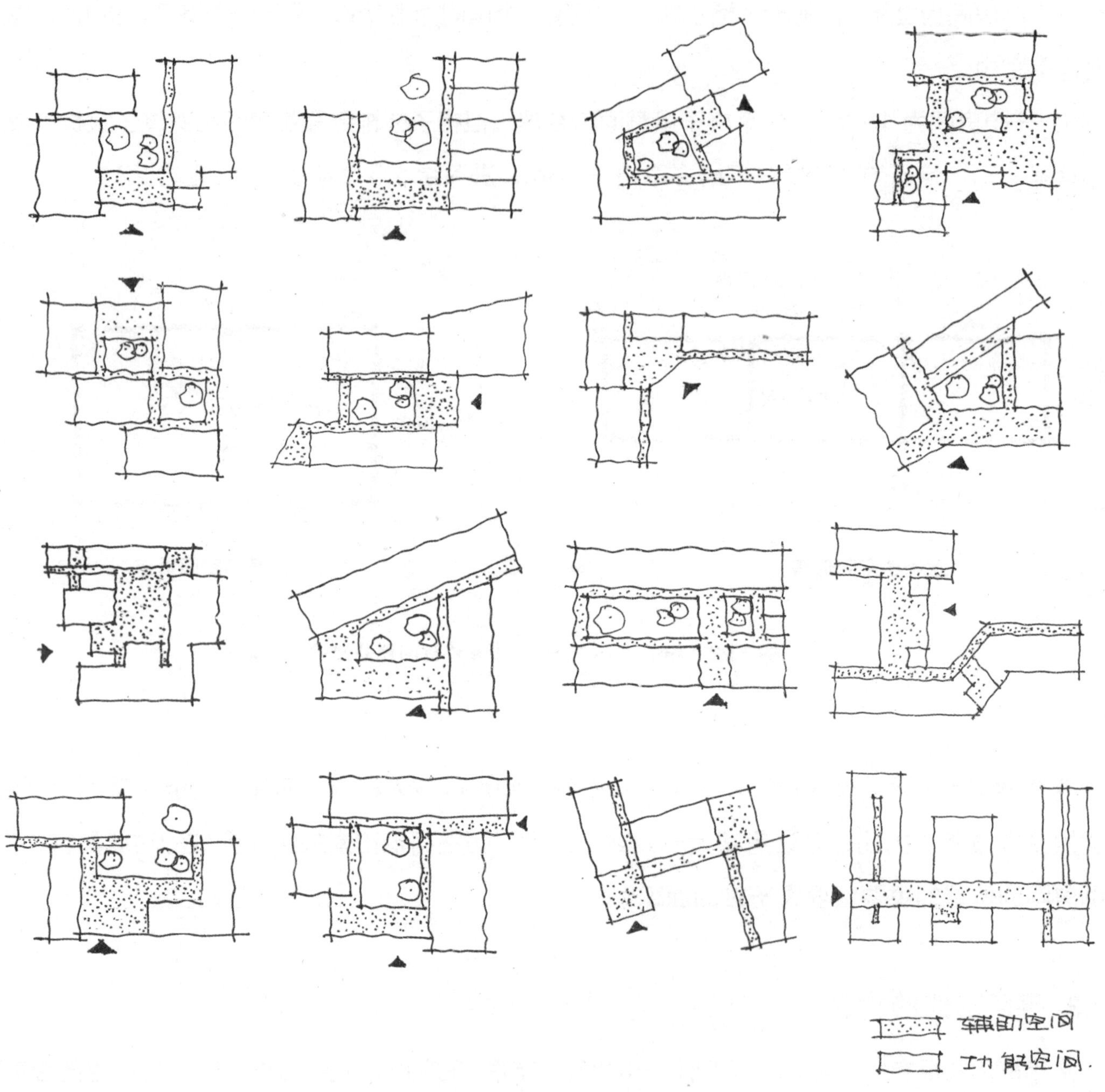

图 3.23　快题常见的功能平面形式举例

3.4 建筑与环境设计的一般方法

3.4.1 场地设计要点

1) 任务与内容

场地总体设计是在场地分析的基础上，合理确定各组成内容的空间位置关系及各自的基本形态，并做出具体的平面布置，从而确定场地的整体宏观形态（图 3.24）。目的是合理有序地组织场地内各种活动，使各要素形成一个有机整体，与环境相协调。场地布局除满足功能性外，还应满足安全、经济、美观等要求，具体包括以下方面：

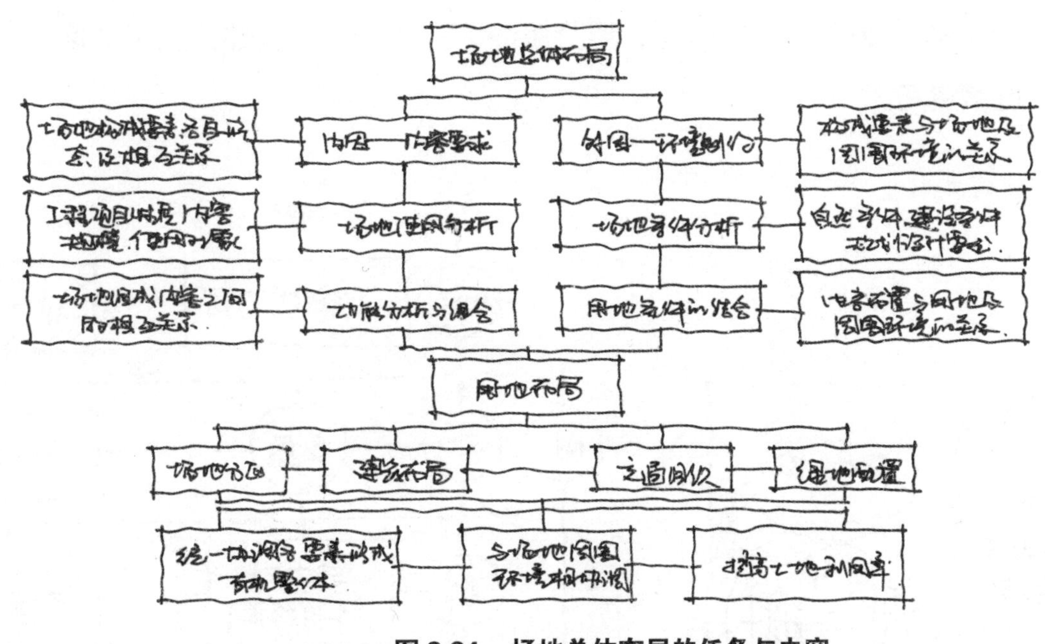

图 3.24 场地总体布局的任务与内容

①分析项目的性质、特点和内容要求，明确场地的各项使用功能。

②分析场地本身及四周的设计条件，研究环境制约条件及可利用因素。

③研究确定场地组成内容之间的基本关系，进行场地分区。

④分析各项组成内容的布置要求，确定基本形态及组织关系，进行建筑布局、交通组织和绿地配置。

2) 场地分区

①分区的依据：对场地的内容进行分区需要针对不同情况采取不同的思路，可以从以下方面着手。

首先，功能性质。功能特性是对内容进行划分的最基本依据，将性质相同、功能相近、联系紧密、对环境要求相似和相互间干扰不大的内容进行归纳，形成若干个功能区。如中小学（图 3.25）可以根据教学、行政办公、生活服务和运动场地等内容进行场地分区。

其次，空间特性。可从功能所需空间的特性分析入手，将性质相同或相近的整合在一起，将性质相异或相斥的做妥善的隔离，分区又可沿多条线索进行。

按照使用者活动的性质或状态来划分动区与静区，动静区之间有时候又有中性空间形成联系与过渡。如文化馆（图 3.26）场地中阅览、展览属静区，游艺、交谊部分属于动区，室外展场、绿化庭院等作为过渡空间。

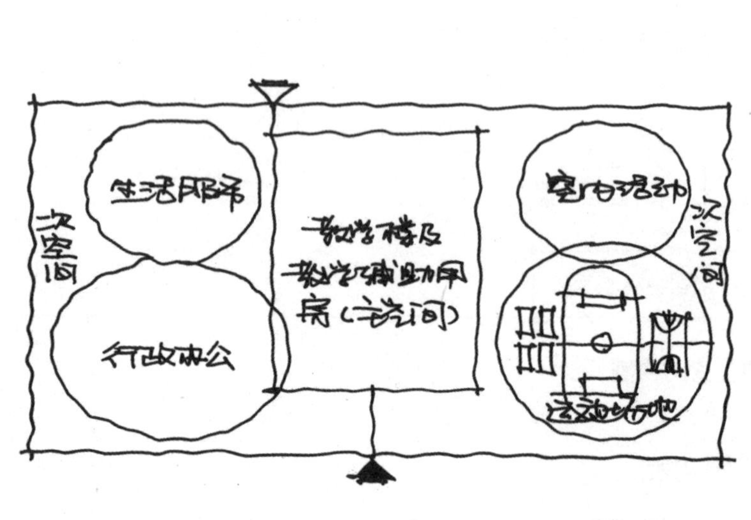

图 3.25　中小学场地功能关系示意

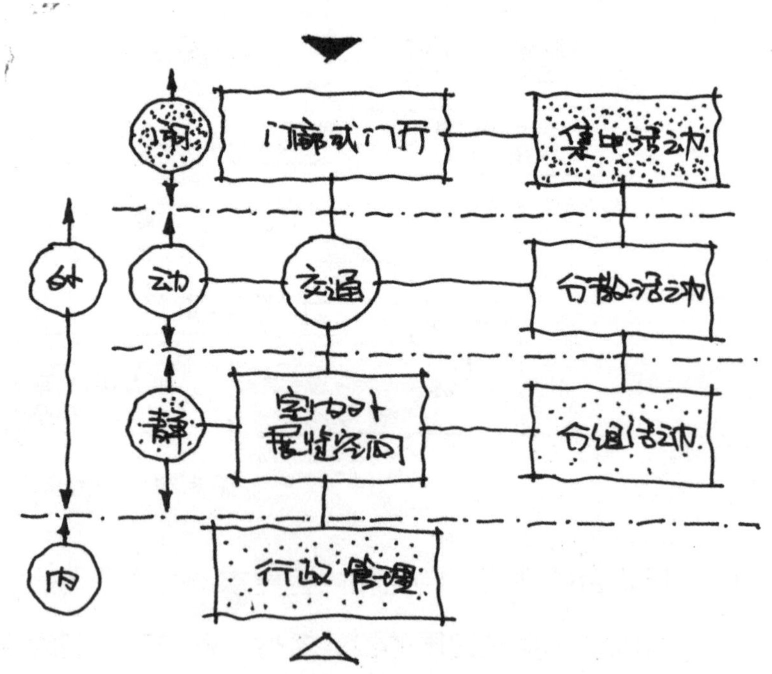

图 3.26　文化馆场地功能结构示意

按照使用人数的多少或活动的私密性程度来划分公共性空间、私密性空间和半公共（半私密）空间。

按照场地中功能关系的主次来划分主要空间、次要空间和辅助空间，以便分别组织，避免相互干扰。例如，博物馆建筑中，陈列室和展场是主要功能空间，库藏和研究部分是为实现主要功能提供服务与支持的次要空间，停车场、设备用房等为辅助空间。

按照服务对象的属性划分对外空间与对内空间，以便分别组织各自的流线及与外部的交通联系方式。例如，食堂的就餐部分即是对外空间，其操作、库房部分为对内空间。

再次，自然条件。由于用地现状的限制（如形状不规则或高差较大），需要将内容分散布置，从而形成不同的分区。如果基地内地质状况有差异，地质条件较好的地段宜作为建筑用地，地质条件差的地段可作绿地；若场地中有一定的污染源，则需要分洁净区和污染区，其布置要依据风向确定，例如，医院的传染病区、幼儿园的厨房部分应布置在场地的下风向。

②用地划分：在实际设计中，根据用地规模、形态等的不同，应采用不同的用地划分方式来安排内容。集中的方式是将性质相同或类似的用地集中在一起布置，形成分区明确的完整地块，适于地块较小、内容较为单一、功能及流线关系较简单的场地。均衡的方式是将内容均衡分布，使每部分用地都有相应的内容，适用于内容多样复杂的场地。处理原则仍旧是满足功能需要，根据各块功能，该大则大，该小则小，虚实穿插，使场地大而不空。

③各分区之间的联系：各分区之间的联系体现在两个方面，联结关系和位置关系。联结关系是指它们在交通、空间和视觉等方面是如何关联的，其中交通联系是最主要的。一般使用“功能流线关系分析图”来表达各分区之间的联结关系与位置关系。例如，在展览馆的场地分区（图 3.27）中，可以通过功能关系图分析各部分的划分状态和相互关系。

3）建筑布局

①影响建筑布局的主要因素是用地条件和功能要求。

用地条件方面，进行建筑布局之前应对基地的形状大小、地形地貌、现状建筑物分布及周围环境等有深入的认识，才能设计出优秀的设计方案。例如，贝聿铭设计的华盛顿国家美术馆东馆，基地位于国会大厦与白宫之间，呈一个斜角的楔形，设计上把握住了这一地形特点，建筑平面采用三角形构图，使得新建筑与周边环境非常融洽。

功能要求方面，不同性质的建筑的功能要求不同、人流活动情况不同，其内部的功能关系也不相同。在总体布局中应表现出不同的建筑平面及空间的组合形式，如单元式、辐射式、院落式等（图 3.28）。

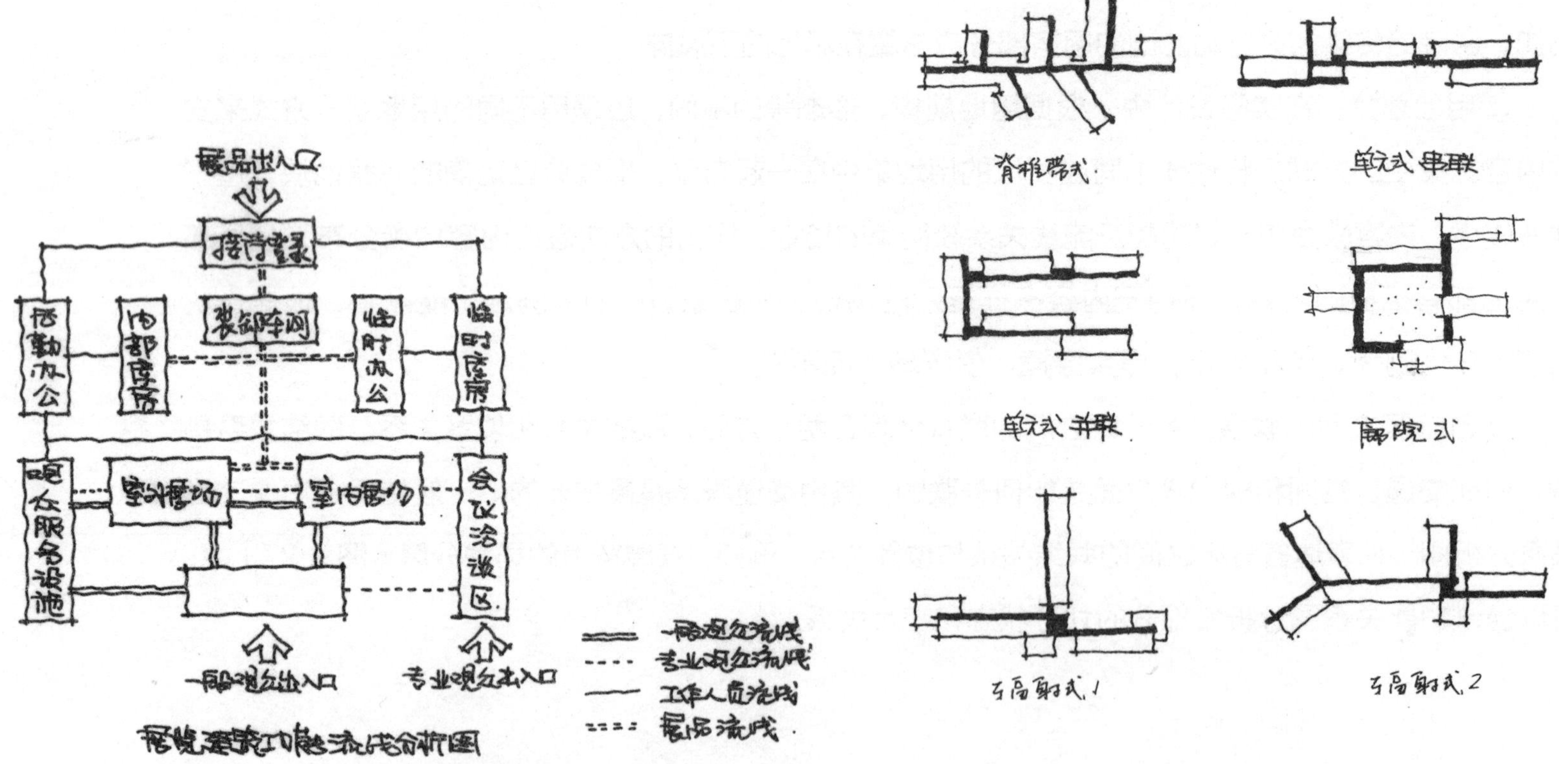

图 3.27　展览建筑功能流线关系示意

图 3.28　常见建筑空间组合形式示意

②建筑布局的基本要求：建筑布局要保证合理的建筑朝向和建筑间距。建筑物的朝向通常由日照、风向、地形景观等因素综合决定。建筑间距是指两栋建筑相对的建筑外墙面之间的水平距离。总体布局要考虑场地内单体建筑之间的间距以及与场地周边建筑之间的间距。建筑间距主要由日照间距、防火间距以及建筑通风要求等共同限定。

③单体建筑在场地中的布局方式：首先，建筑布置在场地中部。建筑安排在场地中央，四周留出空间布置其他内容（如庭院绿化、交通集散地等），形成以空间包围建筑的图底关系。其特点是整体秩序简明，主体建筑突出，各部分用地区域大体相当、关系均衡，且相对独立、互不干扰，节省了土地。但应注意避免建筑形象单一，缺乏层次变化，与周围关系较单调等不利因素。如路易斯 · 康设计的金贝尔美术馆（图 3.29），建筑物位于场地中央，将基地剩余部分划分成了四个区域，场地的整体布局形成了既朴素、实用又富于深刻的内在结构秩序的良好效果。其次，建筑布置在场地边侧或一角。有时为节约用地，主体建筑物会选择比较规整的集中形式，并尽量靠近场地边侧布置；有时建筑占地较小，与场地规模比例悬殊，为使该场地合理而将建筑物安排在场地一侧或一角；有时为增加建筑的雄伟之感，而使建筑远离场地入口，布置在后部的边侧位置，留出前面大部分用地作广场，形成纪念性的空间秩序和氛围，又提供了人流集散场地。

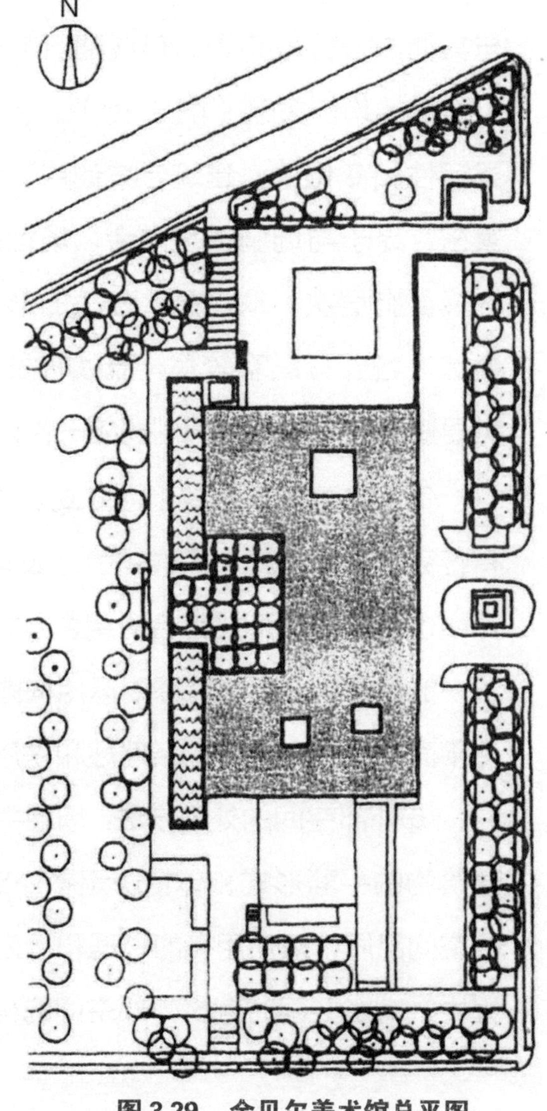

图 3.29　金贝尔美术馆总平图

④建筑群体在场地中的布置方式：场地总体布局时，若需要布置一栋以上的建筑，则需要协调各建筑单体或不同单体之间以及建筑与空间环境之间的关系，保证场地中建筑群体空间的整体统一。主要有以下三种布局方式：

第一，建筑群体布局方式。以空间为核心，建筑围合空间。特点是建筑群各部分之间的交通联系可通过中央核心空间来组织，建筑与空间形成更紧密的联系，秩序结构清晰简明，形成向心的组织形式，增强整体性和空间围合感。

第二，建筑与空间相互穿插。将建筑与其他内容分散布置，形成建筑与空间相互穿插的均衡关系（图 3.30）。特点在于灵活性和变化性，建筑与其他内容结合更紧密，易于与周围环境融合，场地的空间构成更有层次。缺点是，分散的形式可能会造成各部分联系较弱，流线较长，另外需要避免过多的变化而削弱统一性。

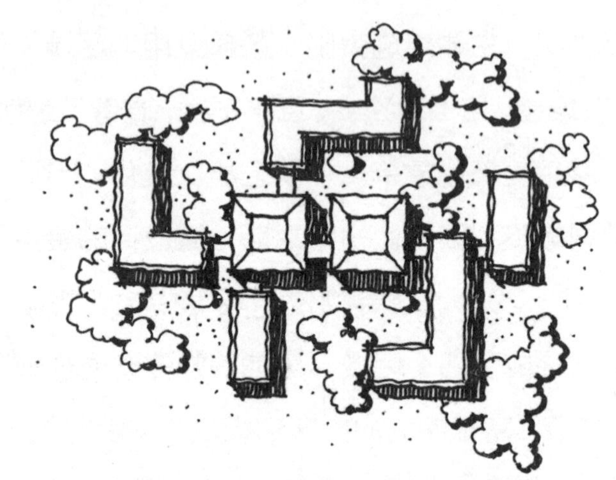

图 3.30　建筑与空间相互穿插示意

第三，建筑群体的组合方式。不同性质的建筑群组合方式各异，居住建筑群体常用的组合方式有行列式、周边式、点群式等，公共建筑群体组合常常有对称式、自由式、庭院式等方式。具体设计中也常用多种形式综合的组合方式。群体组合的重要原则是整体性，为保证场地整合空间有和谐统一的建筑组合，往往需要运用构图基本原理，灵活运用轴线、向心、序列、对比等空间构成手法，使平面布局具有良好的条理性和秩序感。

⑤外部空间的处理方法：场地中的建筑物与其外部空间呈现着一种相互依存、虚实互补的关系。建筑物的平面形式和体量决定着外部空间的形状、比例与尺度、参差和序列等，并由此而产生不同的空间品质，对使用者的心理和行为产生不同影响。因此，在场地总体布局阶段，建筑空间组织过程中，有必要同时考虑外部空间的构成。

首先，建筑对外部空间的限定。建筑的不同布局形态，会对空间产生强弱不同的限定度，从而使空间具有封闭性或开敞性的不同倾向，形成不同的空间氛围。其影响主要来自两个方面：一是建筑各部分的垂直界面对空间的限定方式，二是外部空间的尺度。

限定方式上，不同的建筑布置形成不同的空间限定方式，从而产生不同的空间氛围。图 3.31 中，a 图所示仅有建筑的一面限定空间，限定性较弱；b 图所示建筑相对布置，形成具有流动感的空间，缺乏停留感；c 图所示界面构成 L 形转角空间，具有一定封闭性，有领域感；d 图所示界面形成三面围合的空间，可创造较内向的私密空间，仍可与相邻空间保持视觉上和空间上的连续性；e 图所示四面围合的空间，具有强烈的封闭感，形成内向性庭院。

空间尺度上，相距越近、高度越大的建筑所围合的空间封闭性越强，反之越弱。例如，庭院式组合的建筑或建筑群尤其要推敲庭院的尺度与建筑高度之间的关系，避免因空间狭小而形成“井底之蛙”的闭塞感，或因尺度过大而达不到预期的亲切感。

其次，外部空间的组织方法。常用的手法有空间的引导（图 3.32）、空间的渗透（图 3.33）、空间的序列组织（图 3.34）、空间的层次划分（图 3.35）等。

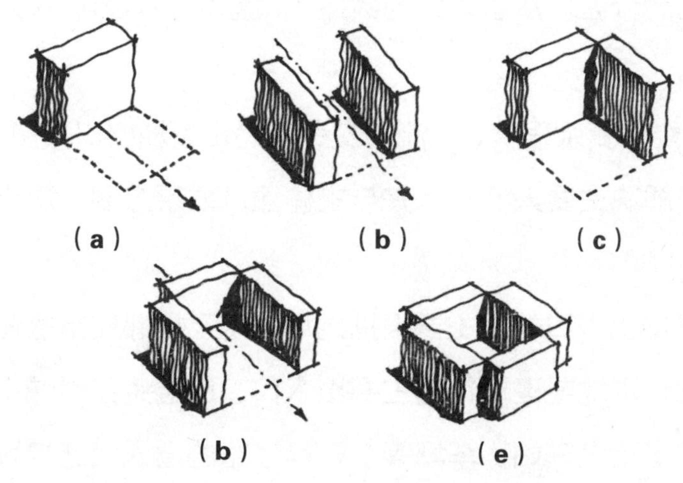

图 3.31　建筑空间限定的几种方式

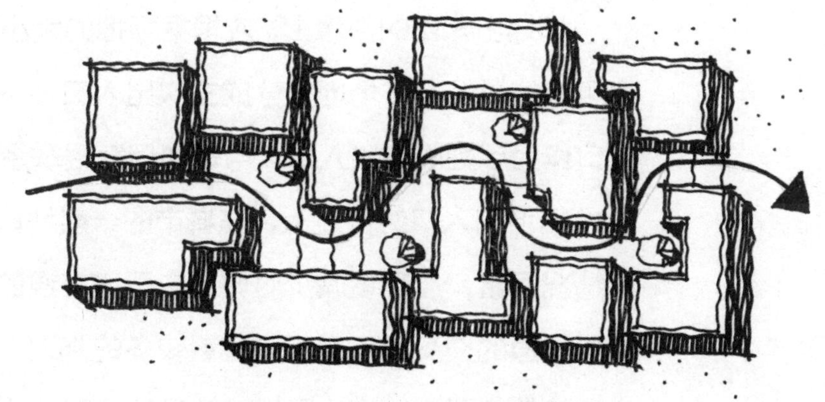

图 3.32　空间的引导

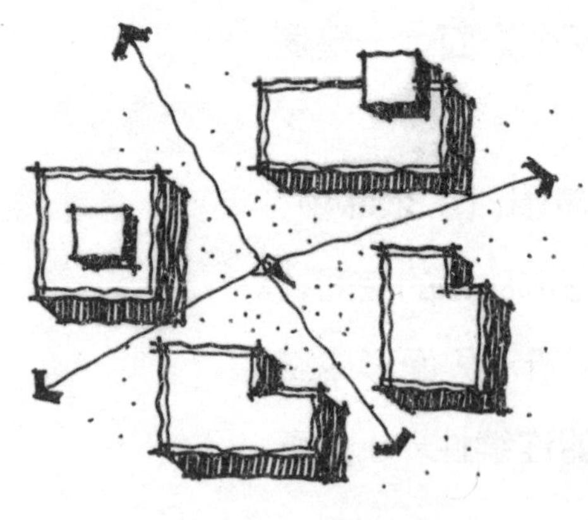

图 3.33 空间的渗透

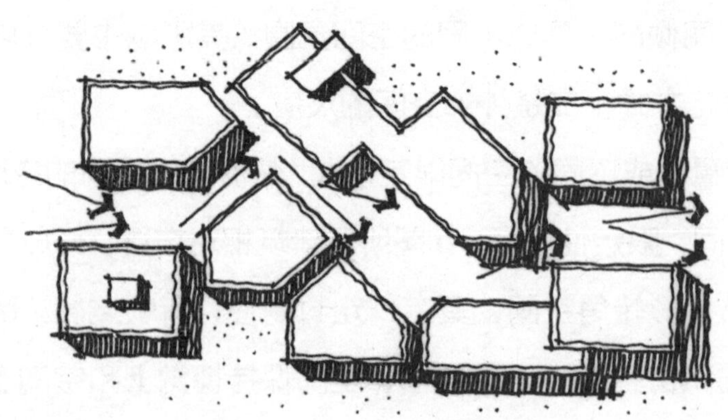

图 3.34 空间的序列组织

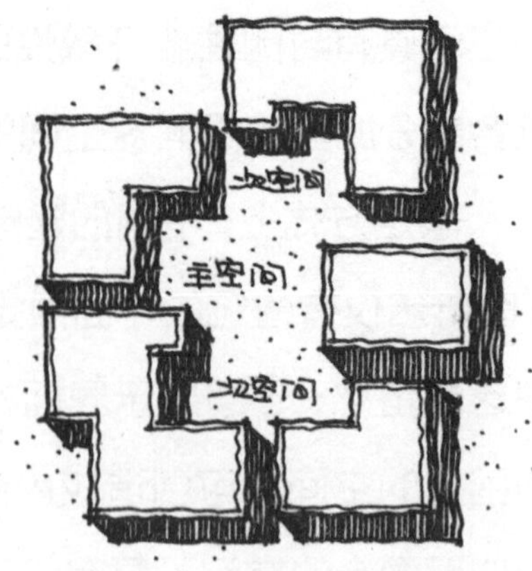

图 3.35 空间的层次划分

4）**交通组织**

①交通组织的基本内容：分析各交通流的流向与流量，选择适当的交通方式，建立完善的交通系统；依据城市规划要求，确定场地出入口位置，处理好城市道路与场地的交通衔接；组织各种人、车流与客、货交通，合理布置道路、停车场和广场的设置，将各分区有机联系起来，形成统一整体。

②场地的出入口设置：场地出入口及集散空间的设置，应在分析场地周围环境（尤其是相邻的城市道路）及场地交通流线特点的基础上，结合场地分区，从出入口的数量、位置和交通组织等方面综合考虑。

场地出入口的数量上，应根据场地的大小、功能的复杂程度、人流的多少来确定场地出口数量。在可能的情况下，场地宜分成主次出入口，主入口解决主要人流出入并与主体建筑联系方便，次出入口作为后勤服务出入口，与辅助用房相联系。

场地出入口的位置上，在城市的一般地段，场地出入口位置主要根据用地分区及相邻城市的道路情况而定，应尽量减少对城市主干道交通的干扰。场地或建筑物的主要出入口，应避免正对城市主要干道的交叉口。对于车流量较多的基地（包括出租汽车站、车场等），其通路的出入口连接城市道路的位置应符合《民用建筑设计通则》（GB 50352—2005）的规定。

场地出入口的交通组织上，场地的出入口应有序组织场地内各种流线的聚合与离散，使场地内外交通顺利衔接，同时减小对城市道路交通的干扰（图 3.36）。建筑主要出入口前应有集散场地，其空间尺度应根据使用性质和人数确定。当场地与城市道路毗邻时，要求入口处适当地后退用地界限（或道路红线），以满足使用和安全的要求。对于人、车流量大而且人流集中、交通组织复杂的场地（如影剧院、展览馆和体育馆等），在建筑与场地出入口之间需要较大的集散空间。入口集散场地还需要注重景观处理，创造场地景观的良好开端。

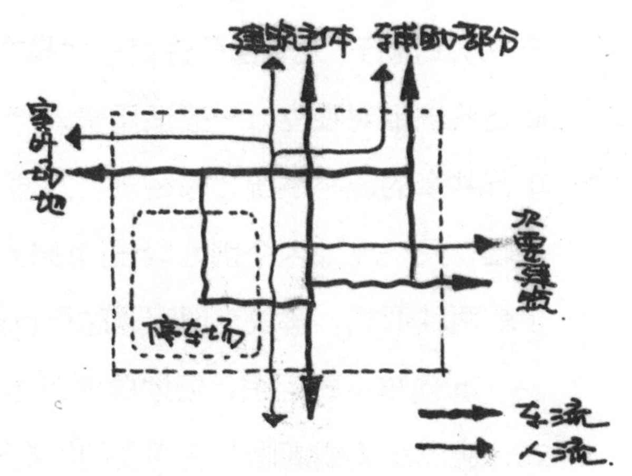

图 3.36　入口集散场地交通组织示意

③交通流线组织：交通流线组织应符合使用规律和活动特点，有合理的结构和明确的秩序，使场地内各个部分的交通流线关系清晰，易于识别，并且便捷顺畅。应处理好不同区域、不同类型流线之间的相互关系，避免差异较大的流线相互交叉干扰。主要任务有以下两个方面：

第一，确定流线体系的基本结构形式。根据流线进出场地的不同方式，可将场地的整个流线体系分为尽端式和通过式两种（图 3.37），可根据场地周围条件及场地分区状况选择，也可将两种组织方式结合形成结构。

第二，不同类型流线的组织（图 3.38），考虑流量规模及重要程度，综合起来看，场地总体布局中需主要分析人流、车流和服务流线，有合流式和分流式两种基本组织形式。

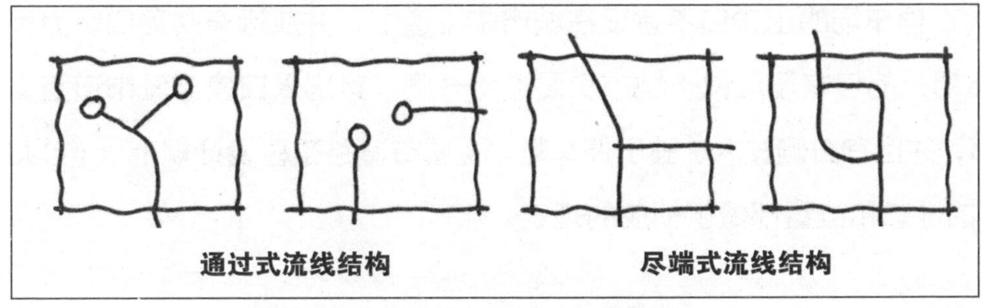

图 3.37　场地交通流线结构示意图

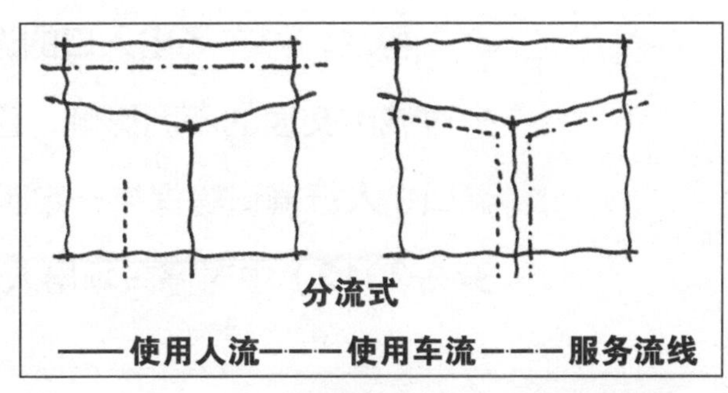

图 3.38　不同类型的流线组织示意图

④道路系统组织：道路系统组织应与场地分区、建筑布置、环境景观等结合考虑，可有人车分流、人车混行、人车部分分流三种基本形式。人车分流，即场地内机动车道路系统和步行（含自行车）道路系统相对独立，一般适用于人流、车流都较大的场地；人车混行，即场地内仅设置一套人行、车行共享的道路系统，较经济、方便，布置方式灵活；人车部分分流，即以人车混行的道路系统为基础，只在场地内个别地段设置步行专用道，联系部分建筑或休息、活动场地，这种系统综合采用了前两种形式，解决交通问题时具有更灵活的适应性。

⑤停车系统组织：场地总体布局中对停车系统的组织包括选择停车方式和确定停车场的布置方式，应满足流线清晰、使用便利的要求，并尽量减少对环境的干扰。

首先，停车场的基本形式。根据停车场与场地的关系，可将停车场在场地中的存在形式大致分为三种类型，总体布局时需结合场地具体情况而确定。一是地面停车场。其优点是与场地内交通流线的联系最为直接，车流与人流进出方便，造价较低。缺点是占地较大，有噪声干扰，并且影响景观。如果结合地形，将停车场局部下沉或结合绿化布置车位，可改善空间景观效果。二是地下停车场。其优点在于可节约用地，并可有效地实现地面的人车分离，同时减少噪声和废气污染，优化景观效果，建立健康、安宁、舒适的场地环境。三是独立式车库。这是一种较为特殊的停车方式，为场地中独立的建筑物，其中多层车库最突出的特点是停车数量更大，占地较小，节约用地，造价相对高。

其次，停车场的位置确定。原则上停车场应靠近主体建筑，以方便使用并减少车流往返。通常停车场会布置在接近场地入口的边缘处，路线短捷，避免对场地内部的干扰。条件允许时，停车场还可以单独设计对外出入口，直接通向外部道路。用地规模较大时，停车场也可与其所服务的内容相邻布置，以方便联系。

再次，停车场出入口的选择。停车场的出入口不宜设在城市主干道上，并应远离交叉口。为减少对城市交通的不利影响，直接对外的停车场应位于城市次要道路一侧，其出入口应与城市道路交叉口、人行横道等保持一定距离，并且宜右侧驶入、驶出停车场。《城市道路工程设计规范》（CJJ 37—2012）中对停车场出入口的数量和位置都做了相应的规定。

此外，还要注意自行车停车场的规模和布置要求。自行车停车场的规模应根据服务对象、平均停放时间、场地日周转次数等确定。位置的选择应结合道路、广场及建筑布置，以中、小型分散就近设置为主。车辆停放点至出行目的地的步行距离要适当，以 50~100m 为限。根据自行车的停放方式，其停车场可分为地面式、半地下式、地下式（独立式或附建式）。

3.4.2 建筑与周边道路的常用处理手法

1）基地面临交叉路口

要求建筑具有一定的标志性，并有一定面积的绿化、休息和集散空间（图 3.39）。

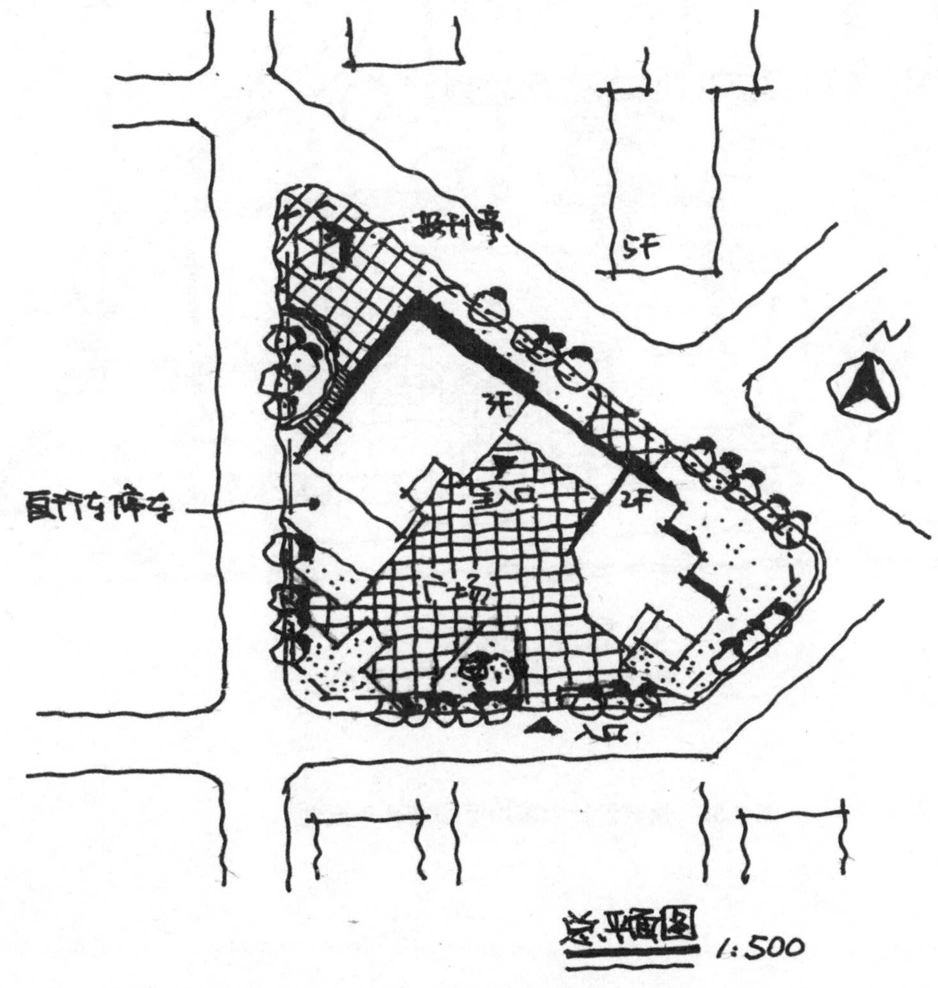

图 3.39 快速设计中基地面临交叉口案例一

2）基地面临主要道路

立面处理最为重要，在城市主干道上不宜开车行进入口和停车场。（图 3.39）

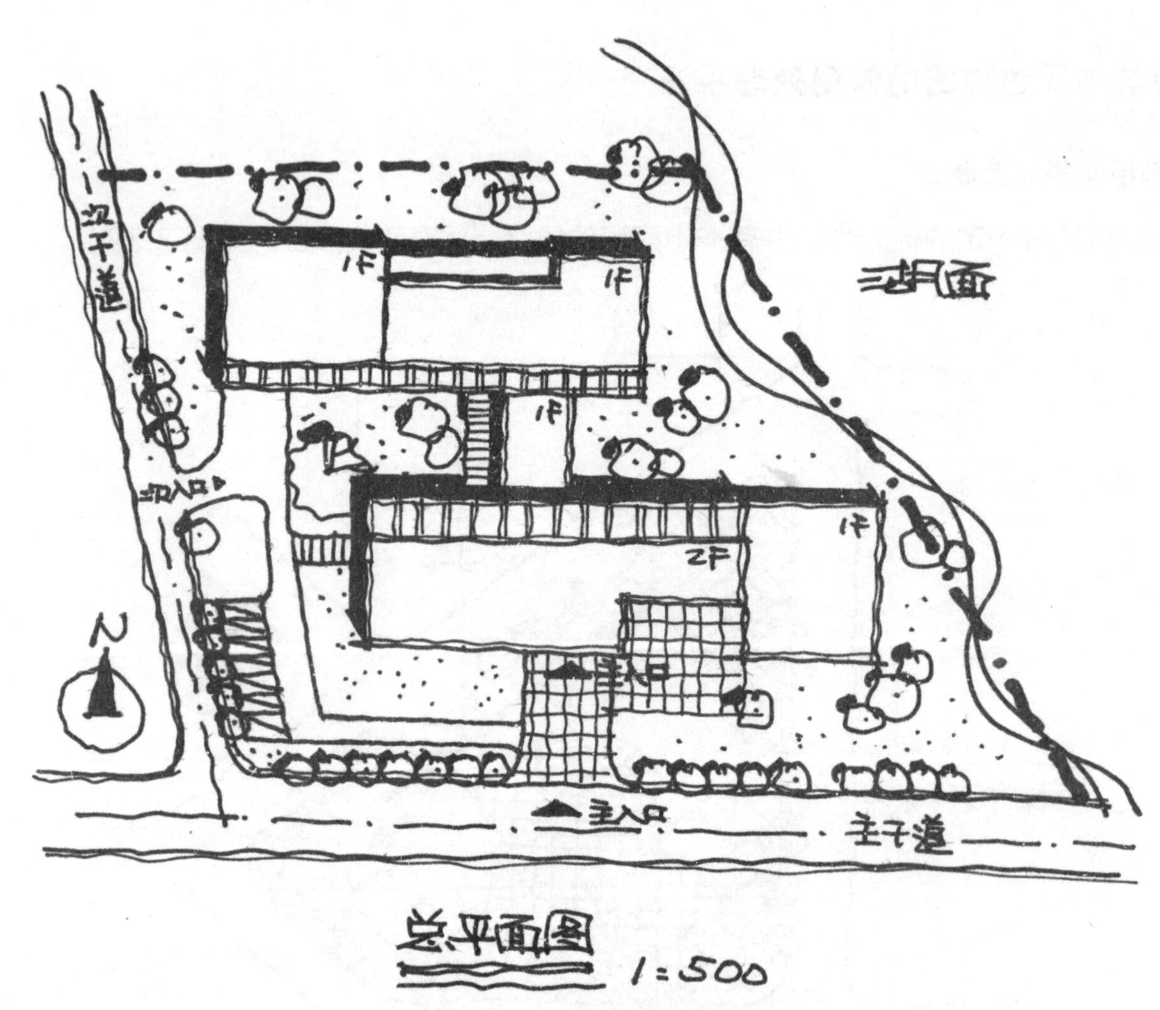

图 3.39　快速设计中基地面临交叉口案例二

3）基地面临次要道路

立面处理可稍简化，适合入口停车并宜退让红线，设置次要入口（图 3.40）。

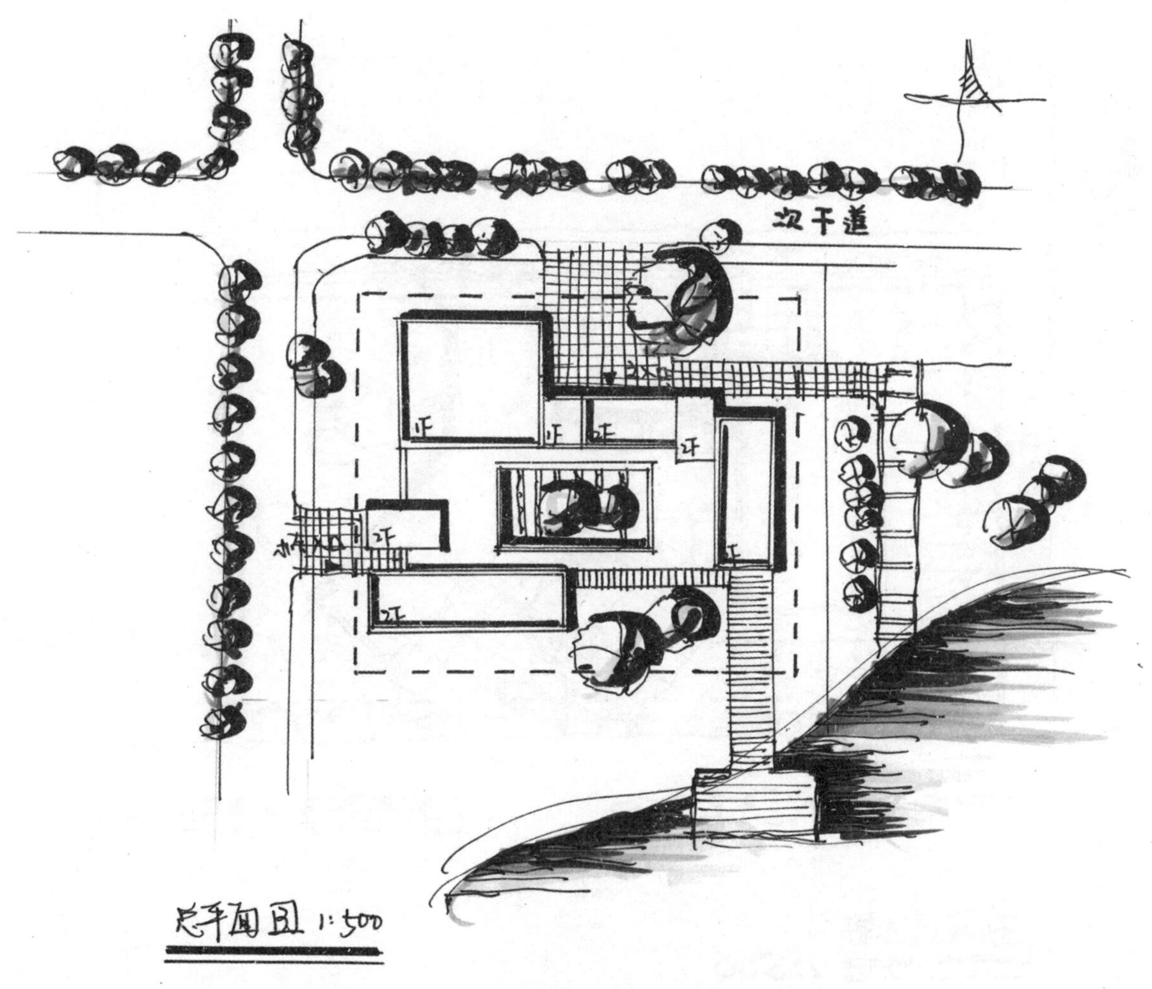

图 3.40　快速设计中基地面临交叉口案例三

4）基地面位于丁字路口

建筑适宜有一定的层次感，利用建筑的主入口营造适当的缓冲空间（图 3.41）。

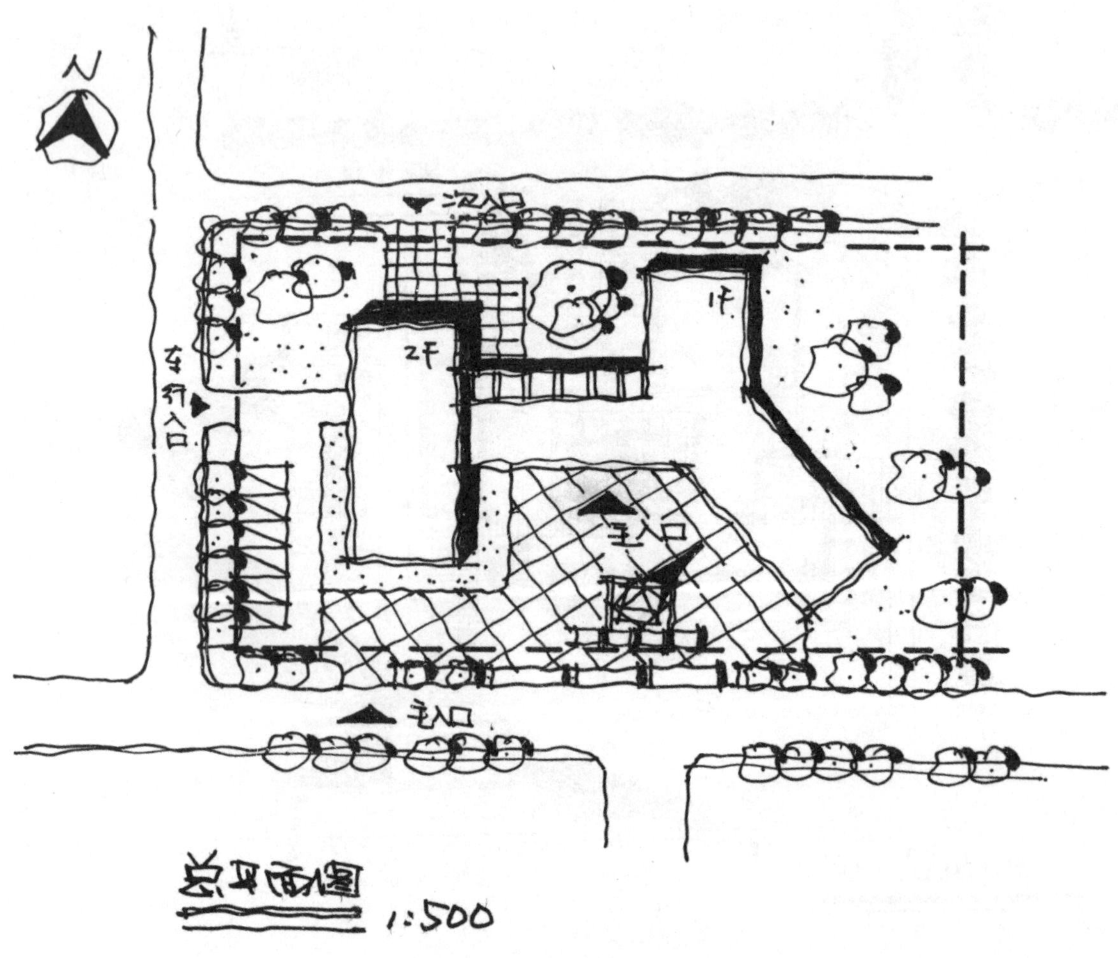

图 3.41　快速设计中基地位于丁字路口案例

5）基地面临锐角相交的道路

视线不便时，需考虑使一部分基地作为舒缓道路的过渡部分，有适当面积的铺地及不遮挡视线的绿化，以满足人行交通（图 3.42）。

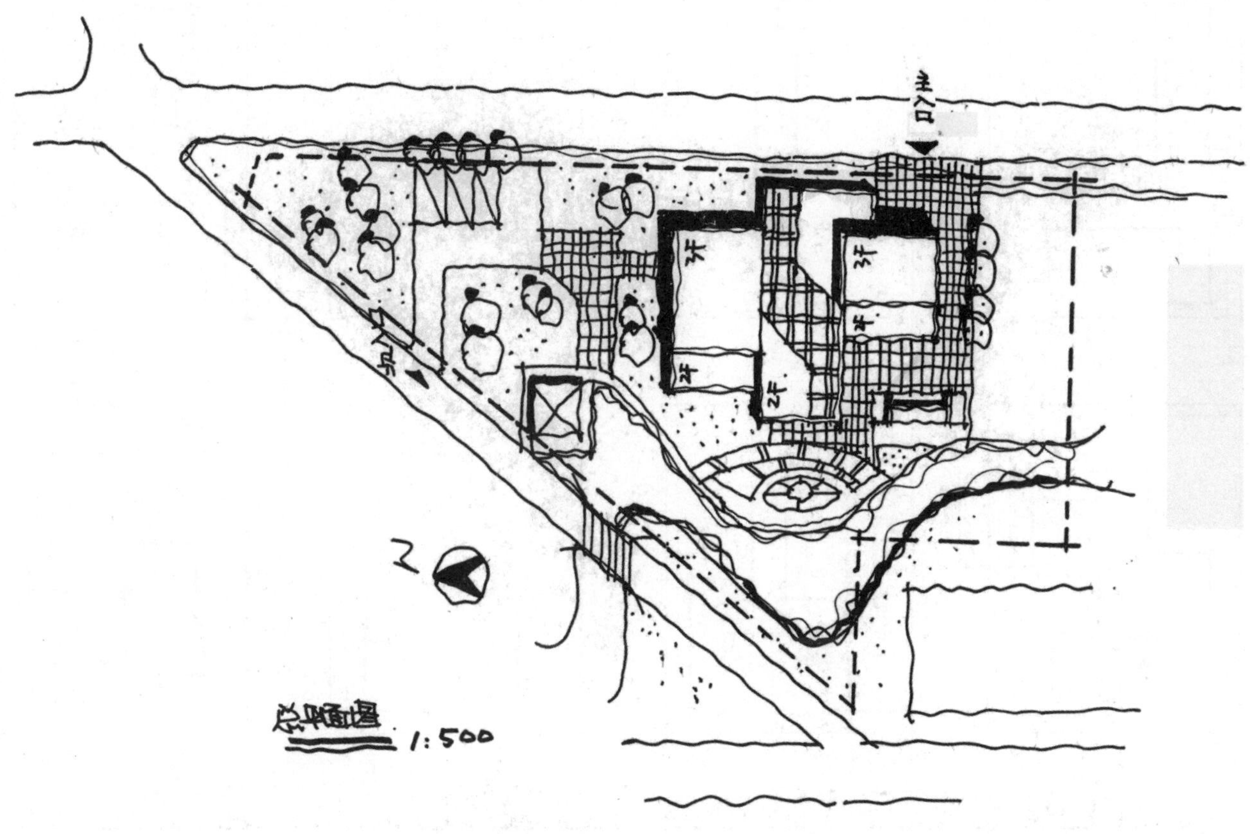

图 3.42 基地面临锐角相交的道路案例

3.4.3 建筑与内部环境的常用处理方法

1）场地内不同地形地貌的处理

①平整地形建筑布局可根据图形构成关系适当变化，如图 3.43 所示。

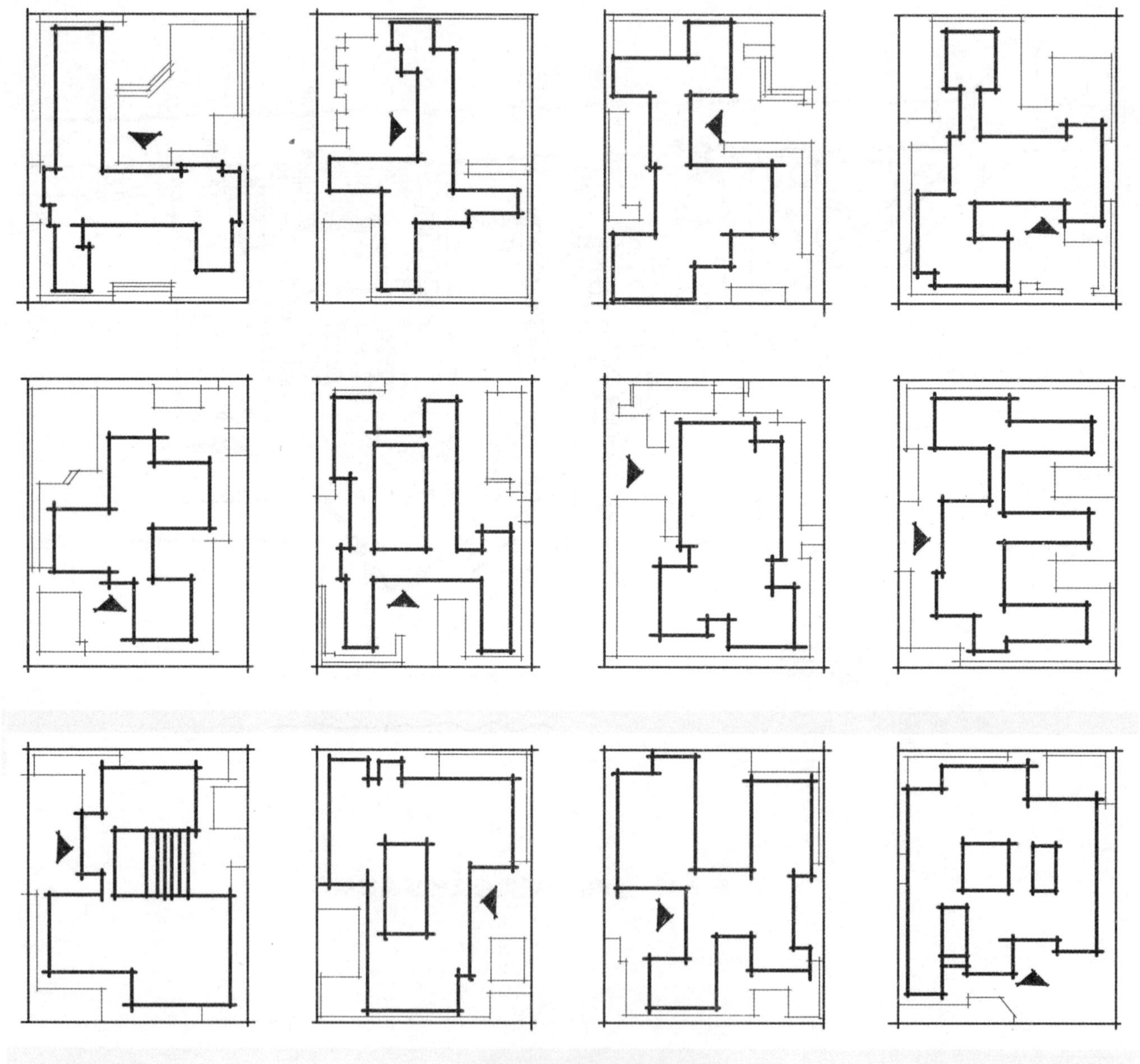

图 3.43　场地内不同地形地貌的处理

②复杂地形建筑布局宜完整简洁，如图 3.44、图 3.45 所示。

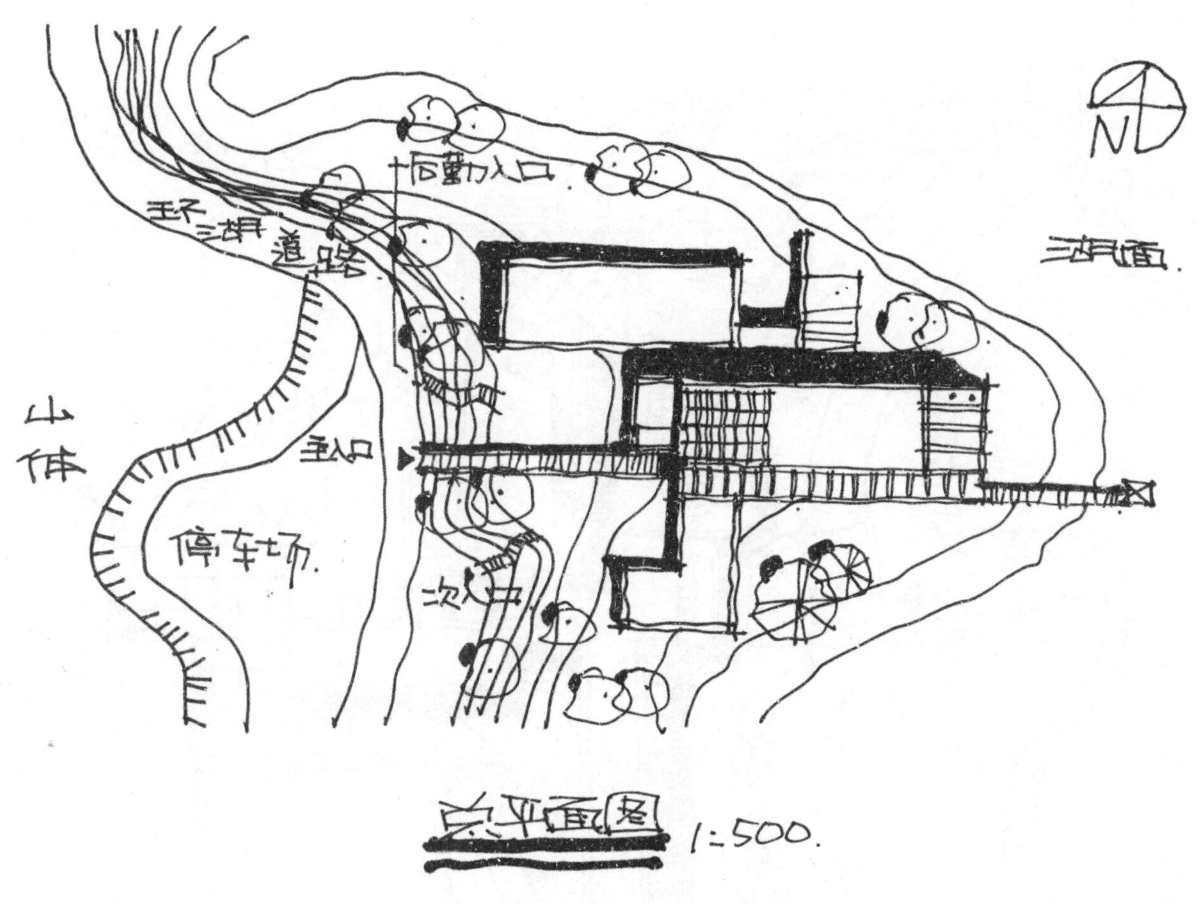

图 3.44　复杂地形建筑布局设计案例一

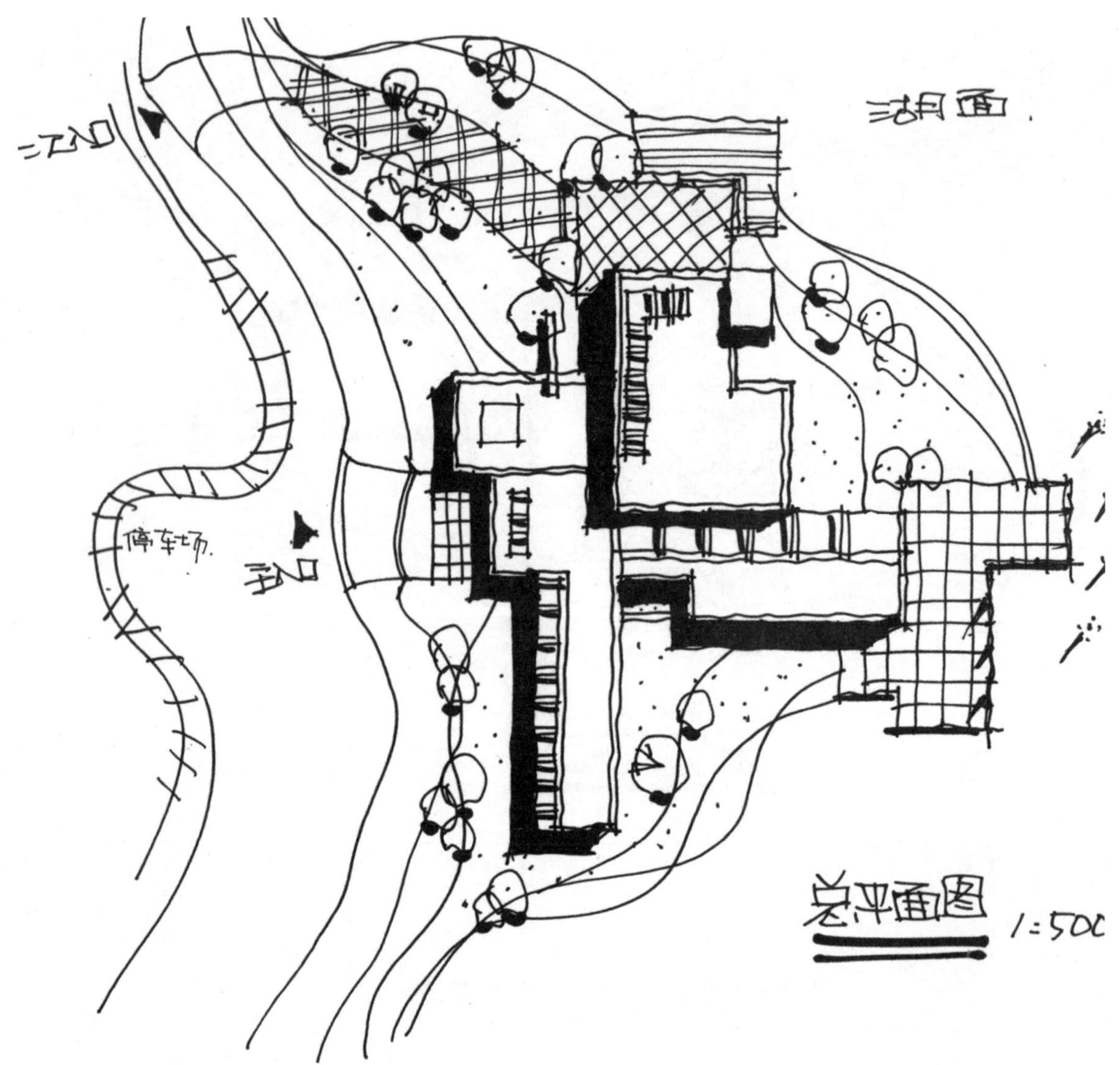

图 3.45　复杂地形建筑设计案例二

③十字路口或不规则地形中建筑处理宜为锯齿形或弧形，如图 3.46 所示。

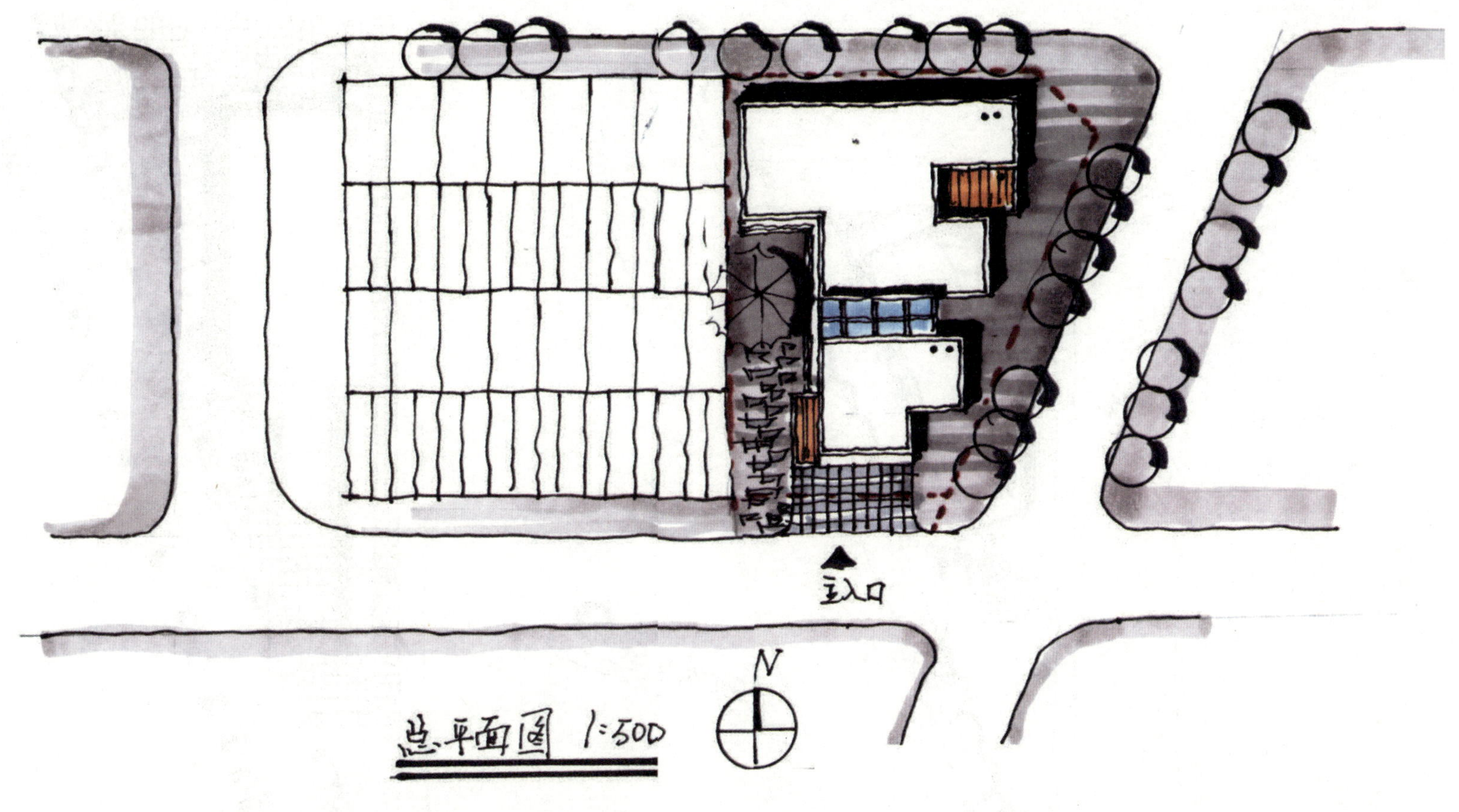

图 3.46 不规则地形中建筑设计案例

④城市边角料地形中实际功能不宜多，如图 3.47、图 3.48 所示。

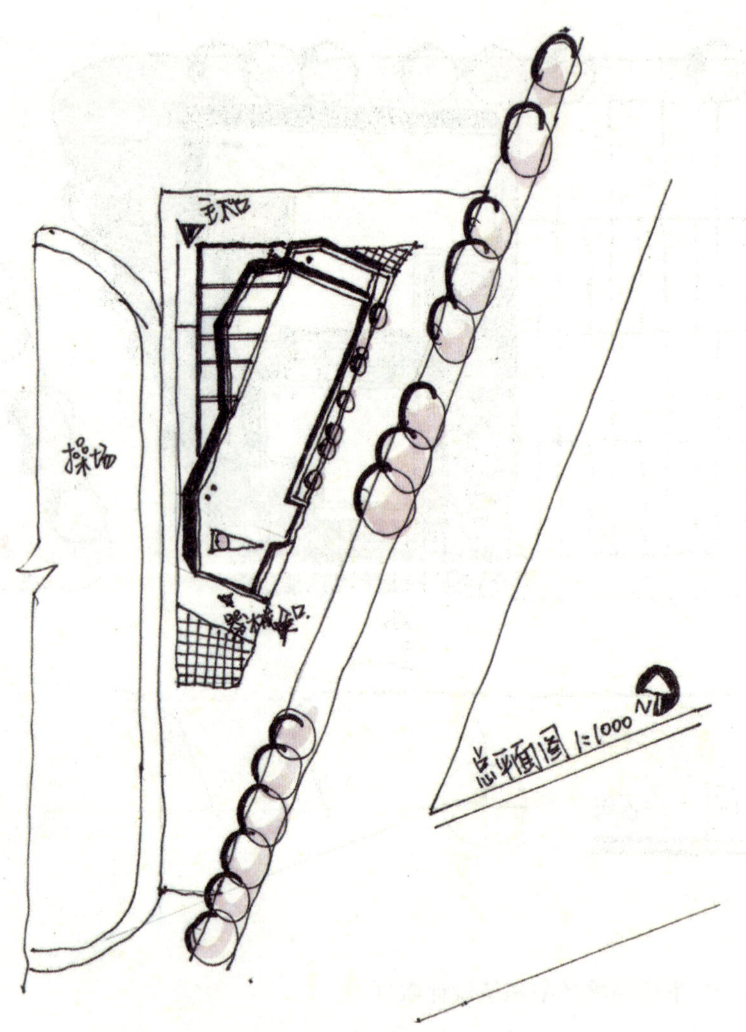

图 3.47　城市边角料地形设计案例一

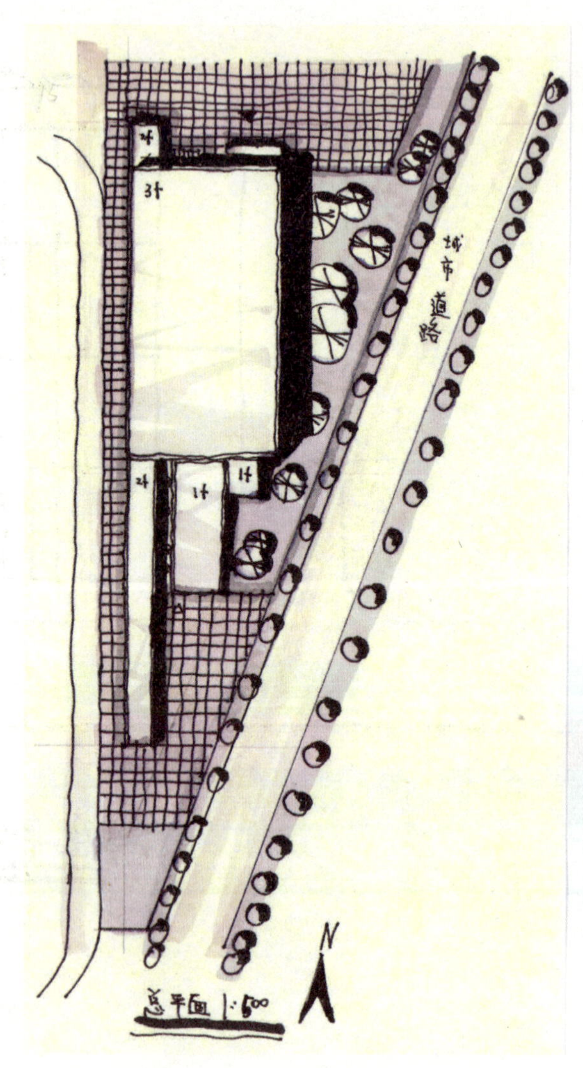

图 3.48　城市边角料地形设计案例二

⑤坡地地貌依据其起坡角度的大小，可采取全埋、半埋、架空等不同的处理方式，建筑与等高线一般有平行和垂直两种关系；根据落差的大小可选择跌落半层、一层；落差应结合停车场等功能进行有效利用（图 3.49）。

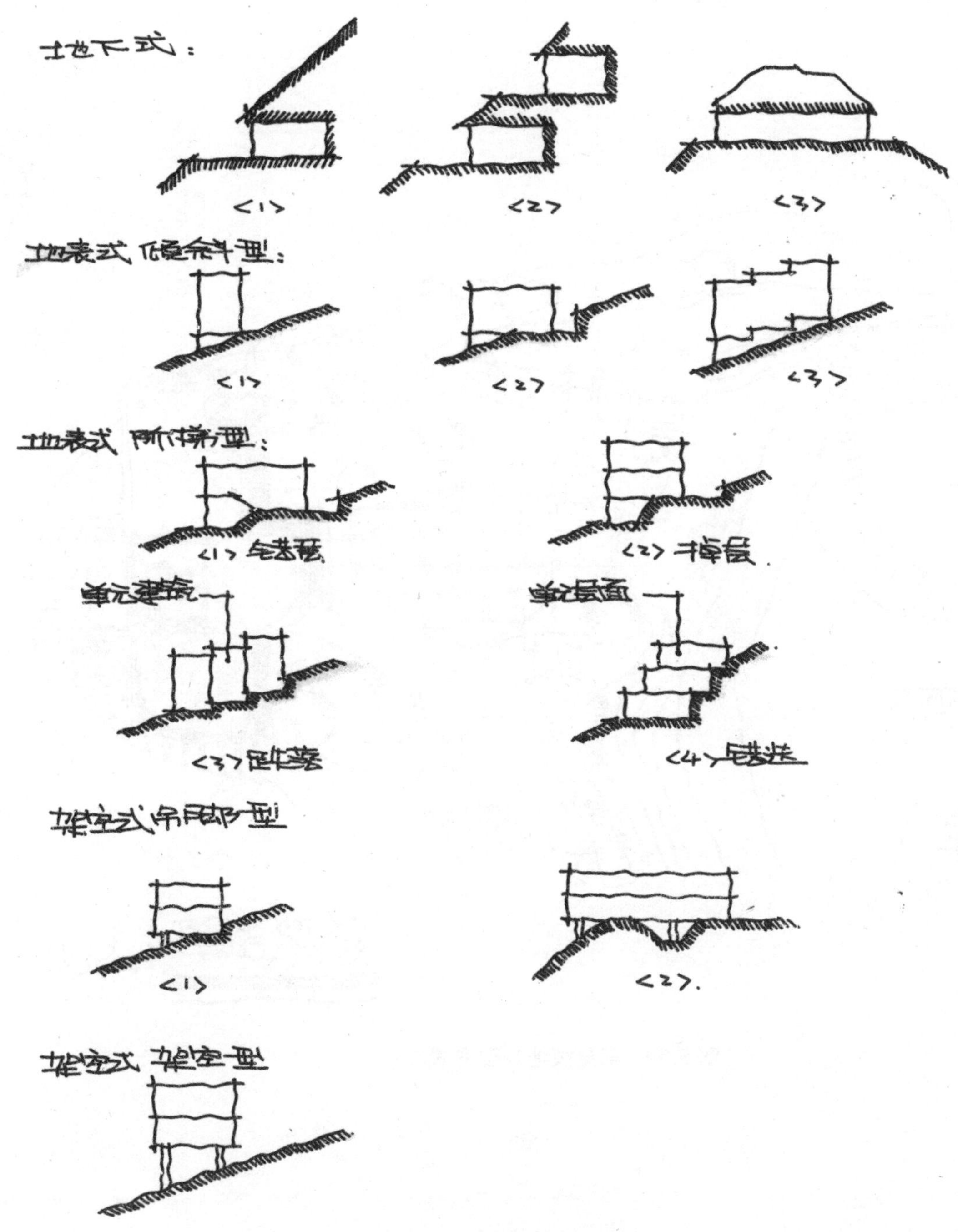

图 3.49 常见坡地处理方式一

⑥临水地貌一般应注意建筑平面舒展，立面轻盈；建筑可适当延伸至水面并与水面产生关系，如图 3.50 所示。

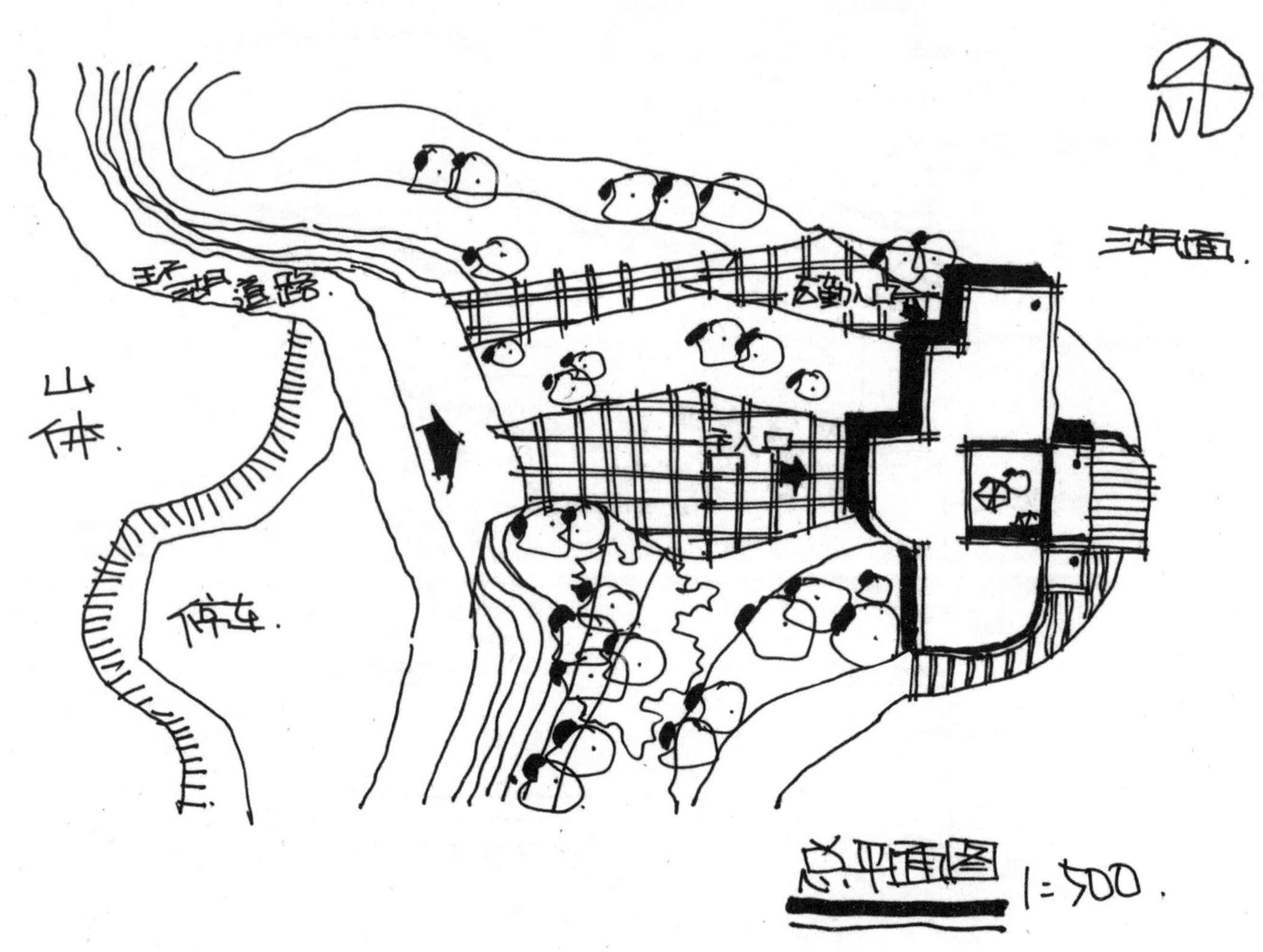

图 3.50　常见坡地处理方式二

3.5 快速设计功能与环境设计常用规范

本节摘录、整理了部分建筑设计中经常遇到的规范条文和相关指标，不能尽数列举，仅作查疑补漏参考之用。

3.5.1 民用建筑设计通则

①红线：道路红线（图 3.51）是城市道路用地的规划控制线。建筑控制线是建筑物基地位置的控制线。基地通常应与道路红线相连接，一般以道路红线为建筑控制线。若因城市规划需要，主管部门可在道路红线以外另定建筑控制线。建筑物一般不得超出红线或建筑控制线建造。

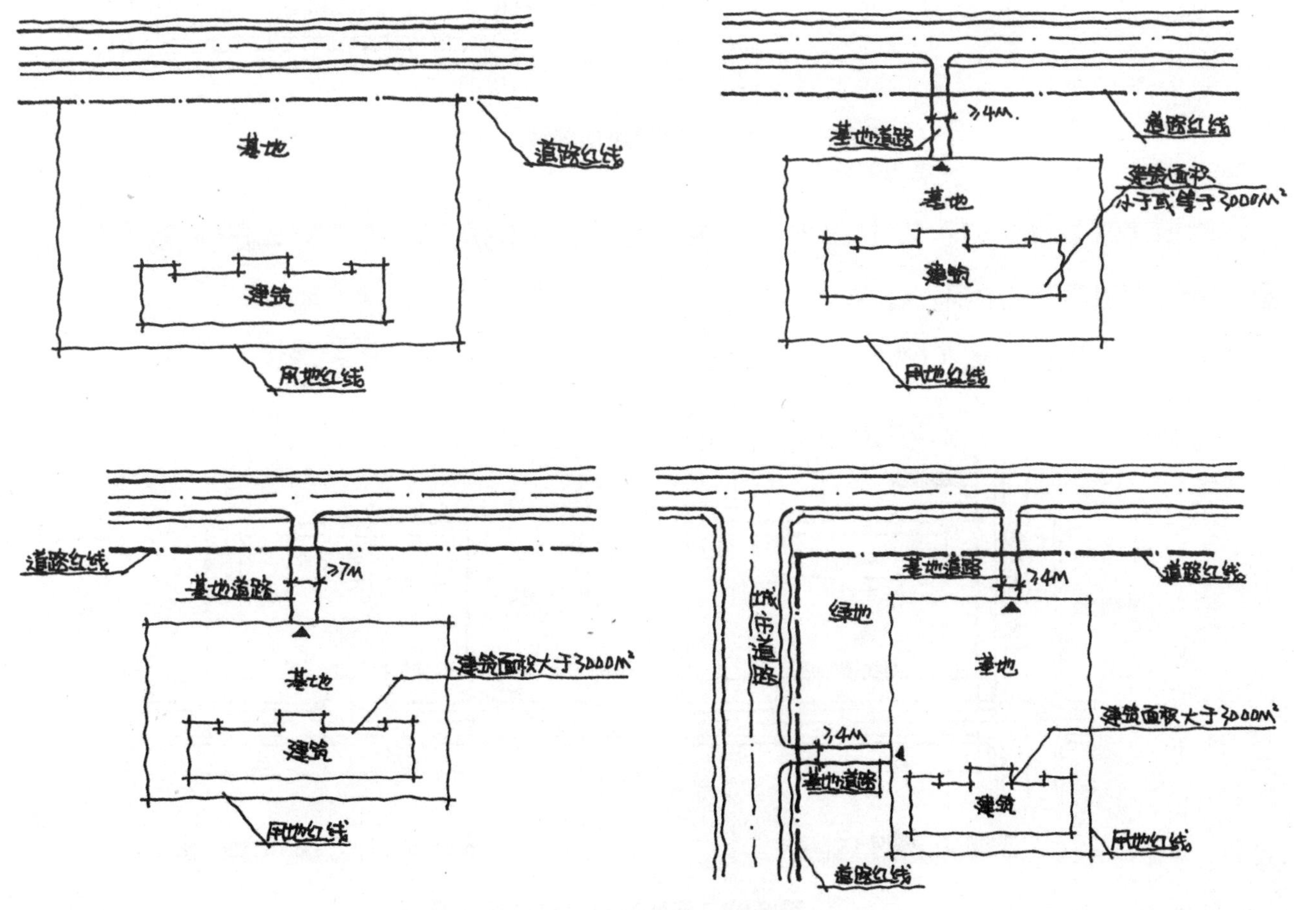

图 3.51　道路红线示意

②相邻基地边界线的建筑与空地：建筑物与相邻基地边界线之间应按防火要求留出空地或通路（图 3.52）。当建筑前后各自留有空地或通路，并符合防火规定时，相邻基地界线两边的建筑可毗邻建造。建筑高度不应影响邻地建筑的最低日照要求。

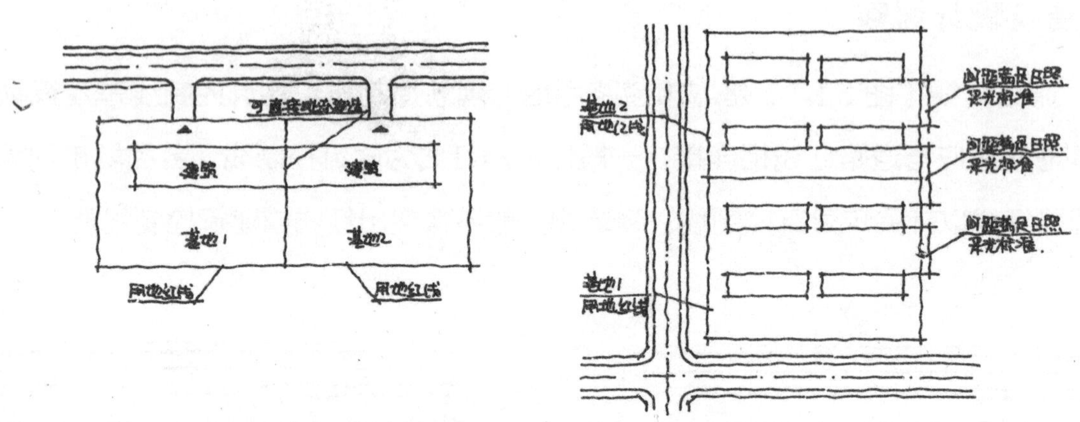

图 3.52 相邻基地边界线的建筑与空地示意

③除城市规划确定的永久性空地外，紧接基地边界线的建筑不得向邻地方向设洞口门窗、阳台、挑檐、废气排出口及排泄雨水。

④基地通路出口位置（图 3.53）。

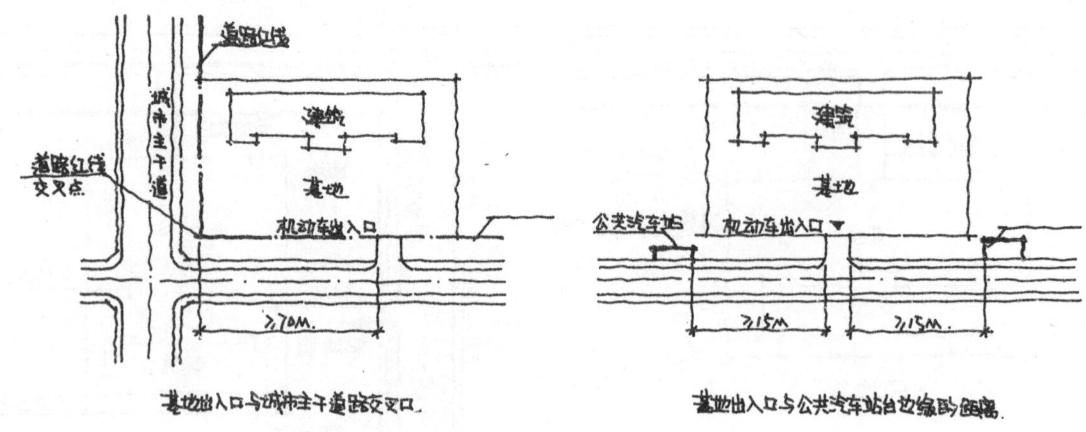

图 3.53 基地通路出口位置示意一

⑤车流量较多的基地（包括出租车站、车场）距大中城市主干道交叉口自红线交点量起不小于 70m，距地铁入口、公共交通站台边缘不应小于 15m，距非道路交叉口的过街人行道（包括引道、引桥地铁入口）边缘不小于 5m(图 3.54）。

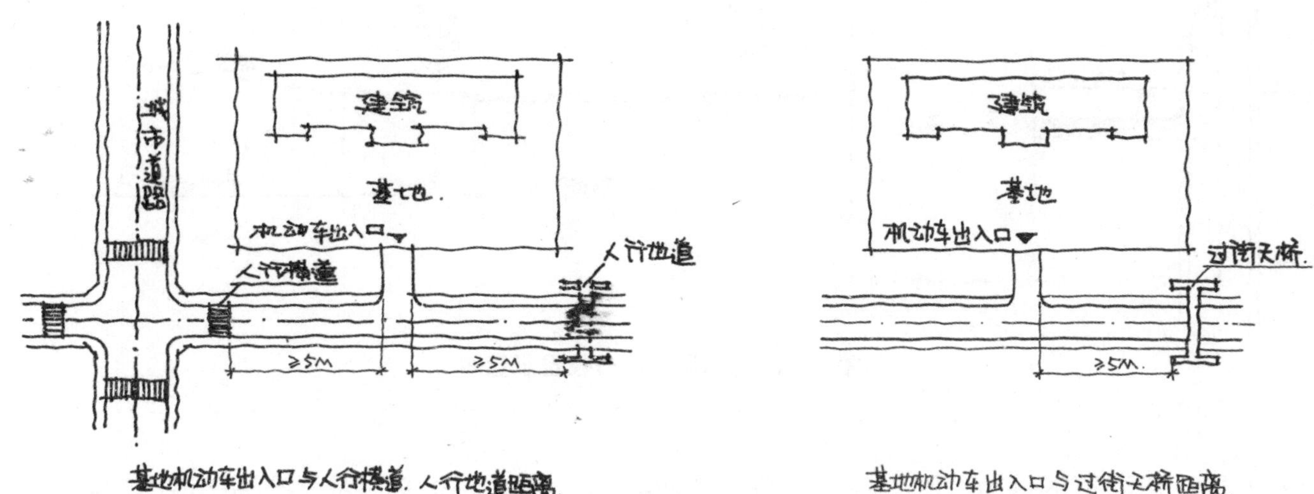

图 3.54 基地通路出口位置示意二

此外，距公交站台边不小于 10m，距公园、学校、儿童及残疾人建筑出入口不小于 20m（图 3.55）。当基地坡度大于 8% 时，应设缓冲段与城市道路连接（图 3.56）。

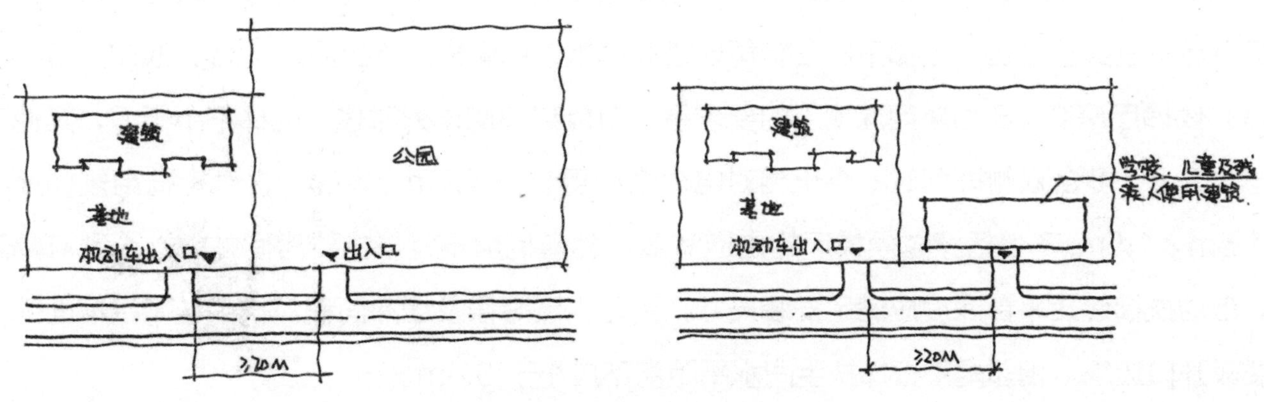

图 3.55 基地通路出口位置示意三

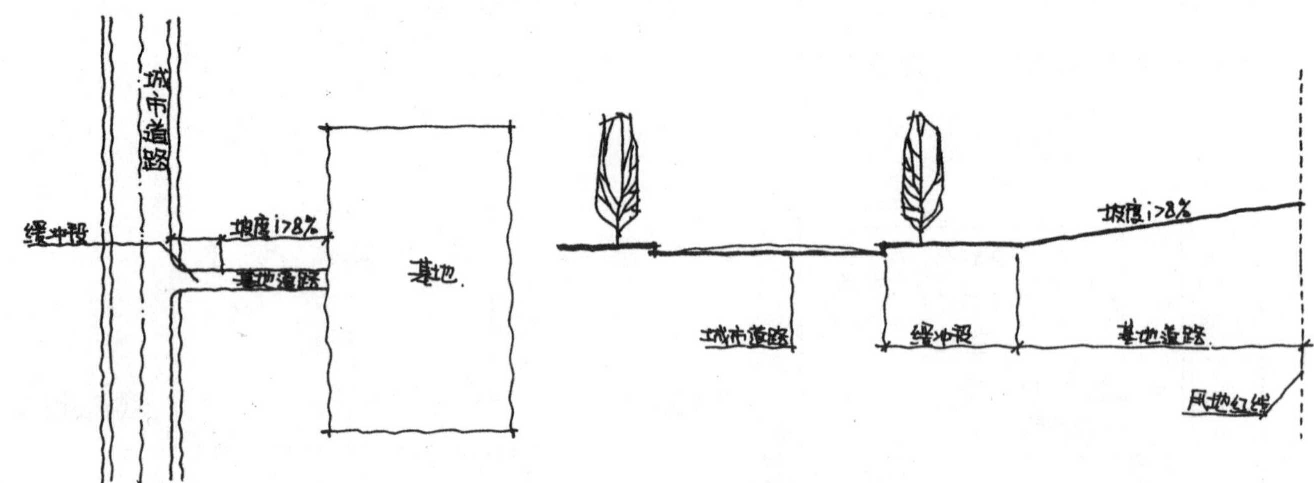

图 3.56　基地通路出口位置示意四

⑥人员密集建筑的基地（影剧院、文娱、商业中心、博览）至少一面直接临接城市道路，该路应有足够的宽度以保证疏散时不影响正常交通。基地沿城市道路的长度应按建筑规模或疏散人数确定，至少不小于基地周长的 1/6。基地应有两个以上不同方向通向城市道路的出口（包括与通路连接的出口）。基地或建筑物主要入口应避免直对城市主要干道交叉口。建筑物主要出入口前应有供人员集散用的空地，其面积与长宽尺寸应按使用性质和人数确定。绿化面积和停车场面积应符合当地规划规定。绿化布置不应影响集散空地的使用，且不应设置围墙、大门等障碍物。

⑦电梯要求：电梯井不宜被楼梯环绕，以电梯为主要通道的每栋建筑物或建筑物的每个服务区内乘客电梯不宜少于 2 台。电梯不应在转角处紧邻布置，单侧排列不应超过 4 台，双侧布置不应超过 8 台。候梯厅深度（B 为轿厢深度）的要求是：单台或单侧排列时住宅电梯不小于 B，其他电梯不小于 1.5 B，多台双侧排列时不小于相对电梯之和且小于 4.5m（客梯），供轮椅用候梯厅不应小于 1.5m × 1.5m, 不包括穿越候梯厅的走道宽度。井道机房不宜与主要房间贴邻，否则应隔震、隔声。自动扶梯起止平台深度应满足安装尺寸，留足人流等候及缓冲面积。扶手与平行墙面间、扶手与楼板开口边缘、相邻两平行梯扶手间水平距离不应小于 0.4m。

⑧楼梯要求：楼梯要考虑防火安全疏散、日常交通人流通过、搬运物件、轮椅或病床车通行需要，

以及防滑跌、防坠落措施。梯段净宽按每股人流 0.55m + (0 ~ 0.15m) 计算，且不应少于 2 股人流。梯段改变方向时，平台扶手处最小宽度不应小于梯段净宽，有搬运大型物件需要时可适量加宽。每个梯段踏步一般不应超过 18 级，不应少于 3 级。楼梯平台上下过道处净高不应小于 2m，梯段处净高不应小于 2.2m。楼梯至少有一侧设扶手，3 股人流时两侧设扶手，4 股人流时加中间扶手。扶手高不宜小于 0.9m, 梯井一侧水平扶手长度超过 0.5m 时 , 高度不应小于 1m。儿童使用的楼梯，梯井净宽大于 0.2m 时要采取安全措施 (防坠落安全措施同栏杆的要求一样)。弧形楼梯离内侧扶手 0.25m 处踏步宽度不应小于 0.22m。

⑨台阶要求：室内台阶踏步数不应少于 2 级，供轮椅使用的坡道坡度不应大于 1 ： 12 且两侧应设 0.65m 高的扶手 , 地面应防滑；防护栏杆高度不应小于 1.05m, 离楼面或屋面 0.1m 高度内不应留空。儿童活动场所应采用不易攀登构造，垂直杆件净距不应大于 0.11m。

3.5.2　建筑设计防火规范要点

1) 防火间距的要求

一、二级耐火建筑之间的防火间距不应小于 6m，三、四级耐火建筑的防火间距分别为 7m 和 9m。两栋建筑较高一面为防火墙时，防火间距不限；较低一面为防火墙，屋顶不设天窗且耐火极限不应小于 1.00h，防火间距不低于 3.5m。数座成组布置的 6 层以下住宅，总占地面积小于或等于 2500m^2 时，组内建筑间距不低于 4m。

2) 耐火等级、层数长度面积的要求

一、二级耐火等级的建筑防火分区最大允许长度为 150m，每层最大允许建筑面积为 2500m^2, 层数不限(多层范围内), 但托幼的儿童用房不应设在四层及四层以上。设自动灭火设备时，每层最大允许建筑面积可扩大一倍。防火分区应采用防火墙分隔，若有困难，可用防火卷帘和水幕分隔。上下层连通时 (如走马廊、自动扶梯开口) 应作为一个防火分区计算。中庭空间中如相连空间开口部位设防火门窗并装有水幕以及封闭的屋盖装有自动排烟设施时，可不受上条限制。地下及半地下室防火分区面积不大于 500m^2。

3）安全疏散出口要求

公共建筑和通廊式居住建筑安全出口数不应少于 2 个。9 层及 9 层以下的塔式住宅，每层建筑面积不大于 500m^2 可设一部楼梯。单元式宿舍每层建筑面积不大于 300m^2，人数不超过 30 人可设一部楼梯。超过 6 层的单元住宅和宿舍，各单元楼梯均应通至屋顶（户门用乙级防火门时不限）。观众厅安全出口不应少于 2 个，且每个安全出口的平均疏散人数不应超过 250 人。地下、半地下室每个防火分区安全出口不应少于 2 个。有多个防火分区时，可利用防火墙上通往相邻分区的防火门作为第二安全出口，但每个防火分区必须有一个直通室外的安全出口。病房楼、有空调系统的多层旅馆和超过 5 层的其他公共建筑的室内疏散楼梯均应设置封闭楼梯间（包括底层扩大封闭楼梯间）。

4）疏散距离要求（一、二级耐火封闭楼梯间）

双向疏散时托幼 25m，医疗、学校 35m，其他 40m。袋形走道时托幼、医疗 20m，学校、其他 22m。开敞外廊时增加 5m，设自动喷淋时加 25%。非封闭楼梯间时，双向疏散减 5m，袋形走道减 2m。楼梯底层应设直接对外的出口。层数不超过 4 层时，可将对外出口布置在离楼梯间不超过 15m 处。任何情况下房间最远点到房门的距离不应超过袋形走道规定的最大疏散距离。

5）疏散宽度要求

人员密集场所观众厅内疏散走道宽度通过人数按 0.6m/100 人计算 , 最小净宽 1m, 边走道不宜小于 0.8m。各类民用建筑底层疏散外门楼梯走道的各自总宽度应按规范规定的疏散宽度指标计算确定，楼梯按每层人数计算总宽，底层外门按最大层人数计算总宽。疏散走道和楼梯的最小宽度不应小于 1.1m，不超过 6 层的单元式住宅中一边设栏杆的疏散楼梯最小宽度可为 1.0m。人员密集场所观众厅疏散门不应设门槛。宽度不应小于 1.4m, 紧靠门口 1.4m 范围内不应设踏步。门必须外开，室外疏散小巷宽不应小于 3m。

6）疏散楼梯要求

封闭楼梯间内墙上除在同层开设通向公共走道的疏散门外不应开设其他房间的门窗。室外疏散梯倾角或小于等于 60° ，净宽不应小于 0.8m，应采用非燃烧材料制作。耐火极限：平台为 1h，梯为 0.25h。楼梯周围 2m 墙上除疏散门外不应设其他门窗洞口。疏散门不应正对梯段。疏散用楼梯和通道上的阶梯不应采用螺旋楼梯和扇形踏步，踏步上下两级所形成的平面角度不应超过 10°，但每级离扶手 0.25m 处的踏步深度超过 0.22m 时可不受此限。

7）疏散门要求

疏散门应向疏散方向开启，当人数为 60 人且每樘门平均疏散人数不超过 30 人时，不受此限。疏散门不应采用侧拉门（库房除外），严禁采用转门。

3.5.3 汽车库、修车库、停车场设计防火规范要点

1）总平面布局和平面布置

汽车库不应与托儿所、幼儿园、养老院组合建造；当病房楼与汽车库有完全的防火分隔时，病房楼的地下可设置汽车库。地下停车库内不应设置修理车位、喷漆间、充电间、乙炔间和甲、乙类物品贮存室。一、二级汽车库之间以及车库与一、二级民用建筑之间的防火间距不应小于 10m。停车场的汽车宜分组停放，每组停车的数量不宜超过 50 辆，组与组之间的防火间距不应小于 6m。

2）对安全疏散的规定

汽车库人员安全出口与汽车疏散出口应分开设置。每个防火分区人员安全出口不少于 2 个，但同一时间的人数不超过 25 人以及Ⅳ类汽车库可只设一个。室内疏散楼梯应封闭，梯段宽不小于 1.1m。地下车库疏散距离不大于 45m, 自动喷淋时不大于 60m，底层车库疏散距离不大于 60m。汽车疏散口不少于 2 个，但Ⅳ类汽车库设双车道的Ⅲ类地上汽车库以及停车数少于 100 辆的地下汽车库可设一个。汽车疏散坡道宽度大于或等于 4m，双车道不宜小于 7m。两个汽车疏散口间距不小于 10m 且毗邻设置时用防火隔墙隔开。50 辆以上的停车场，汽车疏散出口不应少于 2 个。汽车库的车道应满足一次出车的要求。小汽车停放间距：车与车、车与墙为 0.5m，车与柱为 0.3m。

3）安全疏散距离

一般建筑双向疏散时为 40m，袋形走道时为 20m。教学楼、旅馆、展览建筑减至 30m 和 15m。医院病房部分更减至 24m 和 12m。

3.5.4 无障碍设计规范要点

公共建筑与高层、中高层居住建筑入口设台阶时，必须设轮椅坡道和扶手；无障碍入口和轮椅通行平台应设雨棚。

供轮椅通行的坡道应设计成直线形、直角形或折返形，不宜设计成弧形；坡道两侧应设扶手，坡道与休息平台的扶手应保持连贯；坡道坡度和宽度应符合以下要求：

①有台阶的建筑入口：最大坡度 1 ： 12，最小宽度 1.2m。

②只设坡道的建筑入口：最大坡度 1 ： 20，最小宽度 1.5m。

③室内走道：最大坡度 1 ： 12，最小宽度 1.0m。

④室外通路：最大坡度 1 ： 20，最小宽度 1.5m。

⑤困难地段最大坡度 1 ： 10~1 ： 8，最小宽度 1.2m。

⑥乘轮椅者通行的走道和通路最小宽度要求：大型公共建筑走道，最小宽度 1.80m；中小型公共建筑走道，最小宽度 1.50m；检票口、结算口轮椅通道，最小宽度 0.90m；居住建筑走廊，最小宽度 1.20m；建筑基地人行通路，最小宽度 1.50m。

⑦门扇向走道内开启时应设凹室，凹室面积不应小于 1.30m × 0.90m。

⑧在旋转门一侧应另设残疾人使用的门，轮椅通行门的净宽不应小于 1.00m。

⑨应采用有休息平台的直线形梯段和台阶，不应采用无休息平台的楼梯和弧形楼梯。

⑩坡道、台阶及楼梯两侧应设高 0.85m 的扶手；设两层扶手时 , 下层扶手高应为 0.65m。

⑪在公共建筑中配备电梯时，必须设无障碍电梯。

第 4 章 建筑内部空间与立面图的表达设计

4.1 立面图图面表达与绘制步骤

4.1.1 立面图元素表达方法

①立面图主要用于表明建筑外立面的形状，门窗在建筑外立面的位置，还有外立面的材料应用等。

②立面图也需要表示室外配景环境，例如花坛、草坪、大树等。

③立面图注重投影的表示，不同长度的投影可以表示出建筑体块的前后关系。

④主立面，常见比例为 1 ：200，因为透视就要用到主立面，配景应成面忌散。注意配景层次和轮廓线。阴影上重色马克笔。

4.1.2 立面图绘制步骤

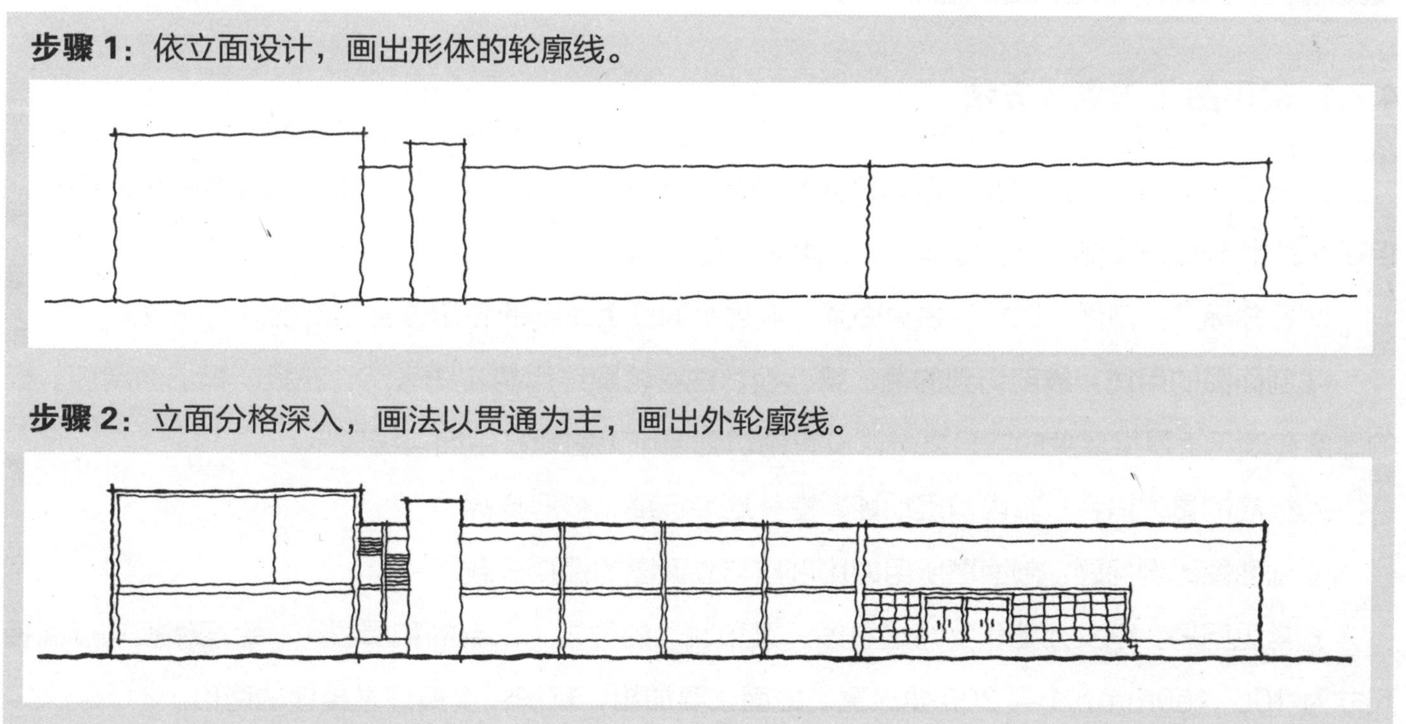

步骤 1：依立面设计，画出形体的轮廓线。

步骤 2：立面分格深入，画法以贯通为主，画出外轮廓线。

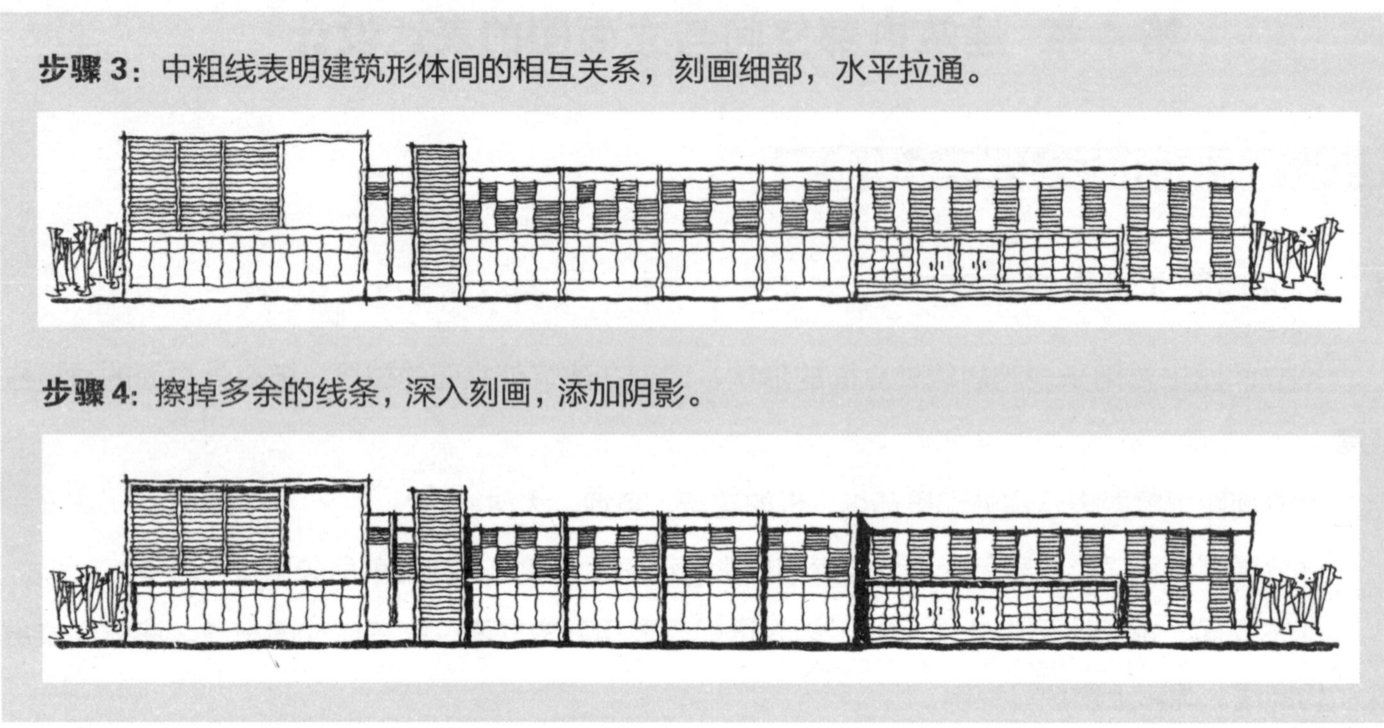

步骤 3：中粗线表明建筑形体间的相互关系，刻画细部，水平拉通。

步骤 4：擦掉多余的线条，深入刻画，添加阴影。

4.2 剖面图图面表达与绘制步骤

4.2.1 剖面图元素表达方法

①剖切位置：常取入口及构造比较复杂的典型部分，也可取内部空间出彩或者有变化的部分，但在快题中剖面的绘制时间是可调节的，画对即可。

②名称标注：剖面图的标注名称必须与底层平面图上所标的剖切位置和剖视方向一致。

③剖面图的用线：被剖切到的墙、梁、板、柱等轮廓线用粗实线表示，在板、梁上涂黑色。板的厚度在表示上是梁厚度的二分之一。没有剖切到但可见的地方用细实线表示。

④标高的具体内容：室内首层地坪、室外地坪标高、楼层标高。

⑤剖面图比例问题：剖面图所用的比例应与立面图的保持一致。

⑥常见问题：画女儿墙和女儿墙看线、梁和次梁的位置（剖到的和看线）、每层楼板和屋面板尺寸为 100~150mm，1 ：200 要涂黑。地面线要加粗，粗细程度最好是楼板的两倍。

4.2.2 剖面图绘制步骤

步骤 1：用单线画出建筑剖面上的结构线，确定楼板、墙体的位置。

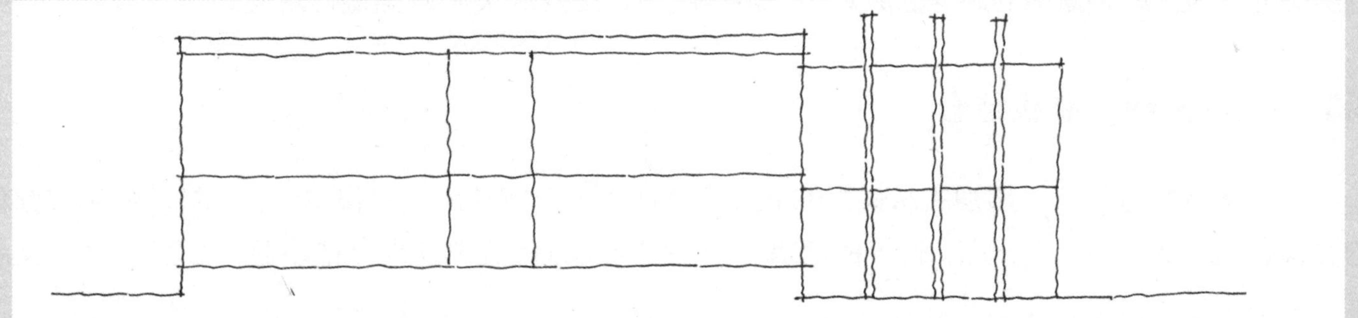

步骤 2：用粗线沿结构线画出楼板和内、外墙线，若有门窗洞口画法如同平面外墙。

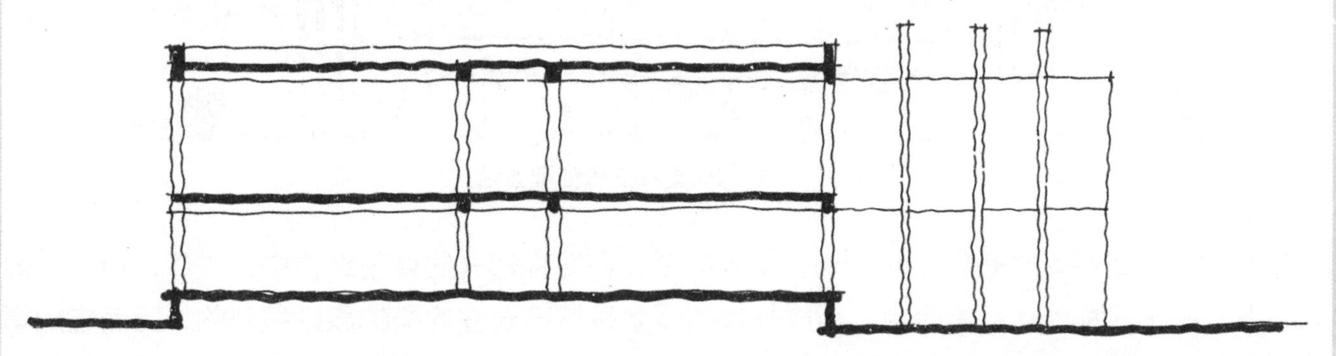

步骤 3：完善结构形式，刻画细部。

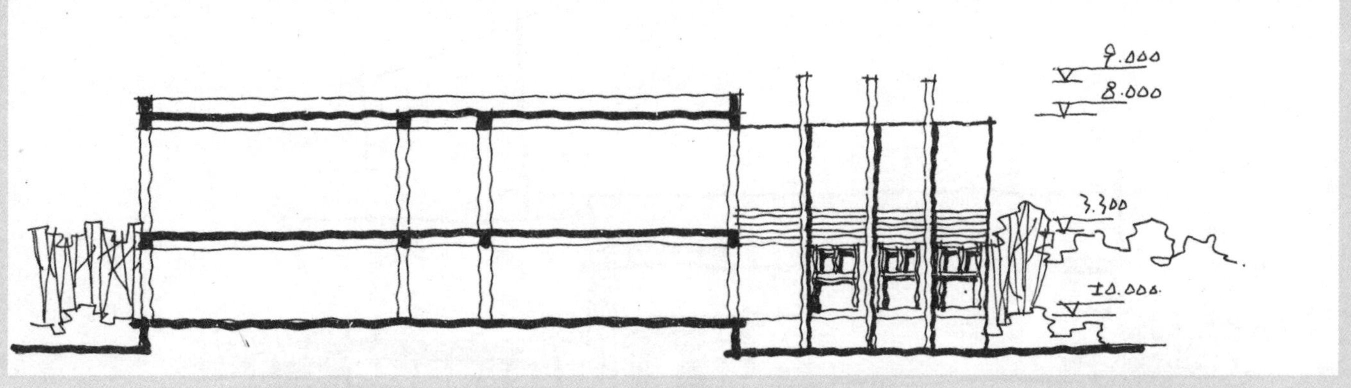

4.3 建筑立面设计

本节主要讨论快速设计立面处理中的普遍性、一般性的问题，所谓一般性问题，就是不论哪一种类型的建筑都必须遵循的共同的原则——多样统一，主要从 7 个方面进行阐述。

4.3.1 主从分明，有机结合

传统的构图理论十分重视主从关系的处理，并认为一个完整统一的整体，首先意味着组成整体的要素必须主从分明。这一点，传统的建筑特别是对称形式的建筑体现得最明显，如图 4.1 所示。

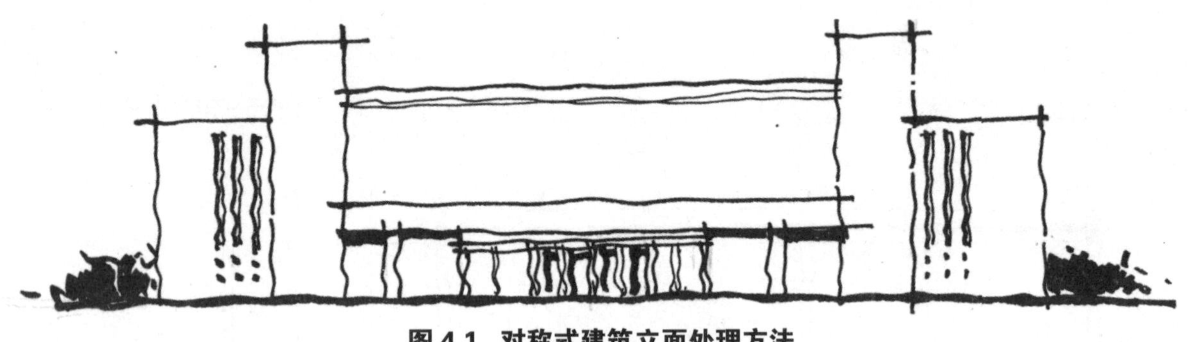

图 4.1 对称式建筑立面处理方法

不对称的体量组合也必须主从分明。不同的是，在对称形式的体量组合中，主体、重点都位于中轴线上，在不对称的体量组合中，组成整体的要素是按不对称均衡的原则展开的，因而它的重心总是偏于一侧，至于突出主体的方法，则和堆成的形式一样，也是通过加大、提高主体部分的体量或改变主体部分的形状等方法以达到主从分明的，如图 4.2 所示。

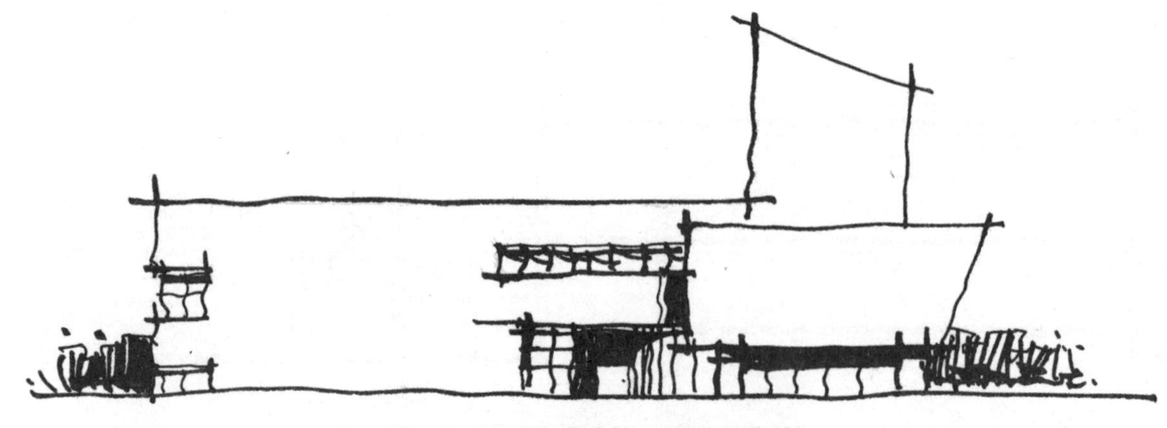

图 4.2 不对称式建筑立面处理方法

4.3.2 体量组合中的对比与变化

体量是内部空间的反映，为适应复杂的功能要求，内部空间必然具有差异性，而这种差异性又不可避免地要反映在外部体量的组合上。巧妙地利用这种差异性，可以打破单调以求得变化，如图 4.3 所示。

图 4.3　体量组合中的对比与变化的处理方法一

4.3.3 稳定与均衡的考虑

建筑体量的组合、均衡可以分为两大类：一类是对称形式的均衡，另一类是不对称形式的均衡。前者较严谨，能给人以庄严的感觉；后者较灵活，给人以轻巧和活泼的感觉。建筑物的体量组合究竟采取哪一种形式的均衡，则要综合地分析建筑物的功能要求、性格特征以及地形、环境等条件，如图 4.4、图 4.5 所示。

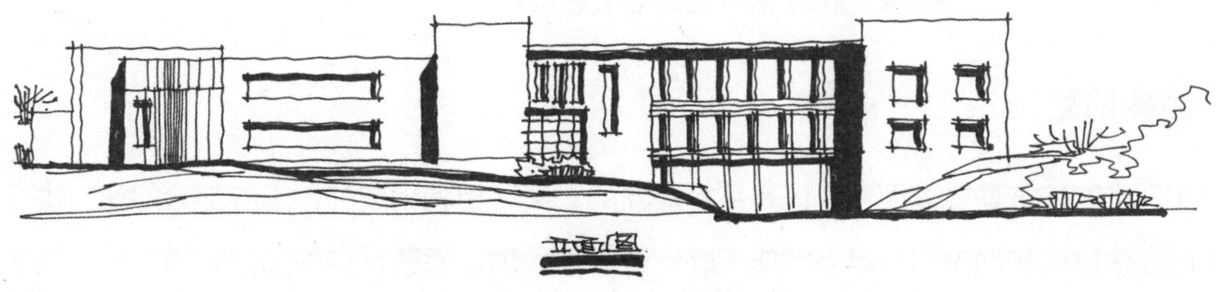

图 4.4　体量组合中的稳定与均衡的处理方法一

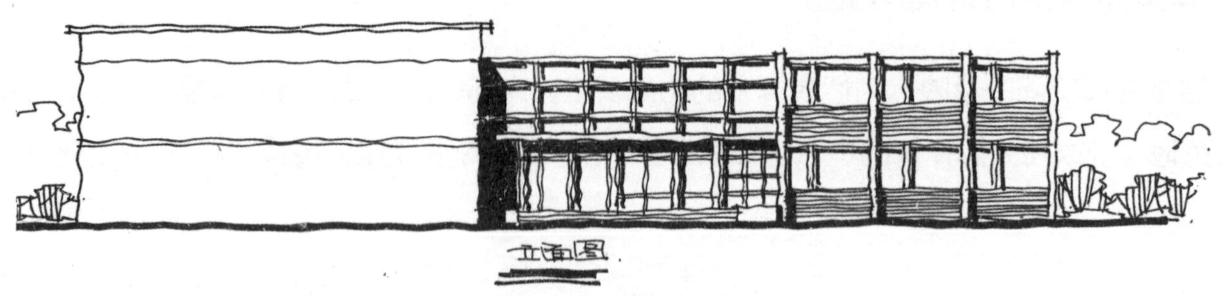

图 4.5　体量组合中的稳定与均衡的处理方法二

4.3.4 外轮廓线的考虑

外轮廓线是反映建筑体形的一个重要方面，能给人留下深刻印象，为此，在考虑体量的组合和立面处理时应当力求优美的外轮廓线，如图 4.6 所示。

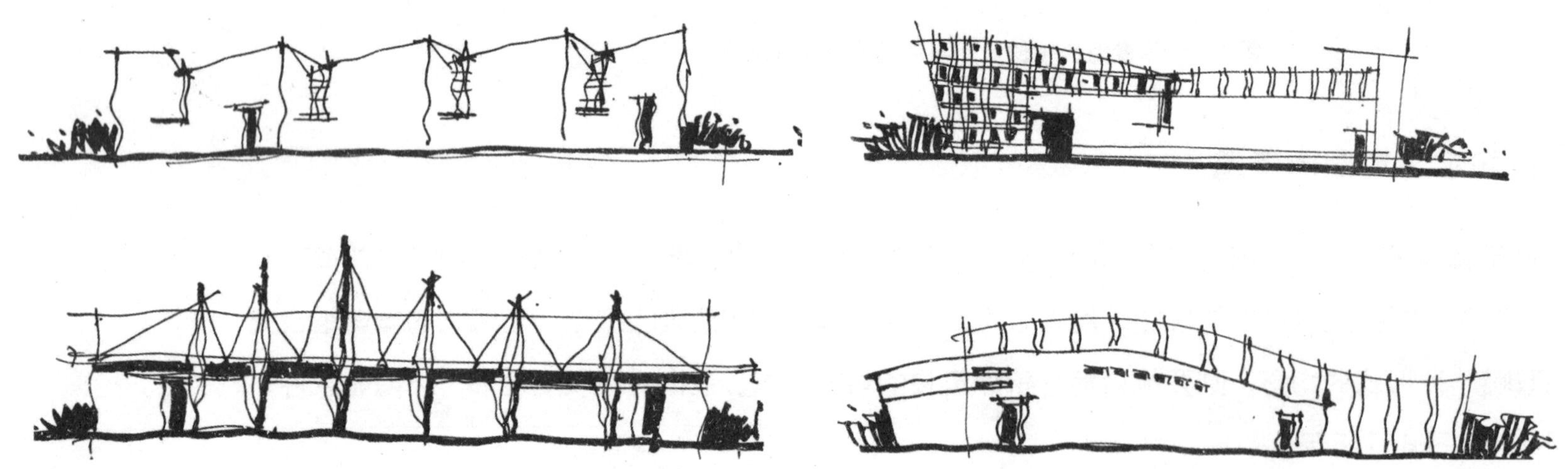

图 4.6　塑造丰富外轮廓线的处理方法

4.3.5 虚实的处理

虚实凹凸在构成建筑体型中，既是互相对立的，又是相辅相成的。虚的部分如窗，由于视线可以透过它直达建筑物的内部，因而常使人感到轻巧、玲珑、通透。实的部分如墙、垛、柱等，不仅是结构支撑所不可缺少的构件，从视觉上讲也是“力”的象征。在建筑的体型和立面处理中，虚实缺一不可。没有实的部分整个建筑就会显得脆弱无力，没有虚的的部分则会使人感觉建筑呆板、笨重、沉闷。只有把这两者巧妙地结合在一起，并借各自的特点互相对比衬托，才能使建筑物看起来既轻巧通透又坚实有力，如图 4.7、图 4.8 所示。

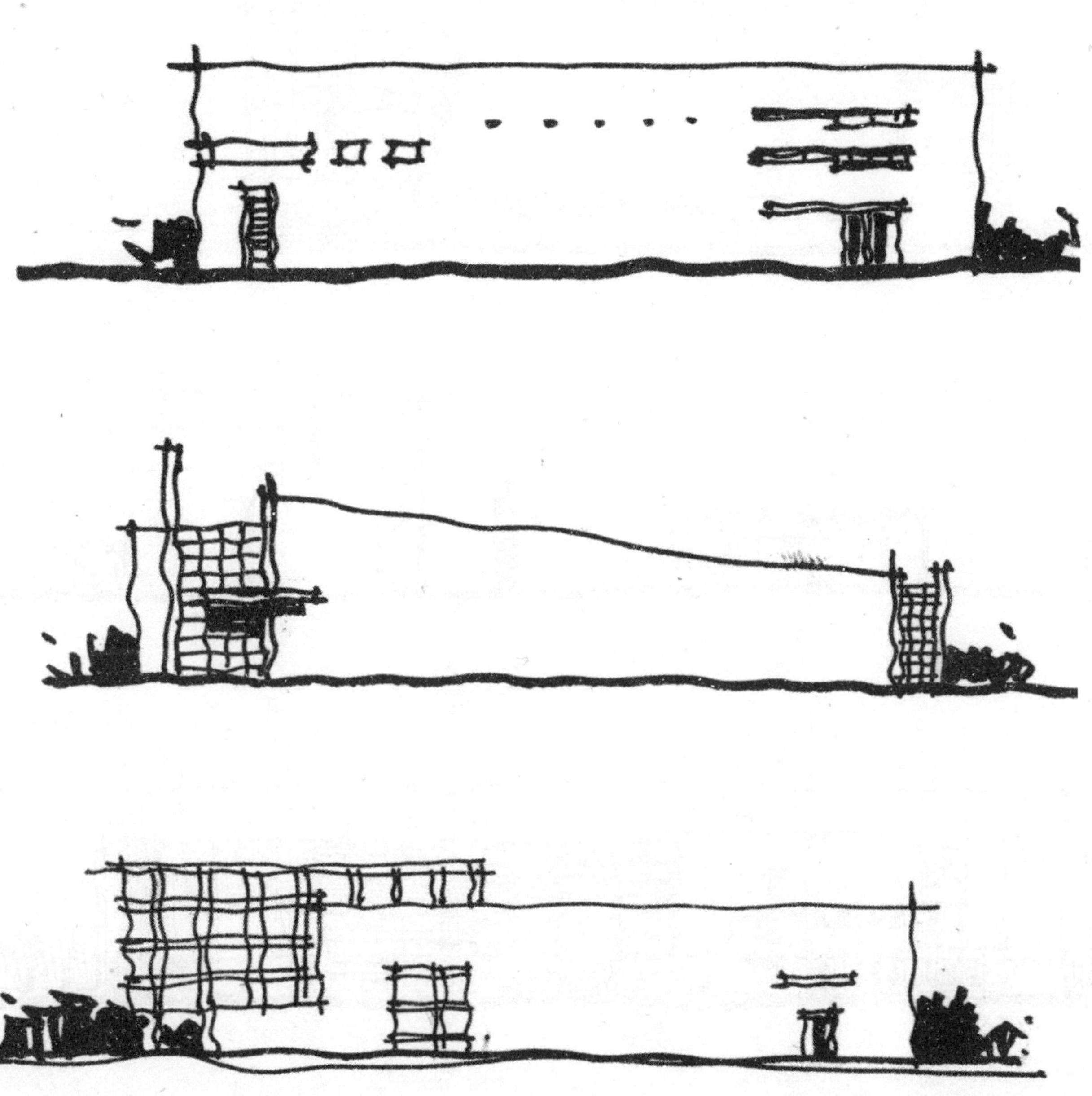

图 4.7 常见的立面虚实关系处理方法一

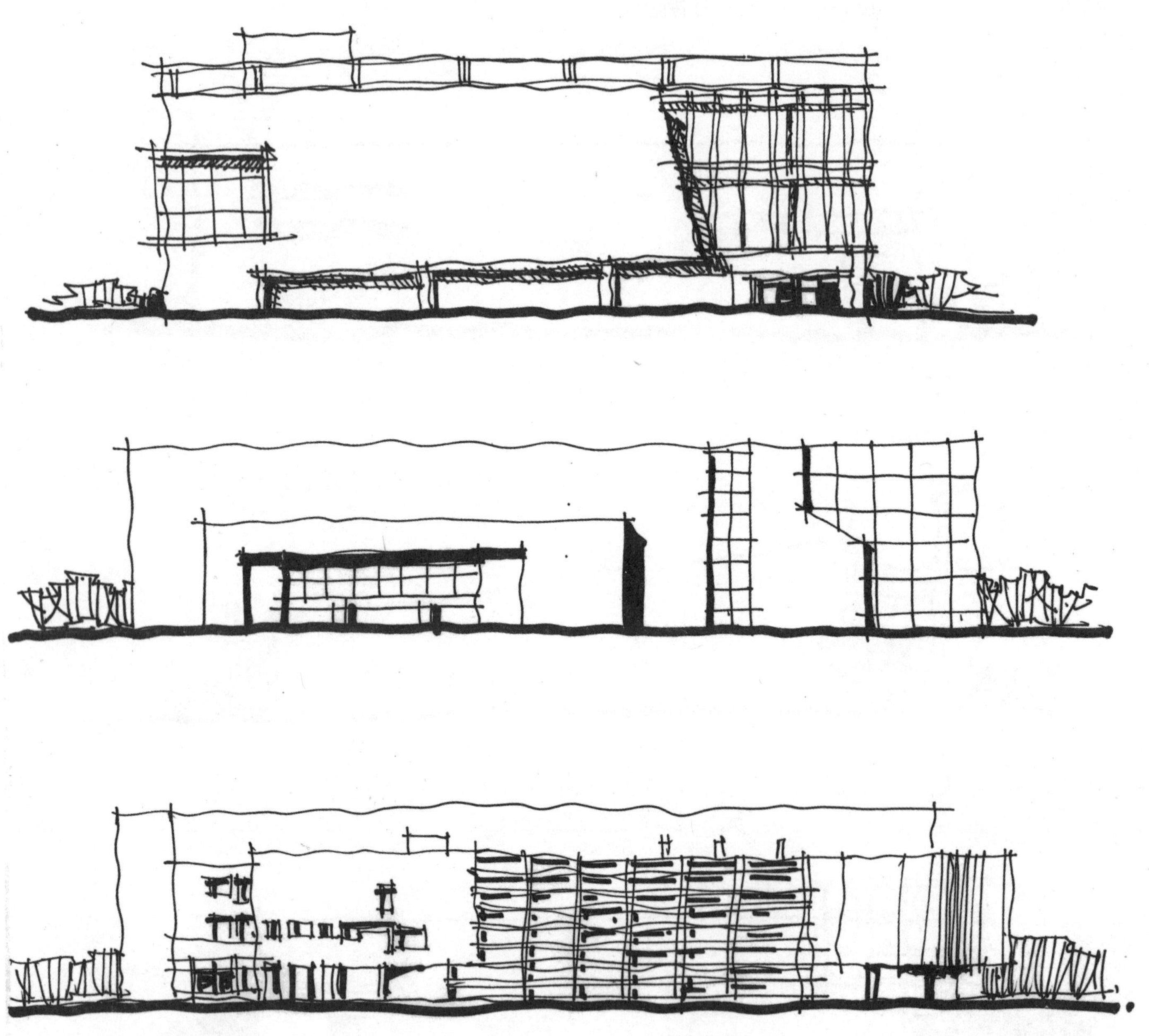

图 4.8 常见的立面虚实关系处理方法二

4.3.6 凹凸的处理

凹凸的对比可以丰富建筑体型的变化，从而增强建筑物的体积感。此外，向外凸出或向内凹入的部分，在阳光的照射下，会产生光和影的变化，处理得当，这种光影变化可以构成美妙的图案，如图 4.9 所示。

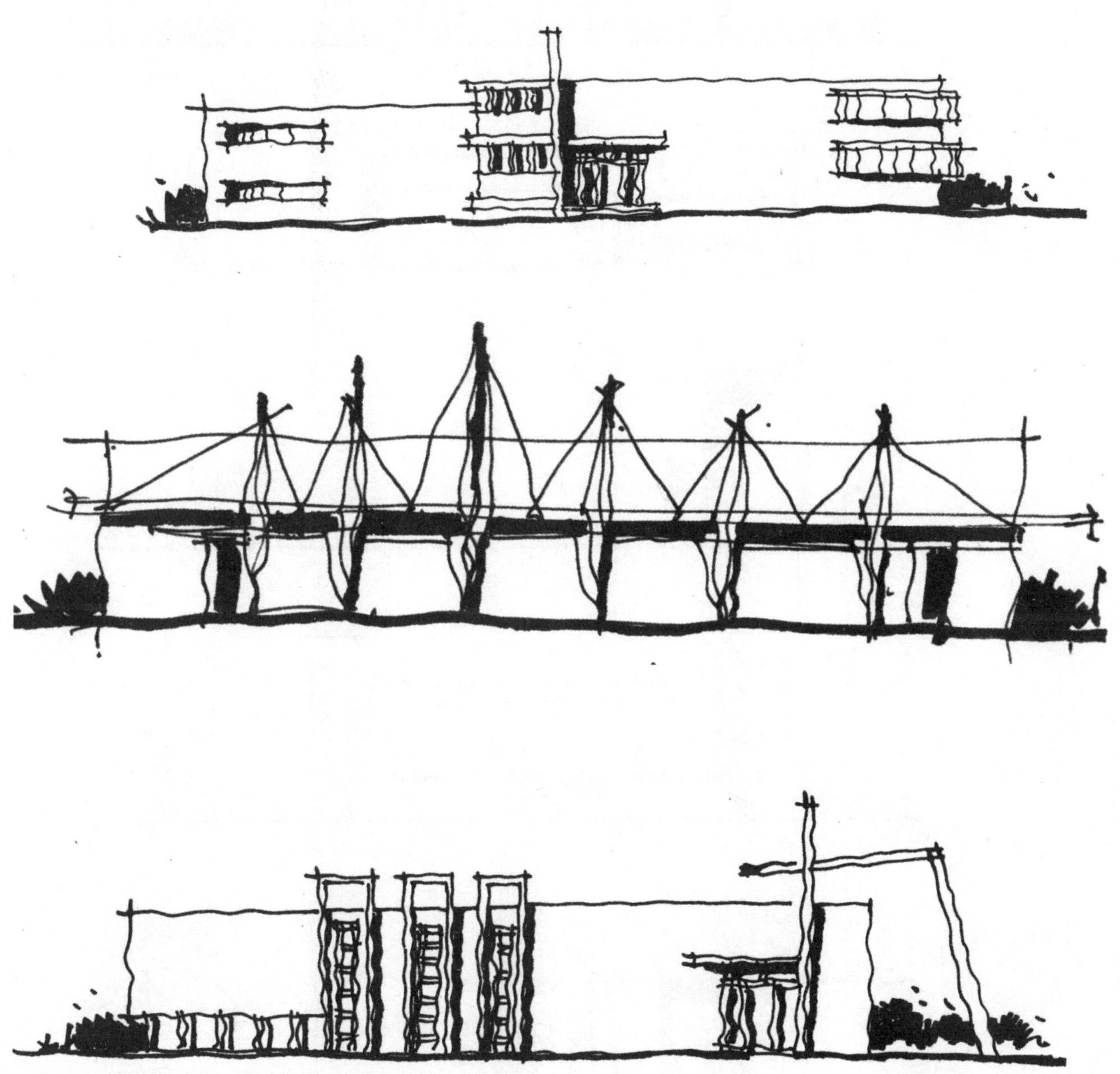

图 4.9　常见的立面凹凸关系处理方法

4.3.7 立面设计参考

图 4.10、图 4.11 为各种立面设计提供参考。

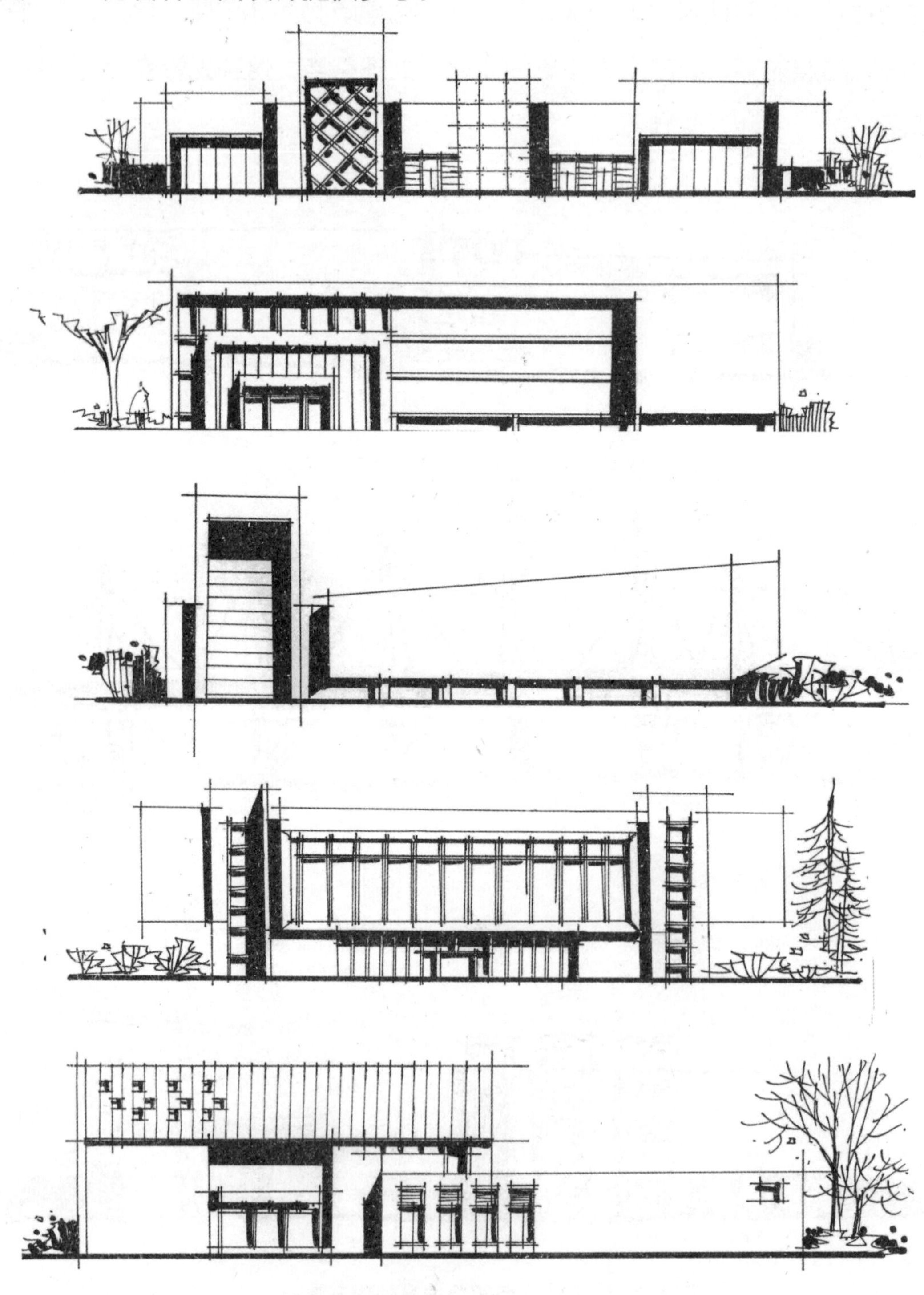

图 4.10 立面示例一

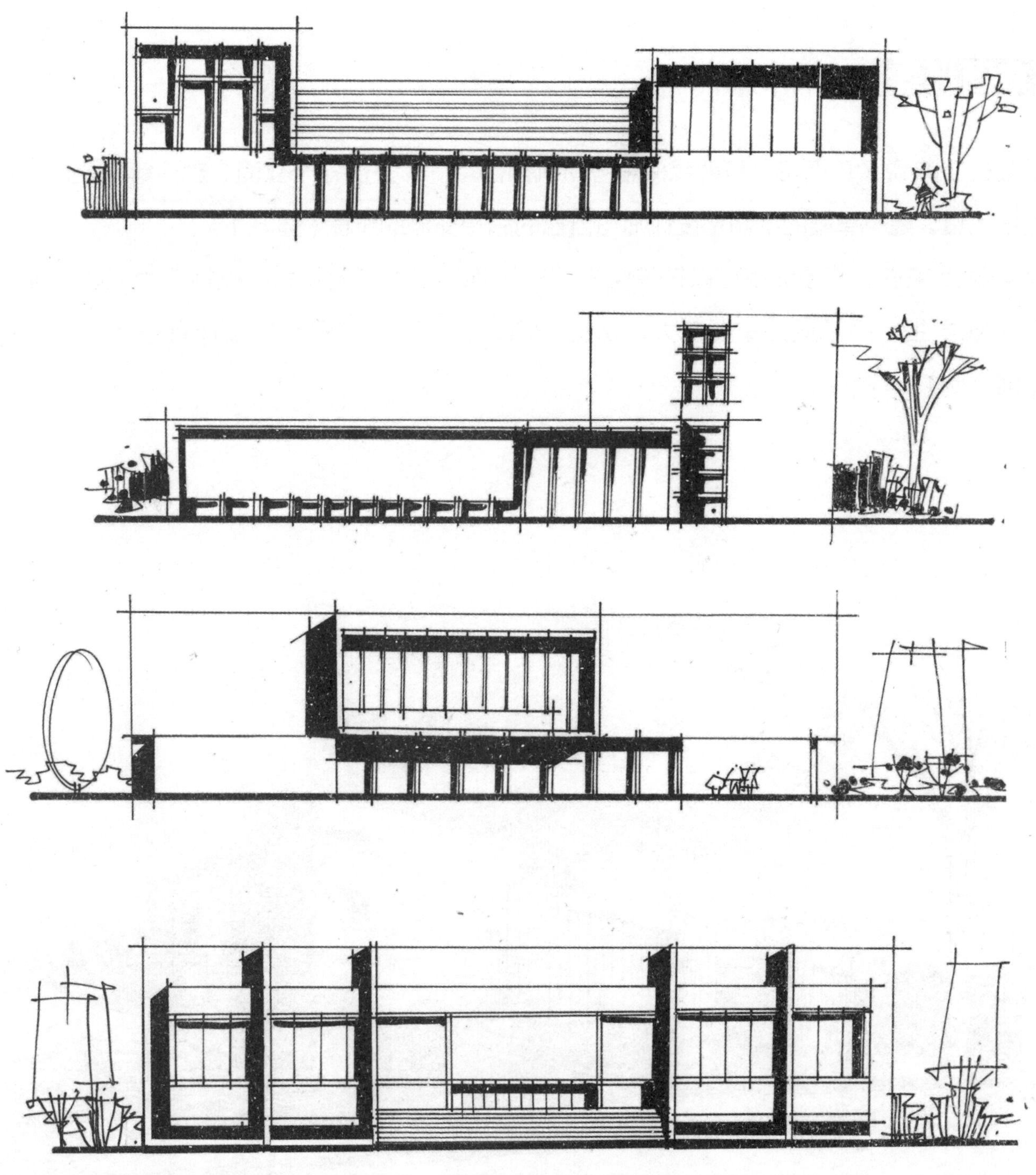

图 4.11　立面示例二

第 5 章 建筑效果图的表达

5.1 草图训练

从设计上来说，草图可以帮助我们思考建筑内部空间、外部各个立面、剖面等，是前期场景模拟的良好工具。建筑草图的绘制是设计师与自己的思想交流的过程（图 5.1）。

从表达上来说，草图训练可以锻炼绘图者的透视感觉、构图能力、概括能力和审美能力等，是建筑专业学生必须掌握的重要能力。从这一点来看，建筑草图又是设计者与他人视觉的交流过程（图 5.2）。

图 5.1 建筑透视图

图 5.2　建筑构思草图

5.2 绘图步骤

透视图画法如图 5.3、图 5.4 所示。

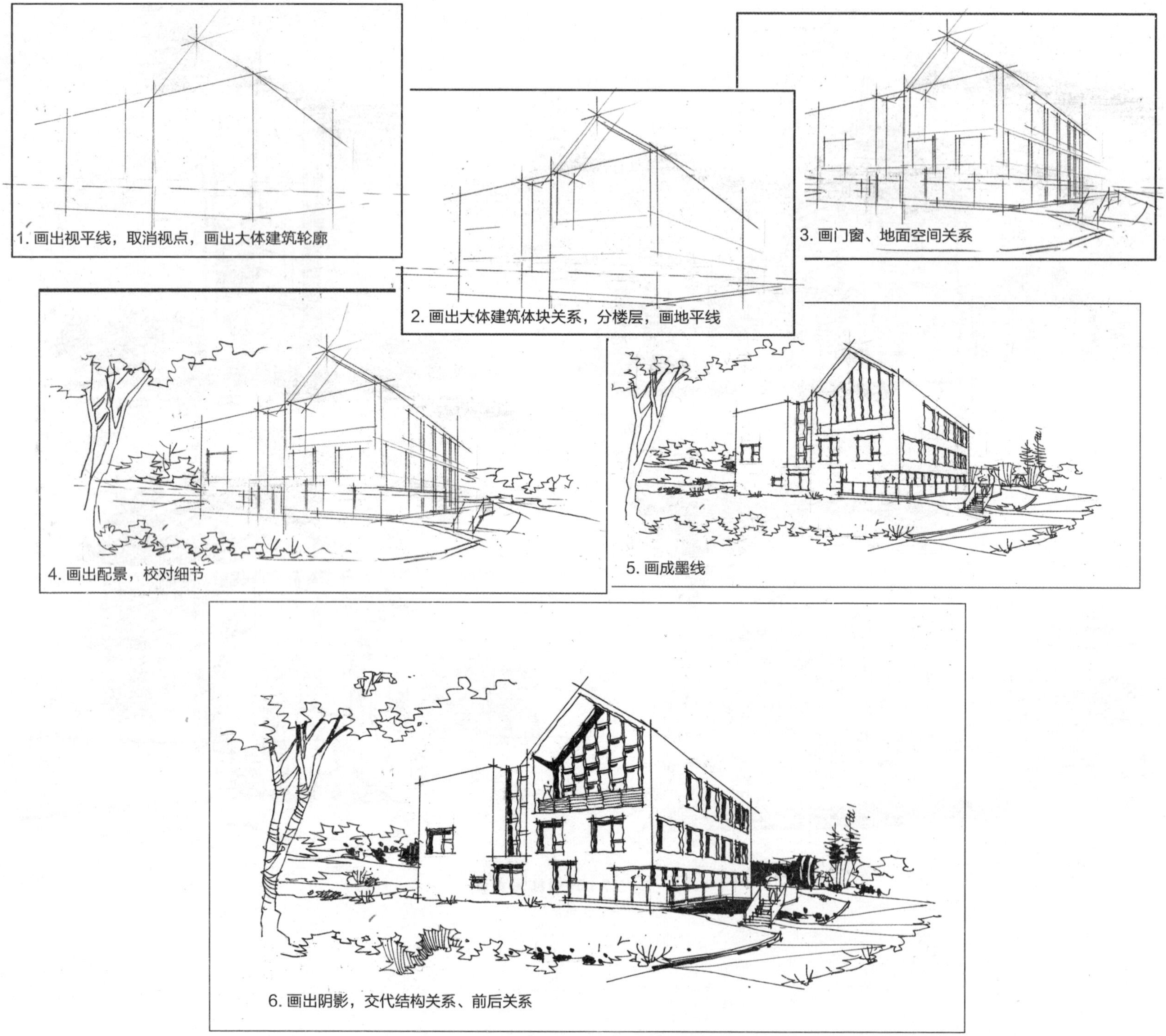

1. 画出视平线，取消视点，画出大体建筑轮廓

2. 画出大体建筑体块关系，分楼层，画地平线

3. 画门窗、地面空间关系

4. 画出配景，校对细节

5. 画成墨线

6. 画出阴影，交代结构关系、前后关系

图 5.3 建筑透视图创作步骤

图 5.4 建筑透视最终效果图

5.3 平面到透视转换

平面到透视的转换如图 5.5~ 图 5.8 所示。

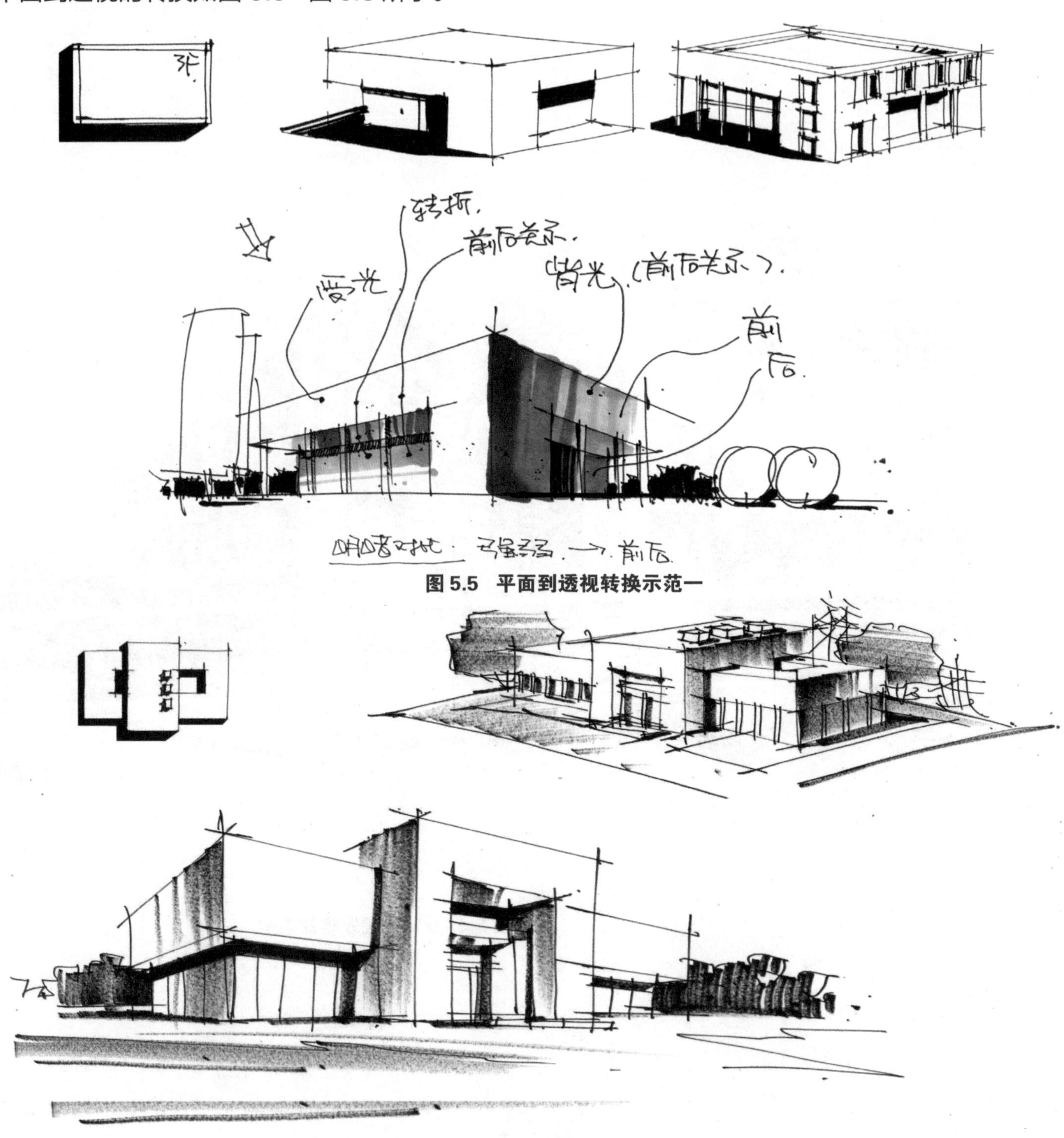

图 5.5　平面到透视转换示范一

图 5.6　平面到透视转换示范二

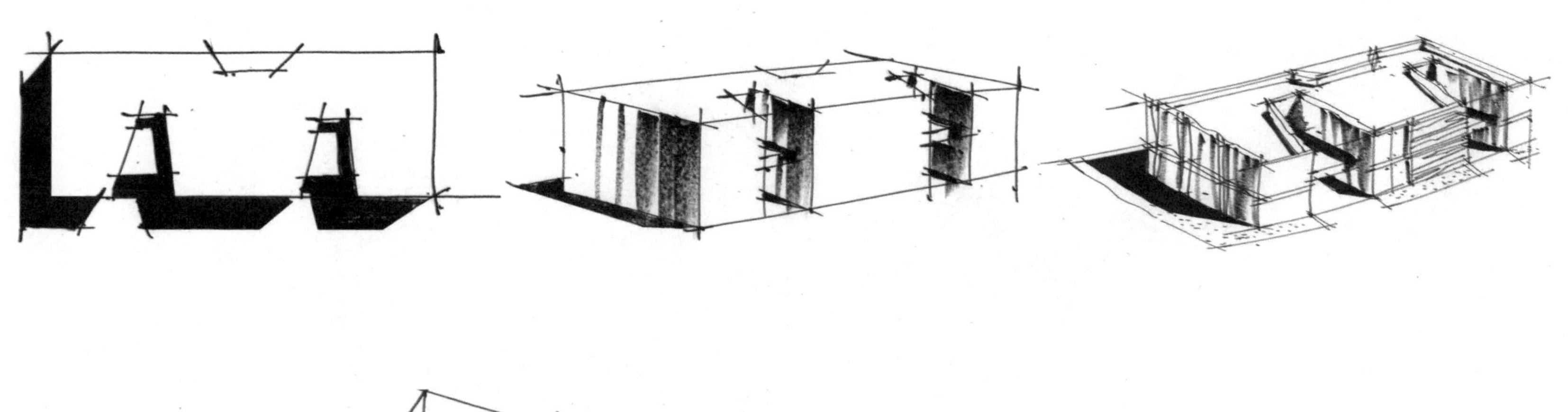

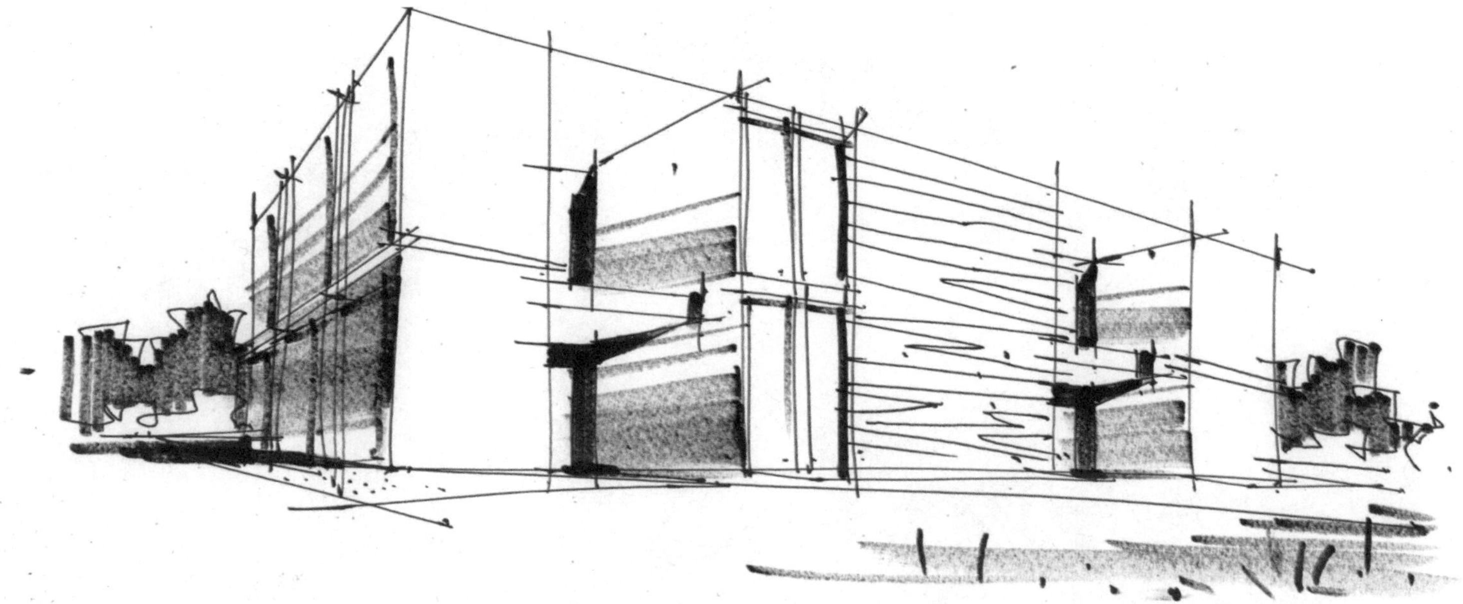

图 5.7 平面到透视转换示范三

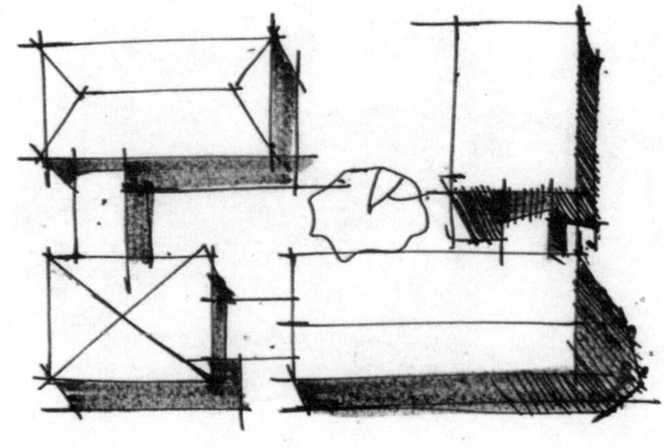

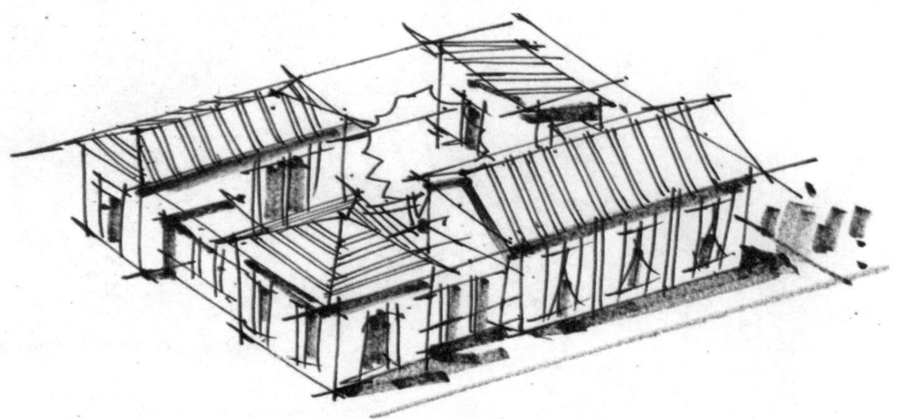

图 5.8 平面到透视转换示范四

5.4 作品范例

图 5.9 建筑透视图作品一

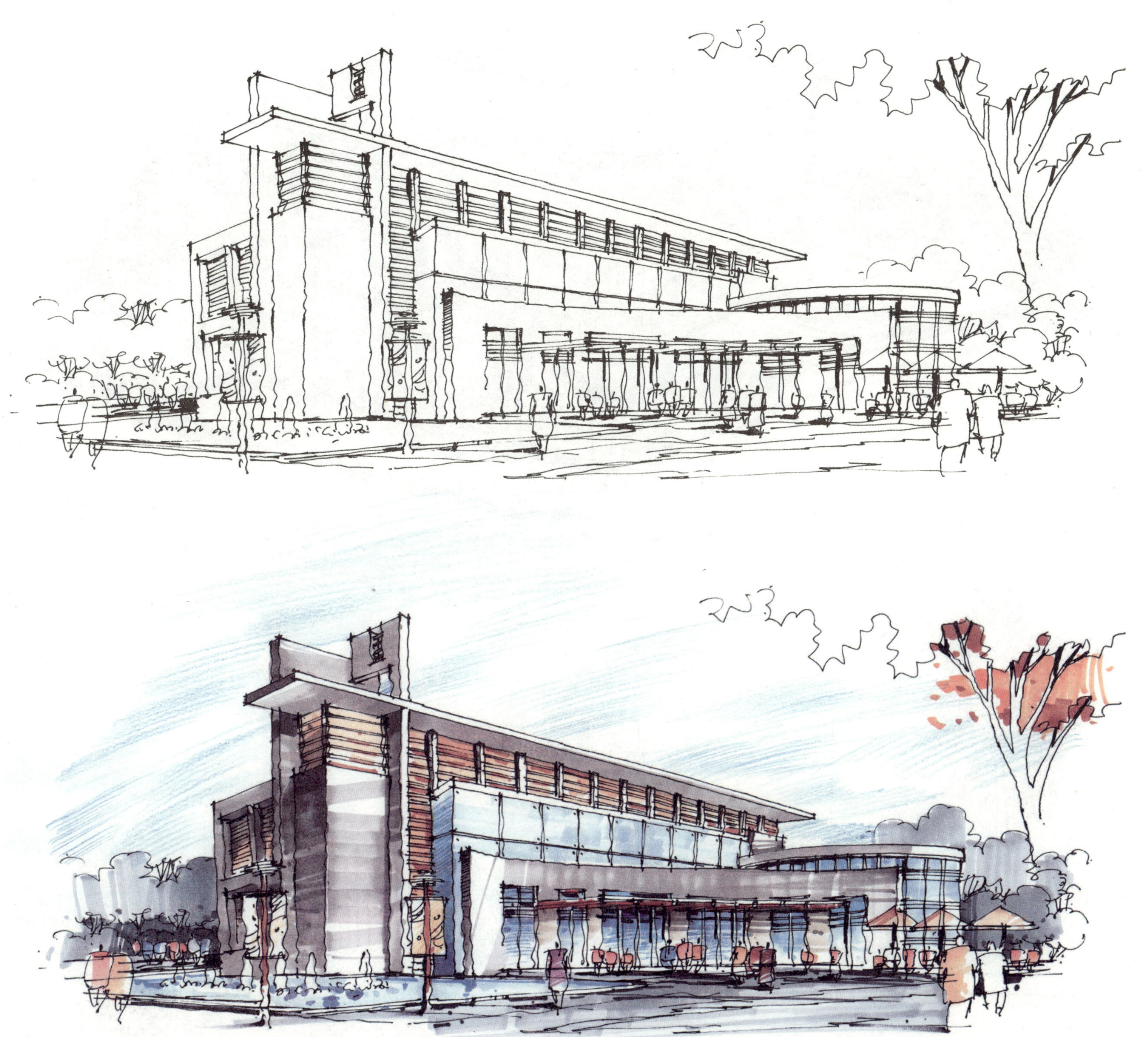

图 5.10 建筑透视图作品二

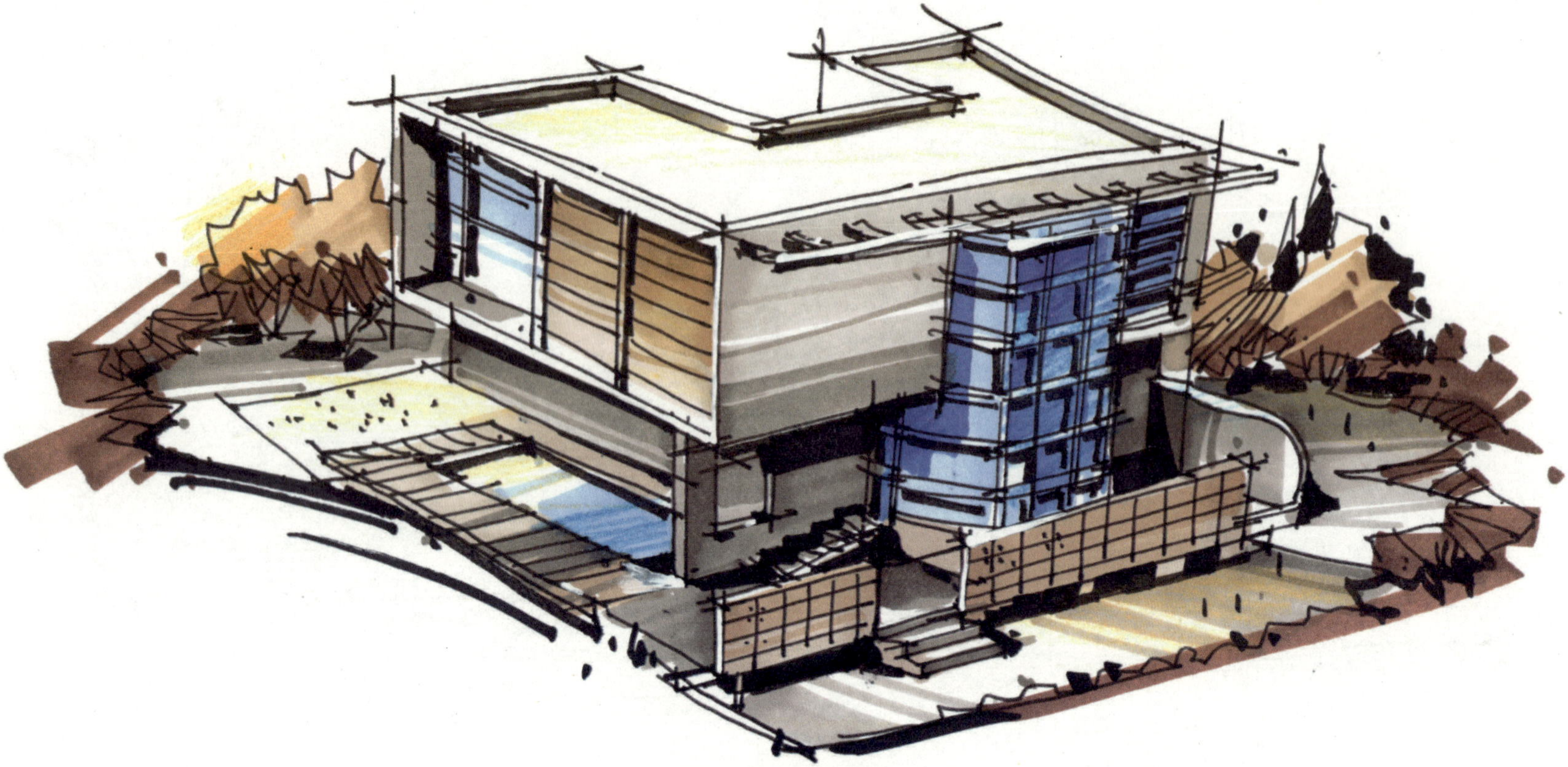

图 5.11　建筑透视图作品三

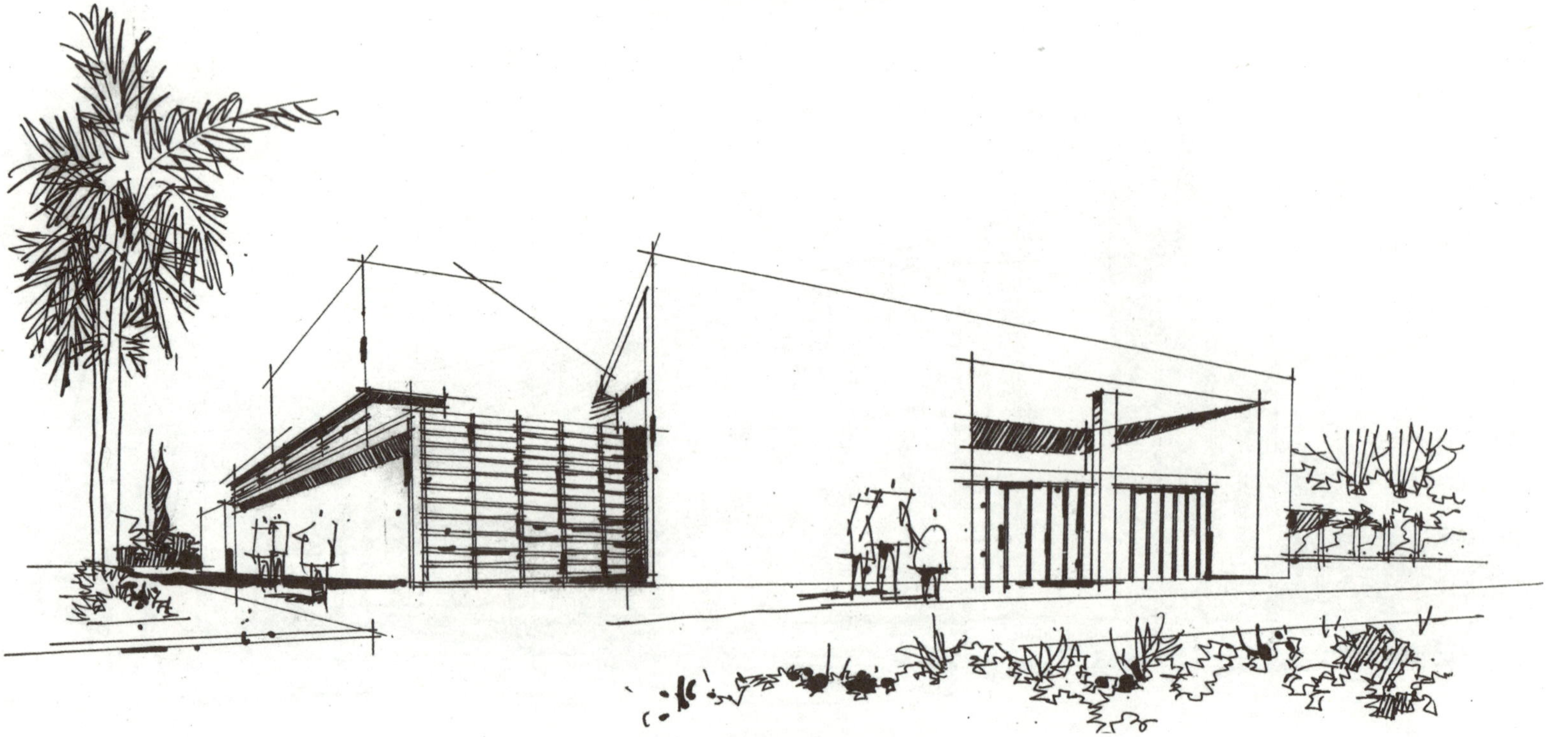

图 5.12　建筑透视图作品四

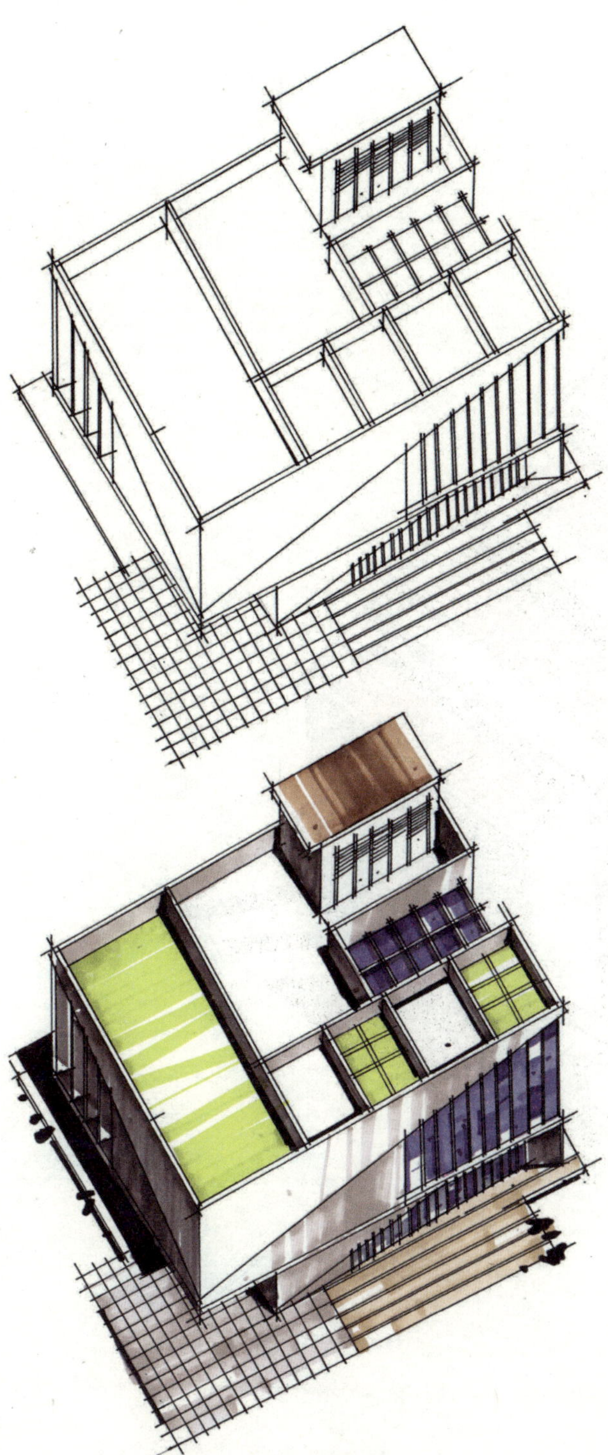

图 5.13 建筑轴测图作品一

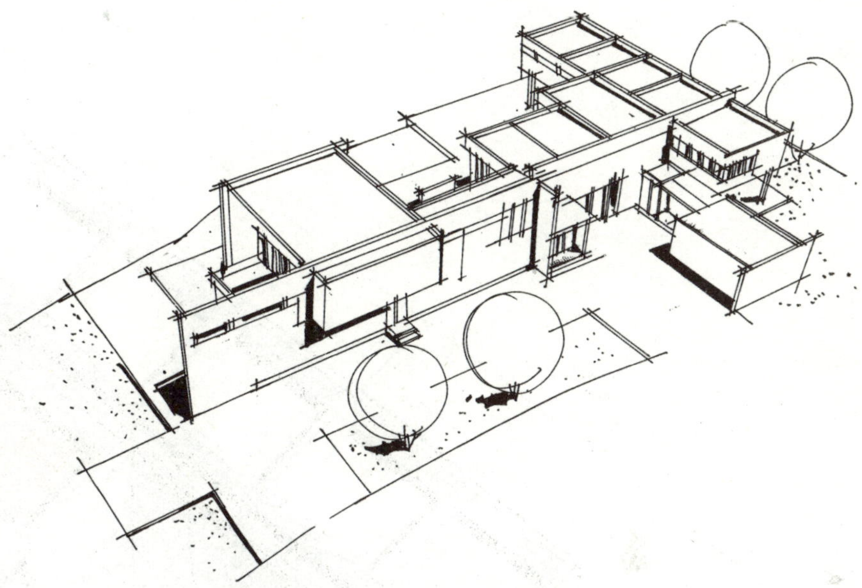

图 5.14 建筑轴测图作品二

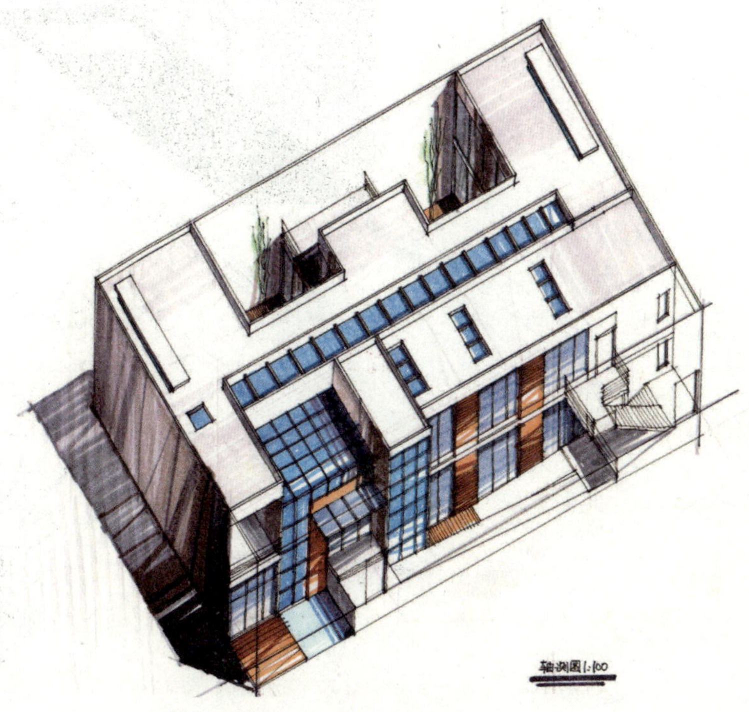

图 5.15 建筑轴测图作品三

图 5.16　建筑轴测图作品四

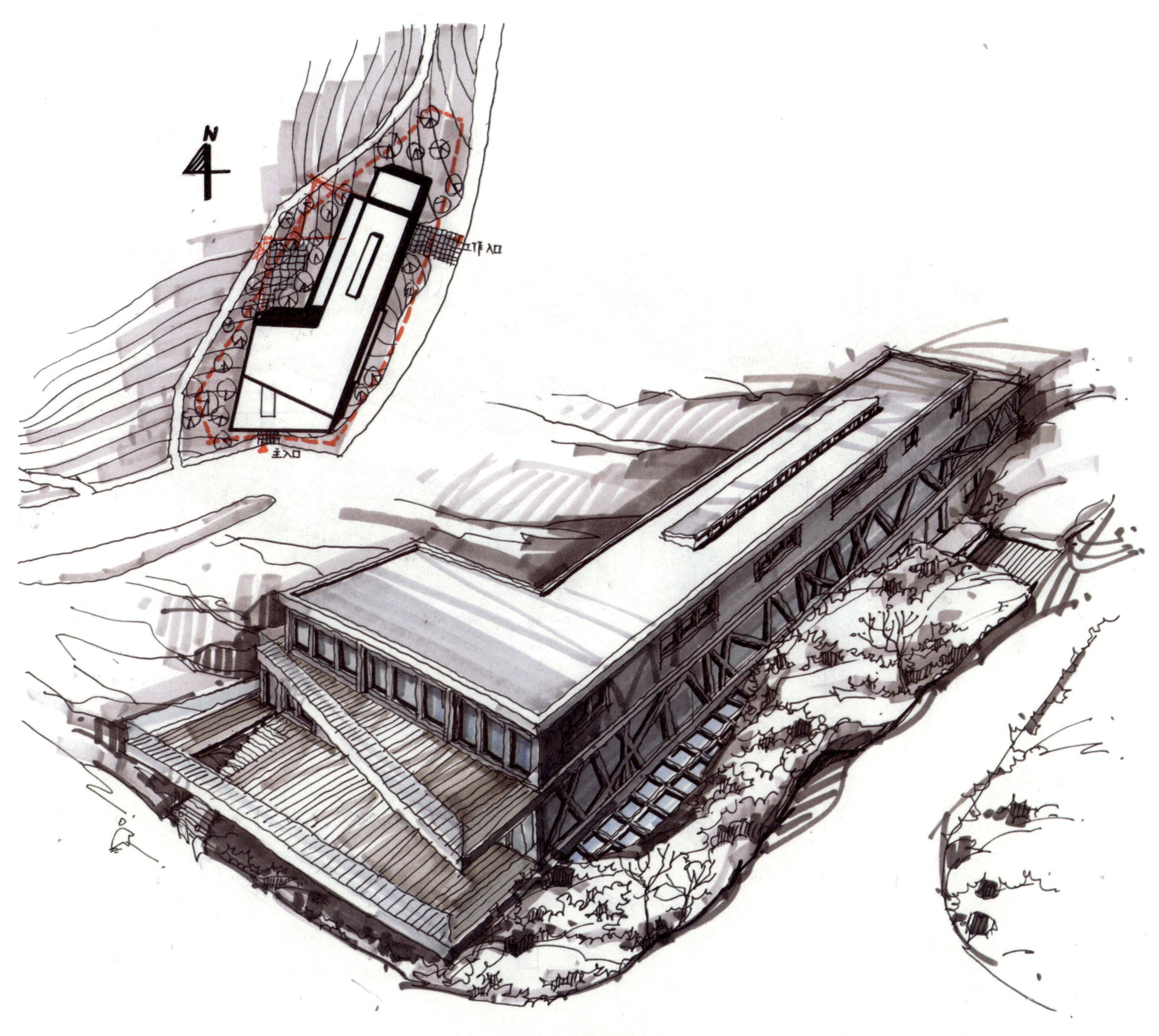

图 5.17 建筑鸟瞰图作品一

图 5.18 建筑鸟瞰图作品二

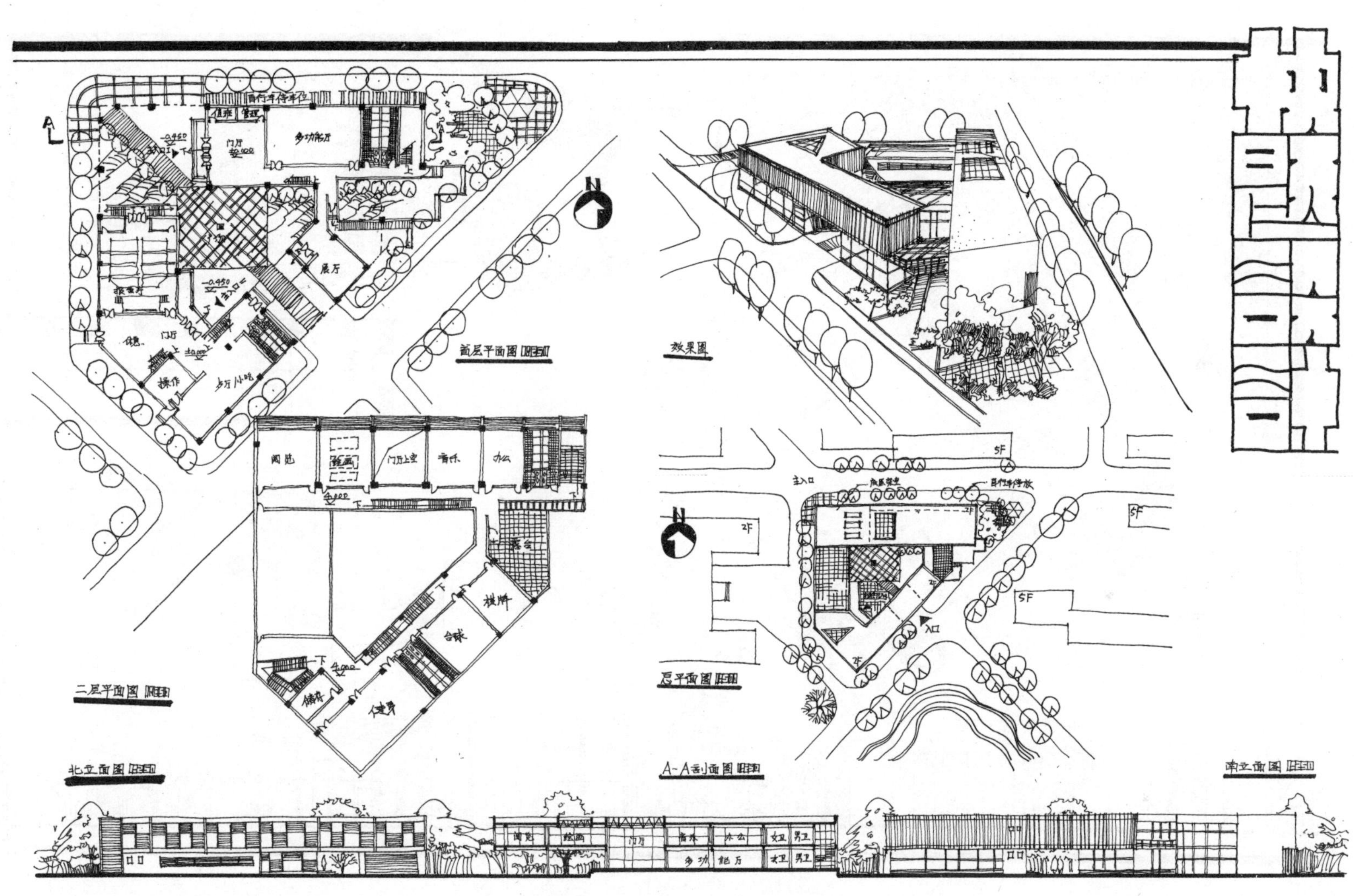

图 5.19　建筑设计快题作品一

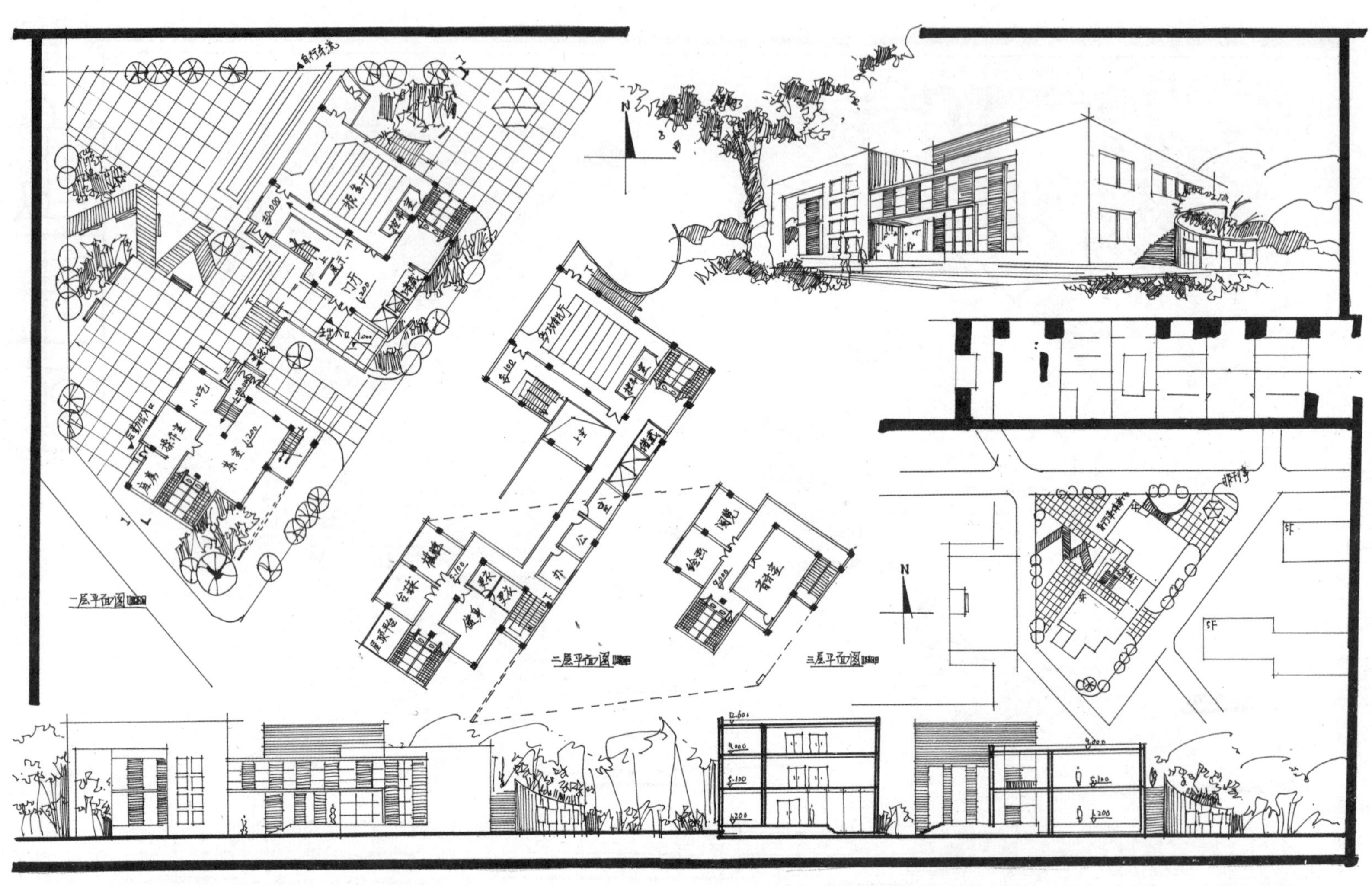

图 5.20　建筑设计快题作品二

第 6 章 建筑学快题考试实例分析

6.1 博览类建筑

6.1.1 博览类建筑部分规范及设计要点

①新建博物馆建筑的基地覆盖率不宜大于 40%。

②大、中型馆内 2 层或 2 层以上的陈列室宜设置货客两用电梯，2 层或 2 层以上的藏品库房应设置载货电梯。

③藏品库房净高应为 2.4~3m，若有梁或管道等突出物，其底面净高不应低于 2.2m，藏品的运送通道应防止出现台阶，楼地面高差处可设置不大于 1 ：12 的坡道。

④藏品库房和陈列室内不应敷设给排水管道，在其直接上层不应设置饮水点、厕所等有可能积水的用房。

⑤陈列室的面积、分间应符合灵活布置展品的要求。

⑥陈列室净高除工艺、空间、视距等有特殊要求外，应为 3.5~5m。

⑦普通陈列室应根据展品的特征和陈列设计的要求确定天然采光与人工照明的合理布局和组合。

⑧陈列室单跨时的跨度不宜小于 8m，多跨时的柱距不宜小于 7m，室内应考虑在布置陈列装具时有灵活组合和调整互换的可能性。

6.1.2 博览类建筑题目及解析

案例：童寯纪念馆设计

一、基地概况

为纪念我国著名建筑理论家、建筑教育家童寯先生一生对建筑界、建筑教育界的特殊贡献，拟在南京市某纪念园建造一座童寯纪念馆。基地较为开朗、自然，其建筑规模 1500m^2。

二、设计内容

1. 展厅 800m^2（可分若干间）；

2. 研究室 20m^2 × 4；

3. 贵宾接待室 30m^2；

4. 办公室 20m^2 × 3；

5. 库房 60m^2；

6. 其他 470m^2（包括门厅、值班室、小卖部、卫生间、交通空间等）。

三、成果要求

1. 总平面图：比例 1 ∶ 500；

2. 平面图：比例 1 ∶ 200；

3. 立面图（2 个）：比例 1 ∶ 200；

4. 剖面图（1 个）：比例 1 ∶ 200；

5. 透视图，表现方法不限。

四、时间要求

本题设计时间为 6 小时。

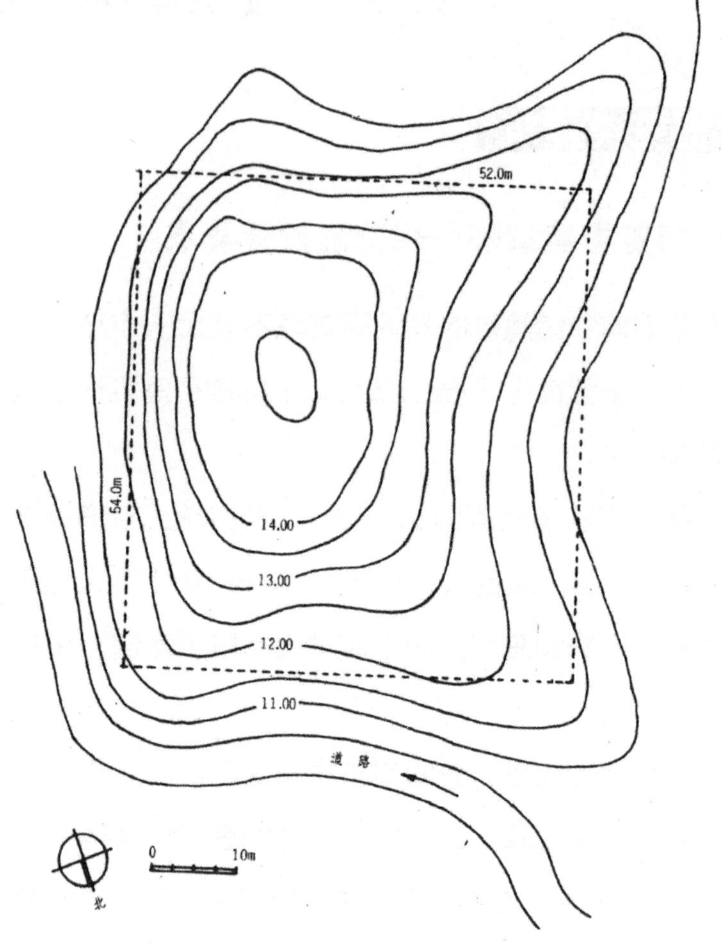

解析：题目设计内容较为简单，其功能大致可以分为四个部分，即主体功能区域（展厅）、办公及辅助区域、研究区域、公共区域（门厅、值班室等）。在本题目的场地中，东侧坡度相对较小，可将展厅区域置于东侧，办公区域放在西侧，两者通过门厅相连接，门厅前可适当预留部分场地，至于研究区域，其大小与结构与办公部分相似，可放在办公区域的上方。展厅区域需考虑展览的流线，如图 6.1 所示。

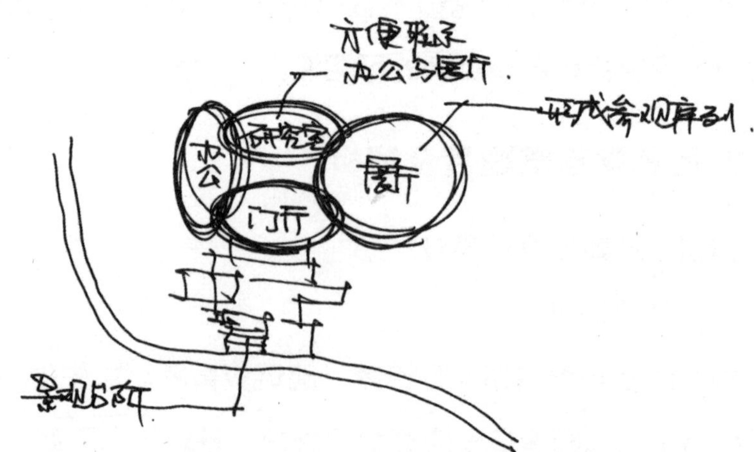

图 6.1 童寯纪念馆设计功能关系简图

作品一点评：从整体图面上来看，版面排布合理，重点突出，效果表达干净利落。

建筑功能的构成关系较好，结合地形错落有致，功能分区明确，是一张很不错的版面，如图 6.2 所示。

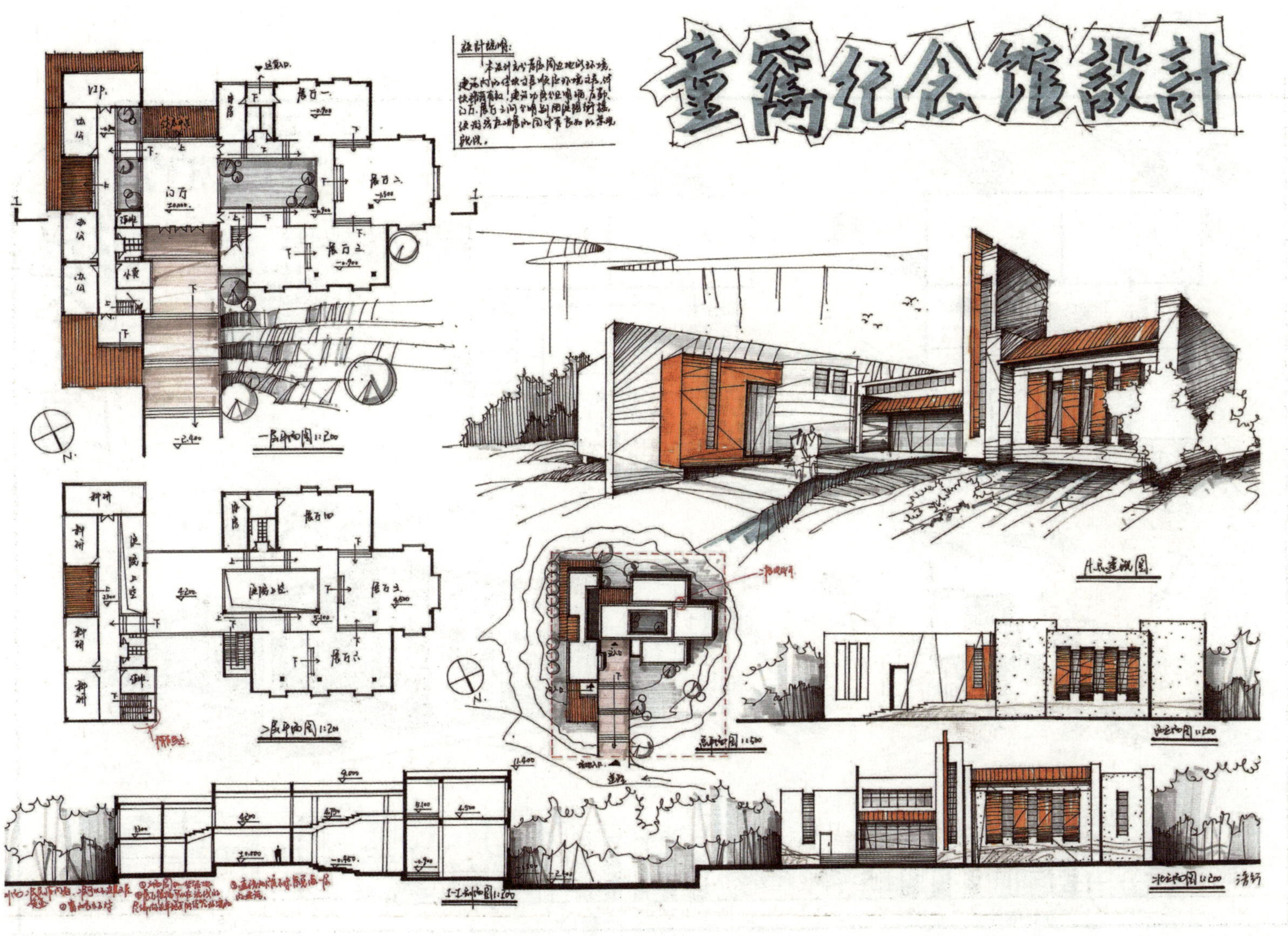

图 6.2　童寯纪念馆设计作品一

作品二点评：就整体的版面与表现而言，风格统一，图面淡雅。但是从设计方案上看，此方案较为平庸，用“口”字形交通走廊将左右的功能串在一起，办公、研究、展览流线交叉，不能很好地区分，同时，方案的平面与本场地关联度不高，未能很好地表达高差处理及顺应地形的解决方案，有待优化，如图 6.3 所示。

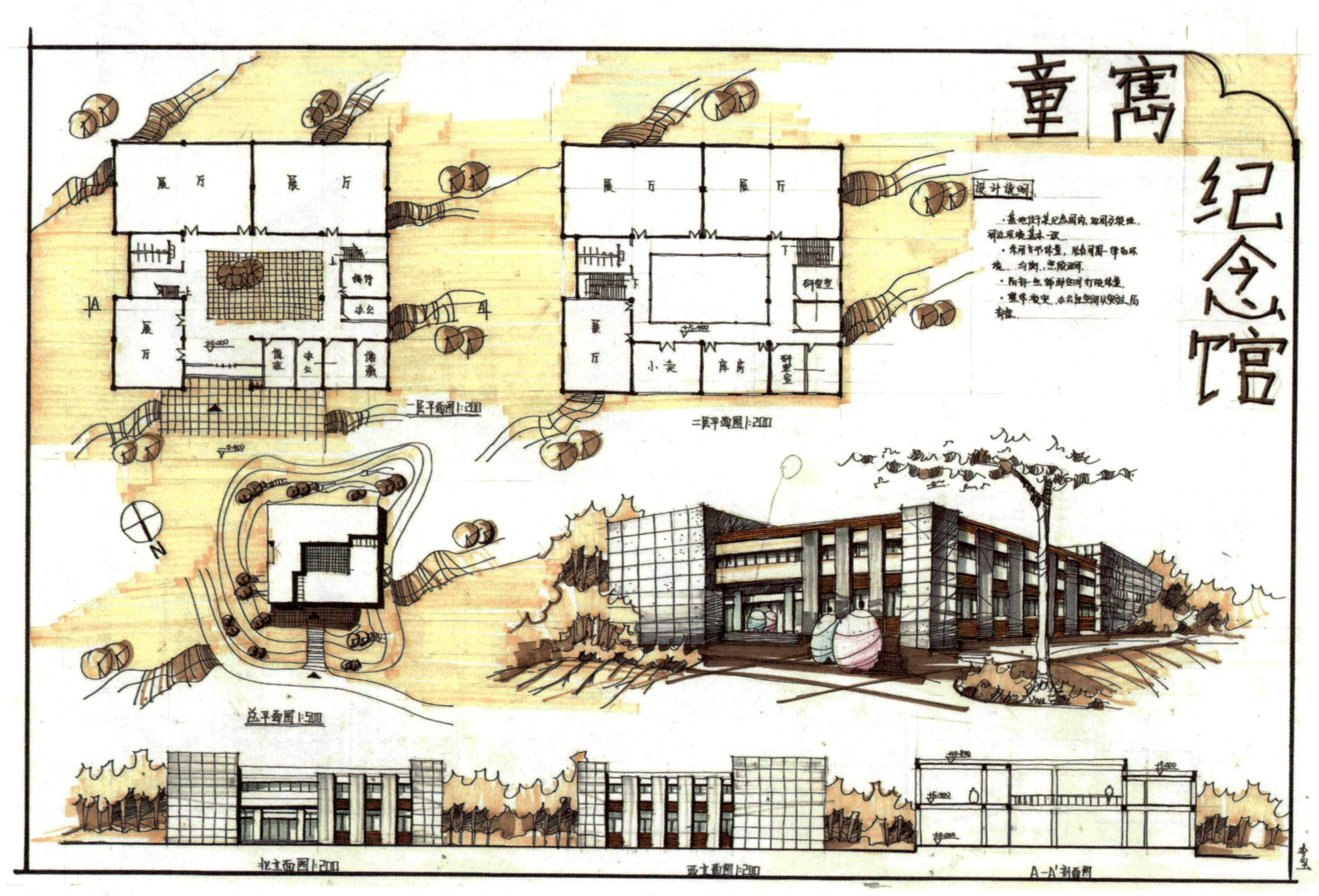

图 6.3 童寯纪念馆设计作品二

6.2 办公类建筑

6.2.1 办公类建筑部分规范及设计要点

①办公建筑场地周边的市政设施相对完善，设计时需自行考虑其与相关环境的关系。

②办公建筑应根据使用性质、建设规模与标准的不同，确定各类用房，一般由办公用房、公共用房、服务用房等组成。

③办公建筑应根据使用要求，结合基地面积、结构选型等情况按建筑模数选择开间和进深，合理确定建筑平面，并为改造和灵活分隔创造条件。

④设采暖空调的办公建筑，外窗面积在满足采光要求的前提下，应尽量减少；全空调办公建筑外窗应有良好的密闭性和隔热性，全空调办公建筑外窗应设部分可开启窗扇。

⑤办公室的室内净高不得低于 2.6m，设空调的房间，可不低于 2.4m；走道净高不得低于 2.1m，贮藏间净高不得低于 2.0m。

⑥办公室门洞口宽度不应小于 1m，高度不应小于 2m。

⑦门厅一般可设传达室、收发室、会客厅，根据使用需要也可设门廊、警卫室及衣帽间等。

⑧门厅应与楼梯、过厅、电梯厅临近。

⑨严寒和寒冷地区的门厅，应设门斗或其他防寒设施。

⑩走道净宽如表 6.1 所示。

表 6.1 办公建筑走廊净宽

走廊长度（m）	走廊净宽（m）	
	单面布房	双面布房
≤ 40	1.3	1.4
＞ 40	1.5	1.8

⑪走道地面有高差，当高差不足 2 级踏步时，不得设置台阶，应设坡道，其坡度不宜大于 1 ：8。

⑫电梯井道及产生噪声的设备机房，不宜与办公用房、会议室相邻。

6.2.2 办公类建筑题目及解析

案例：派出所设计

一、基地概况

某市在旧城改造中，兴建一大型居住区，规划用地为 693100m^2，规划人口为 29000 人。按控制性详细规划要求，拟建一派出所，以便居住区建成后加强对这一地区的治安管理。

该用地北侧为宽 24m 的道路，西侧为宽 18m 的道路，东侧为保留住宅，南侧为规划中的社区综合服务中心。按规划要求，建筑退让北面道路红线 5m，退让西面道路红线 2m。与东侧保留住宅的间距应满足消防需求。

二、设计内容

1. 办证大厅 120m^2；
2. 户籍室 30m^2；
3. 办公室 30m^2 × 3；
4. 所长室 20m^2；
5. 档案室 20m^2；
6. 阅览室 20m^2；
7. 会议兼接待室 40m^2；
8. 餐厅 60m^2；
9. 厨房 40m^2；
10. 单身宿舍 20m^2 × 8；
11. 活动室 40m^2；
12. 看守所 40m^2（含 3 间禁闭室，每间 6m^2）；
13. 库房 20m^2；
14. 车库（2 辆）40m^2。

总建筑面积为 1000m^2，允许有 5% 的增减幅度。

三、成果要求

1. 总平面图：比例 1 ：500；

2. 平面图：比例 1 ：200；

3. 立面图（2 个）：比例 1 ：200；

4. 剖面图：比例 1 ：200；

5. 透视图表现方法不限。

四、时间要求

设计时间为 6 小时。

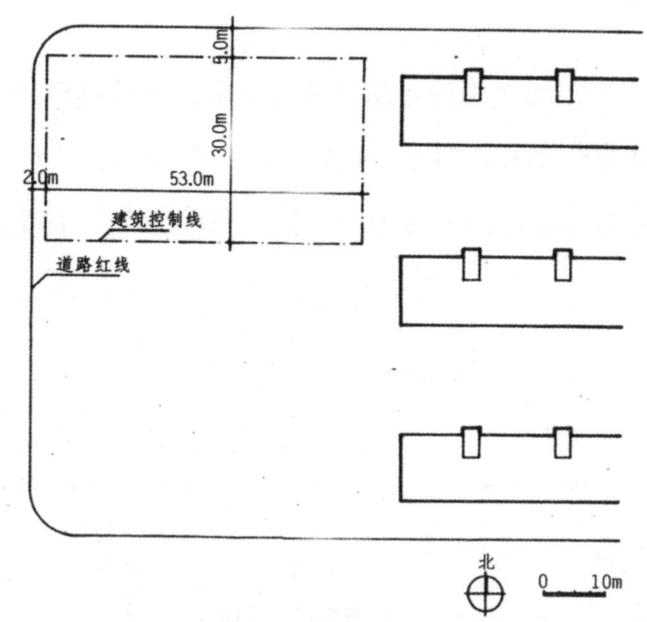

解析：从建筑周边的环境来看，北侧道路宽 24m，西侧道路宽 18m，两侧毗邻道路，主次入口可分别设置在北侧与西侧。另在建筑功能分布中，有 4 条流线需要考虑，其一为对外开放的办证大厅流线，其二为派出所的办公流线，其三为看守所流线，其四为后勤流线。在本题中，主要出入口及办证大厅可放置在北侧，看守所和后勤流线可放置在西侧，具体布置如图 6.4 所示。

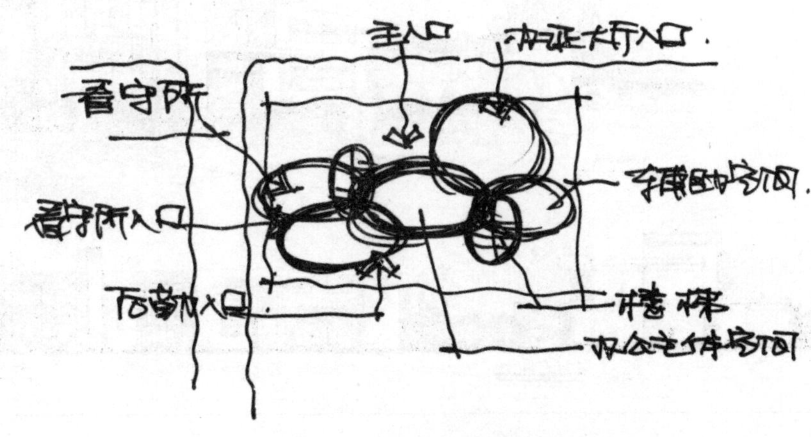

图 6.4　派出所设计的场地功能布置

作品一点评：从整体上来看，该图纸色调统一，表现手法娴熟。但是从设计方案来看，流线处理有些混乱，看守流线缺乏单独的出入口，后勤流线入口放在场地东南角，没有道路可供进出，二层宿舍区和办公区相对设置，有可能产生干扰，如图 6.5 所示。

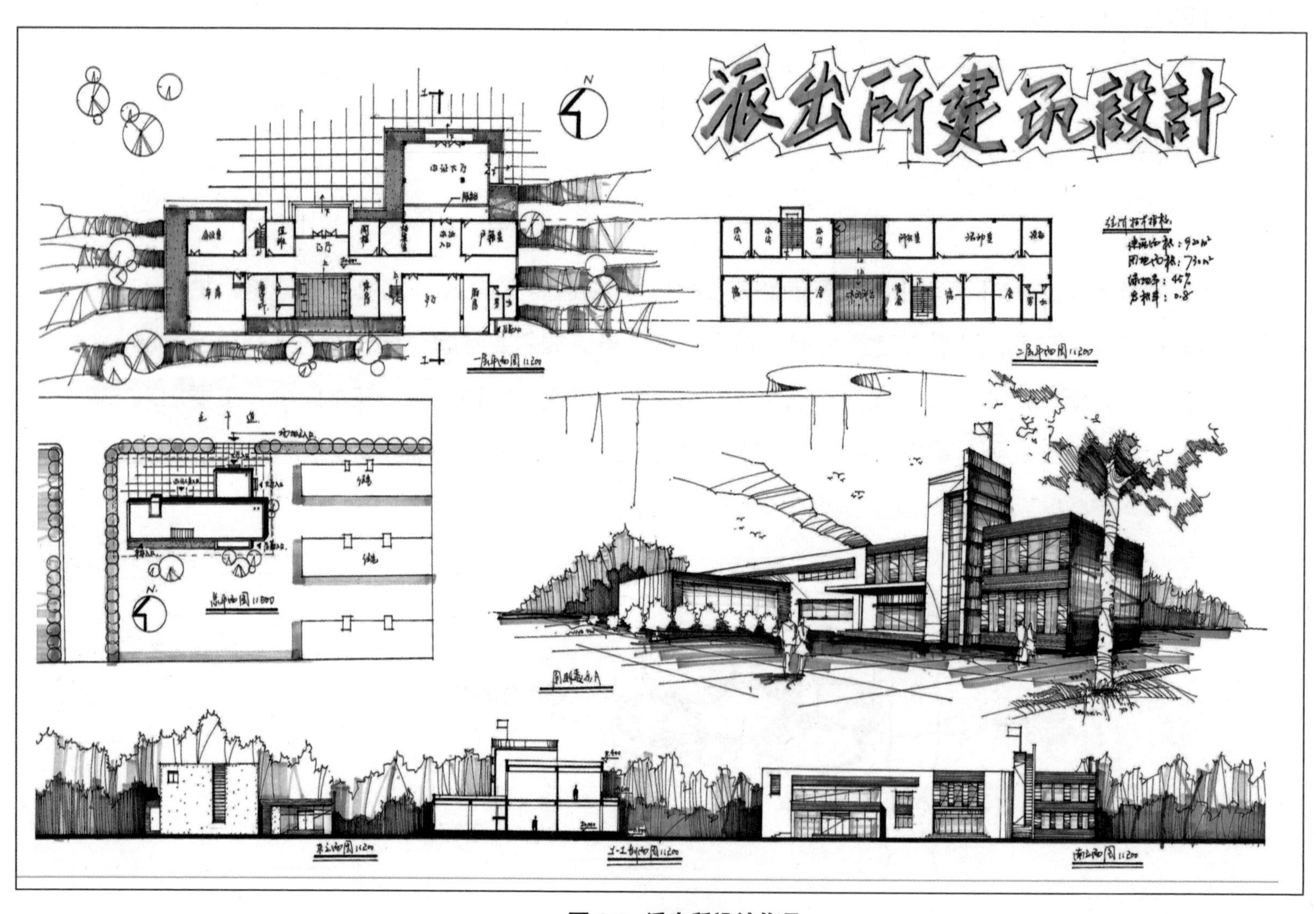

图 6.5　派出所设计作品一

作品二点评：该图整体效果较好，但细节处理不够。比如，总平面图中应该表达的要素没有进行完整的表达，场地与道路的交接关系没有交代清楚，线型的处理没有区分表达，剖面图没有标高，结构体系表达混乱，如图 6.6 所示。

本书开篇所提到的“习惯成自然”，在附录四中有所有图纸的表达元素的汇总表，希望大家能够在每次图纸绘制结束后自己核对图纸内容，做到表达完整、绘制准确，以便在应考时应对自如。

另外，该作品在平面设计上，建筑功能分区及流线处理较好，基本做到不交叉，但办证大厅缺少与建筑主体的联系。另外，建筑平面的形态决定了建筑的形体关系，作品中出现了过多的凹凸角，缺乏功能意义及美学意义，有待改进。

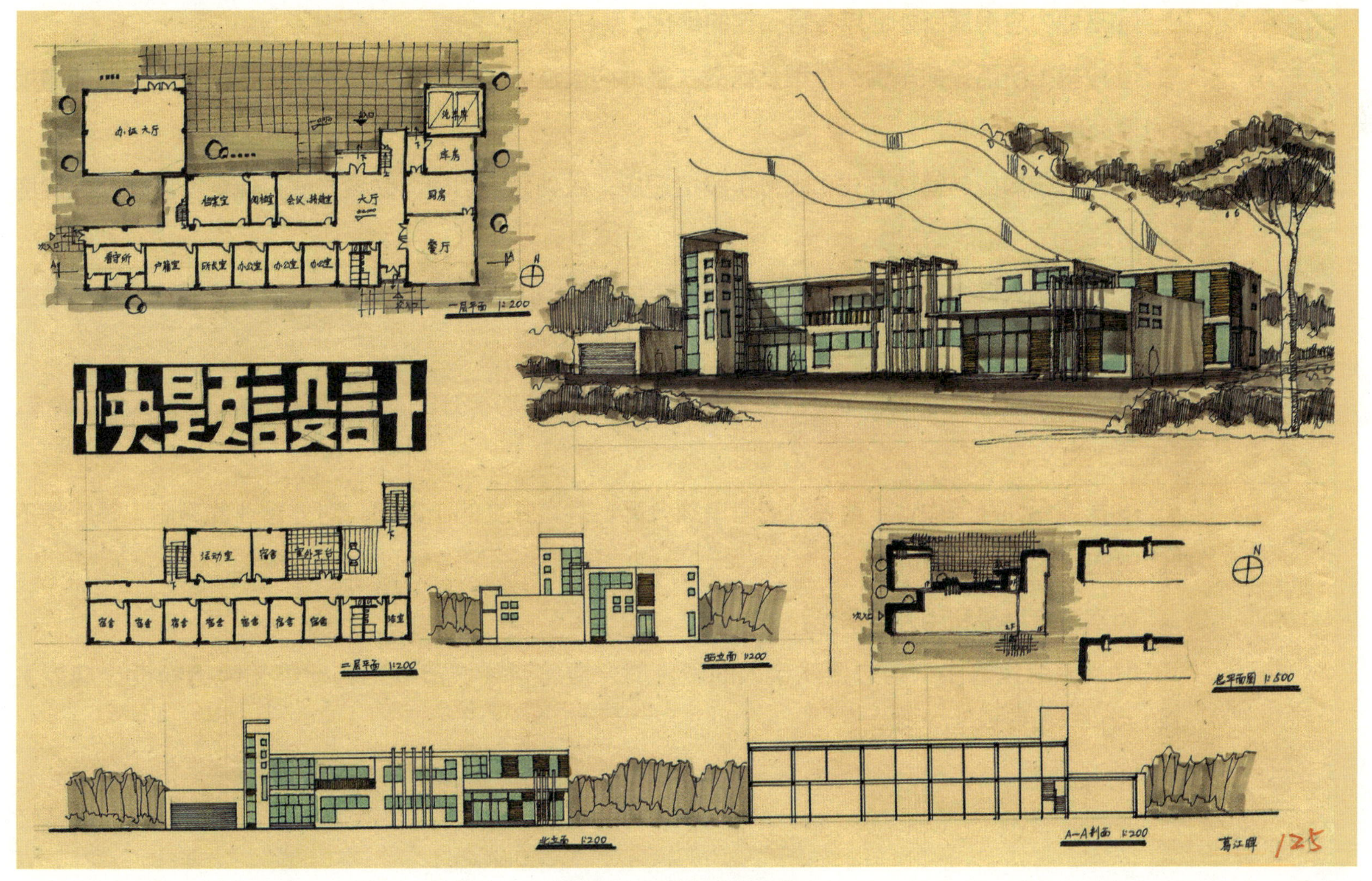

图 6.6　派出所设计作品二

6.3 旅馆类建筑

6.3.1 旅馆类建筑部分规范及设计要点

①在临接城镇道路的一侧，应满足基地内组织各功能的出入口、客货运输、防火疏散及环境卫生等要求。

②总平面布置应结合当地气候特征、具体环境，妥善处理与市政设施的关系。

③总平面布置应处理好主体建筑与辅助建筑的关系。对各种设备所产生的噪声和废气应采取措施，避免干扰客房区和邻近建筑。

④基地内应根据所处地点布置一定的绿化。

⑤应根据所需停放车辆的车型及辆数在基地内或建筑物内设置停车空间，或按城市规划部门规定设置公用停车场地。

⑥建筑布局应与管理方式和服务手段相适应，做到分区明确、联系方便，保证客房及公共用房具有良好的居住和活动环境。

⑦主要出入口必须明显，并能引导旅客直接到达门厅。主要出入口应根据使用要求设置单车道或多车道，入口车道上方宜设雨棚。

⑧不论采用何种建筑形式，均应合理划分旅馆建筑的功能分区，组织各种出入口，使人流、货流、车流互不交叉。

⑨在综合性建筑中，旅馆部分应有单独分区，并有独立的出入口，对外营业的商店、餐厅等不应影响旅馆本身的使用功能。

⑩室内应尽量利用天然采光。

⑪当旅馆建筑中采用方便残疾人的设施时，应符合《城市道路和建筑无障碍物设计规范》JGJ 50—2001 的有关规定。

6.3.2 旅馆类建筑题目及解析

案例：青年旅行社设计

一、基地概况

某市拟在市中心一民国历史保护地段建设一座青年旅社。场地周边均为三四层的老建筑，东侧为一军事管理区，有围墙分割。附近还有一座历史纪念馆。场地北面临街，内部必须满足消防及退让要求，考虑道路及绿化布置。场地中现有树木可考虑保留。

二、设计内容

1.18~21 间客房，每间面积约 30~45m^2。

2. 餐厅约 120m^2，其中包括 60m^2 厨房。其中 10m^2 作为公共自助厨房。餐厅可兼作咖啡厅。

3. 管理用房 3 间，共约 60m^2，其中一间为储藏室。

4. 活动用房 50~80m^2。

5. 其他相应部分：门厅、楼梯、公共卫生间等公共部分自定。

6. 建筑面积控制在 1500m^2 左右。

7. 场地内考虑 4 个小车停车位。

8. 按城市规划及所处地段要求，建筑层数不多于 3 层，总高度不大于 10m。

三、图纸要求

1. 总平面图（要求表达基地周边环境）：比例 1 ： 500；

2. 各层平面图比例：1 ： 200；

3. 立面图（2 个）比例：1 ： 200；

4. 剖面图（自定）比例：1 ： 200；

5. 表现及分析图，数量及方式不限。

四、时间要求

设计时间为 6 小时。

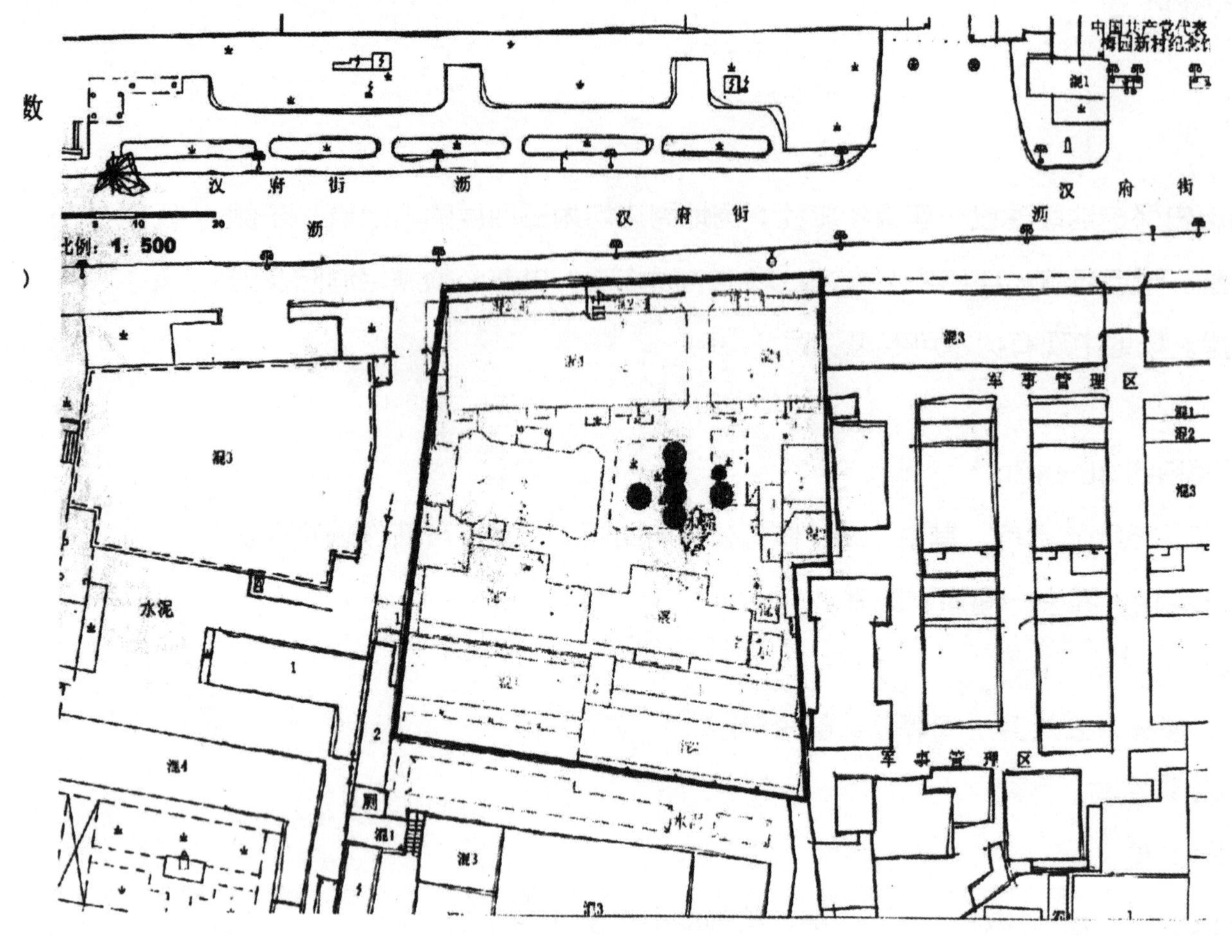

解析：本题规模不大，只有 20 间左右客房，是典型老城区中为满足当下文艺青年小资需求的旅社设计，在设计中其功能也是四个部分：公共区域（门厅、值班等）、主体功能区域（客房）、活动区域（活动用房）、办公及辅助区域（管理后勤）等。在本题目中重点要厘清两条流线关系：一是入口大厅与客房及餐厅的流线关系，尽量做到分区明确，流线不交叉，且注意旅馆建筑的日照要求，尽量南向；二是餐饮空间内部厨房和餐厅的流线关系，要非常清晰，这将在餐饮类建筑分析中做重点介绍（图 6.7）。

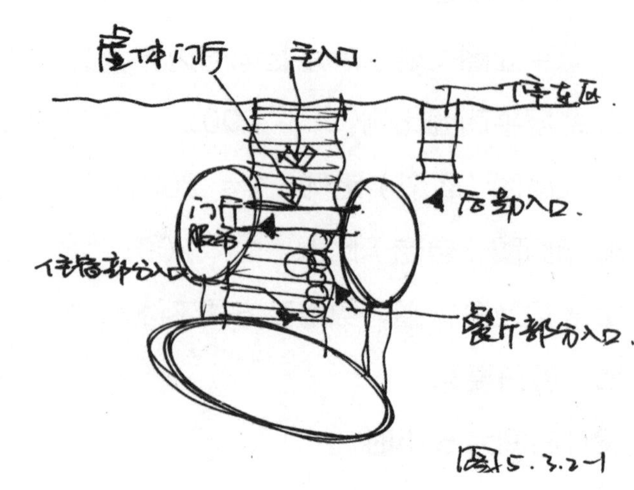

图 6.7　青年旅社功能关系简图

在厘清此类建筑的基本流线后，分析基地。因处于历史保护区，所以需特别注意研究周边环境地理特征，在建筑体量上寻求和谐关系。另外，基地北面沿街，入口自然选在这一侧，场地内保留树木是原场地中的积极因素，可以结合利用，作为场地内的有利因素，使青年旅社更加小资，有生气和吸引力。

作品一点评：整体来讲，图面表达干净利落，注意了与老城区的呼应，流线关系清晰，分区合理。但亦有不足之处，比如，主体建筑未考虑沿街立面的处理，入口大厅过于小气，设置了停车场，却没有留出停车道路等，如图 6.8 所示。

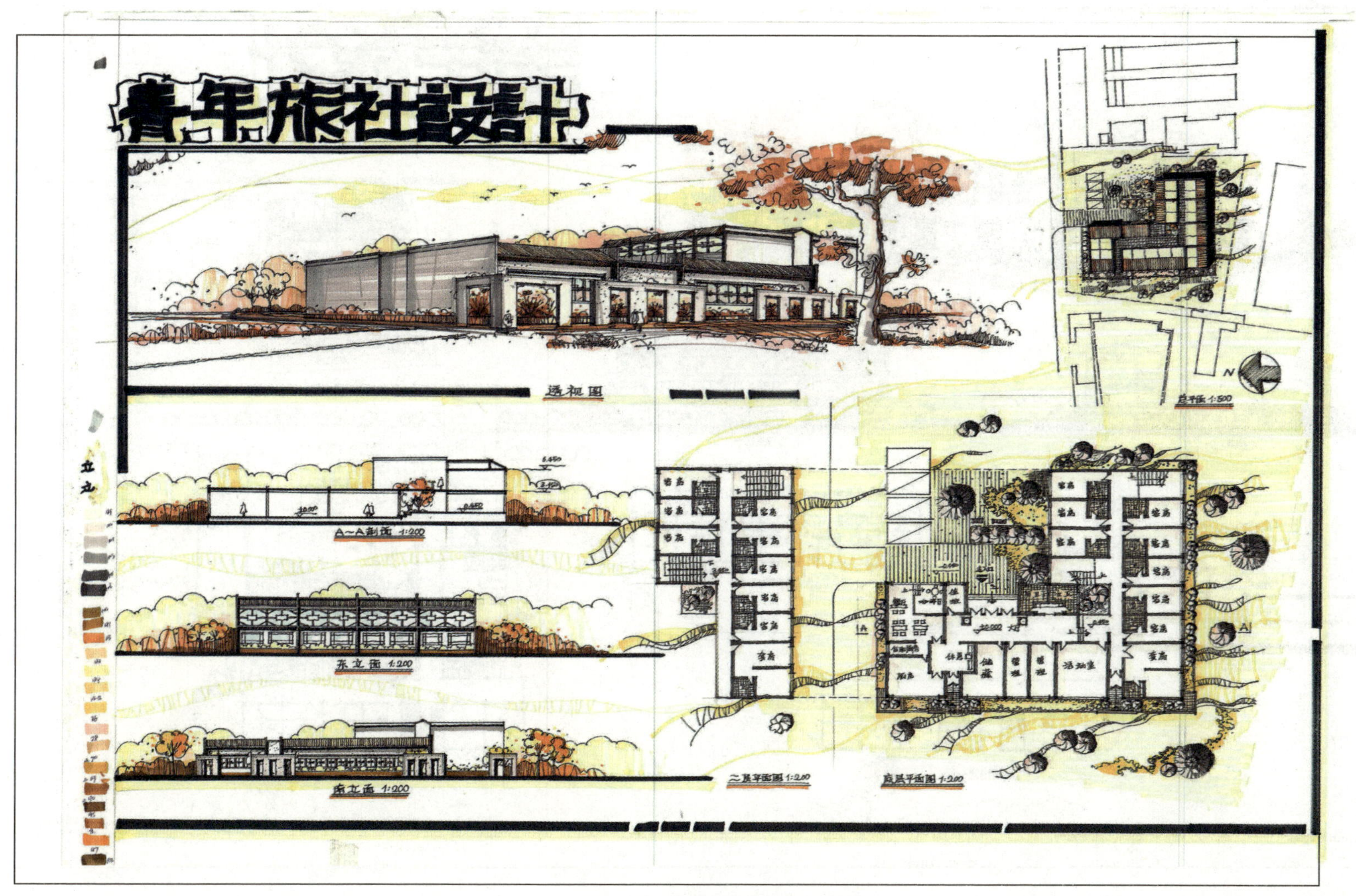

图 6.8　青年旅社设计作品一

作品二点评：图面表达完整清晰，各技术图纸表达准确。建筑风格与老城区有一定呼应。建筑平面在流线处理上较好，功能分区明确。但在具体细节的处理上有待改进，建筑平面设计中，并没有体现出对体量的考虑，这一点在西立面图中暴露无遗，体量并不均衡，重心不稳定。另外，在建筑的总平面布置中，停车位的处理方式有待改进，如图 6.9 所示。

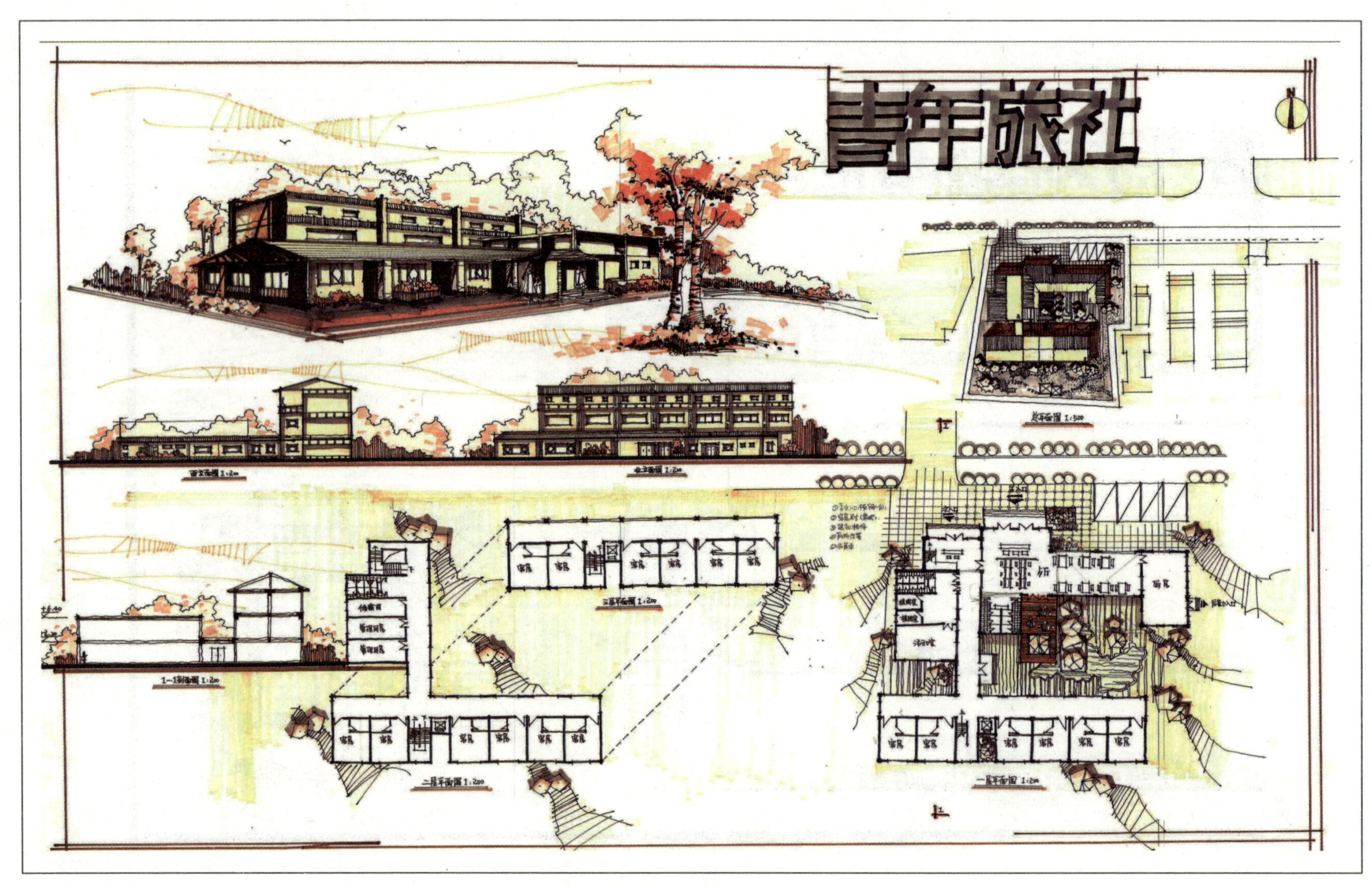

图 6.9　青年旅社设计作品二

6.4 教学类建筑

6.4.1 教学类建筑部分规范及设计要点

①教学及教学辅助用房的组成，应根据学校的类型规模、教学活动要求和条件分别设置以下一部分或全部教学用房及教学辅助用房：普通教室、实验室、自然教室、美术教室、史地教室、微型电子计算机教室、音乐教室、琴房、舞蹈教室、合班教室、体育器材室、教师办公室、办公阅览室、科技活动室等。

②教学用房的平面组合应使功能分区明确、联系方便并有利于疏散。

③教学用房的平面宜布置成外廊或单内廊的形式。

④行政用房宜设党政办公室、会议室、社团办公室和总务仓库等。

⑤中小学阅览室的使用面积应按座位计算，教师阅览室每座不应小于 2.1m^2，学生阅览室每座不应小于 1.5m^2。

⑥中小学教员休息室的使用面积不宜小于 12m^2，教师办公室每个教师使用面积不宜小于 3.5m^2。

⑦教学楼宜设置门厅，在寒冷或风沙大的地区，教学楼门厅入口应设挡风间或双道门，挡风间或双道门的深度不宜小于 2100mm。

⑧教室光线应自学生作为座位的左侧射入，当教室南向为外廊、北向为教室时，应以北向为主要采光面。

⑨学校用房工作面或地面上的采光系数最低值和窗地比应符合规范要求。

案例：某中学教学综合楼

一、基地概况

基地位于上海市陆家浜路，跨龙口中学校园内，A 幢建筑为上海市历史保护建筑，该基地属于历史风貌保护区范围，拟建 1100m^2 的教学综合楼，与 D 幢保留建筑连接形成一幢整体建筑。

二、任务描述

1.D 幢建筑为保留建筑，檐口标高为 10.2m，屋脊高度为 13.7m（室外地坪标高为 0.30m，底层标高为 ±0.00m），要求新建教学综合楼充分考虑与 D 幢建筑的风貌及比例协调，建筑高度不超过 13.7m。图中标示的古树必须保留。

2. 考虑新建部分各功能用房层高要求及各层与 D 幢保留建筑各层的标高关系，建成后两者合二为一，统一考虑消防、疏散等问题。

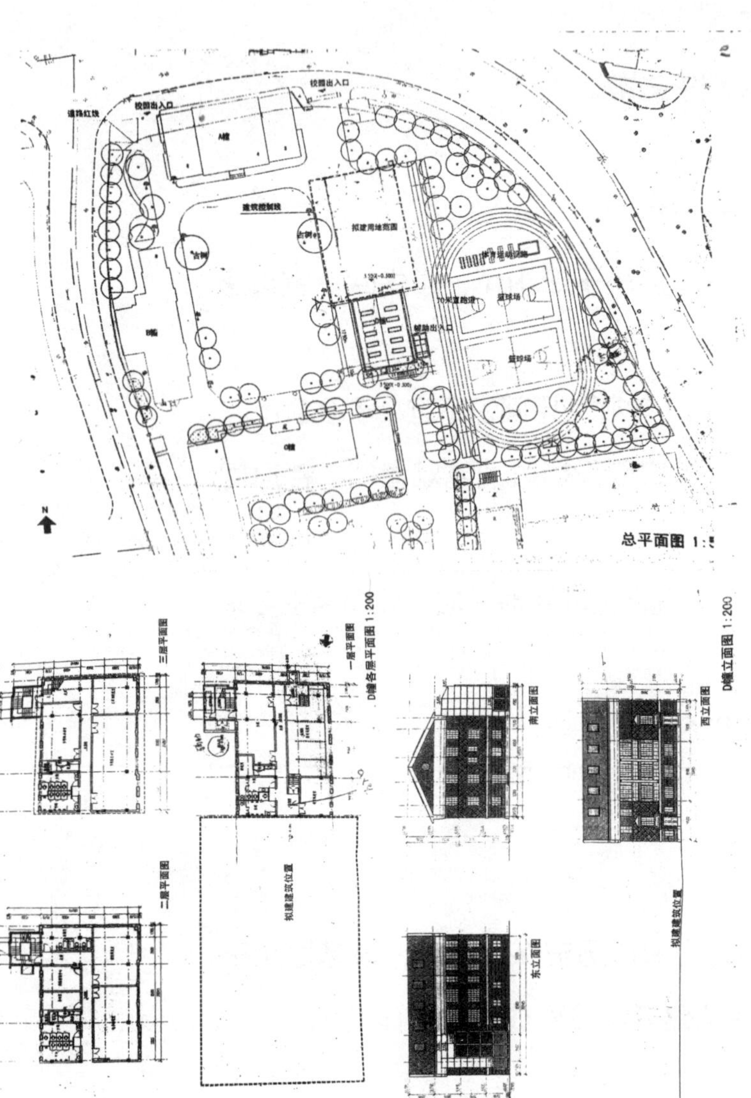

3. 机动车及非机动车停车在校园内统一考虑，本题目不再予以考虑。

4. 建筑布局应考虑与校园内 A 幢、B 幢、C 幢、D 幢四幢大楼，大草坪及保留古树的空间关系。

5. 建筑主要功能面积组成（均为使用面积）：

（1）图书阅览室：600m^2（包括借阅区、服务区、电子阅览区、寄包处等）；

（2）190 座阶梯报告厅：300m^2；

（3）门厅及楼梯间等由设计者自定。

三、图纸要求：恰当而充分的设计表达

（1）总平面图：比例 1 ∶ 500；

（2）各层平面：比例 1 ∶ 100；

（3）西立面图 1 个：比例 1 ∶ 100（必须反映与 D 幢建筑的形态关系）；

（4）北立面图 1 个：比例 1 ∶ 100；

（5）剖面图 2 个：比例 1 ∶ 100（纵、横剖面各一个，其中一个必须表达与保留 D 幢建筑的层高关系）；

（6）轴测或透视图（表现内容包括 D 幢建筑）1 个。

四、时间要求

设计时间为 6 小时。

解析：教学类建筑设计，相对来说是非常简单的一类设计，其功能流线相对来说并不复杂，主要考虑的是大厅与各功能房间的关系以及图书借阅区的流线设计（见图书馆类建筑解析）。但本题的精彩之处在于以下几点：一是位于历史保护地段内，且旁侧 A 幢为历史保护建筑；二是加建部分与紧邻的 D 幢保留建筑要风貌统一，整体设计；三是处理与 A 幢、B 幢、C 幢、D 幢四幢大楼，大草坪及古树的空间关系。这是本题的重点，应对策略有：一是因 A 幢建筑的主体地位，决定了 B 幢、C 幢、D 幢楼的辅助地位，且基地上轴线关系明确，所以加建部分宜与 B 幢楼寻求对称关系，其体型大致确定；二是与 D 幢建筑的连接关系和题目中给定的参数，决定了所加建部分的风貌与 D 幢建筑统一，基本与 D 幢建筑相似；三是因寻求与现有场地信息的空间关系，所以古树可以结合建筑的入口广场，做一些标志性的处理，寻求一定围合关系。同时，本题目为改扩建题目，在设计时，考虑新旧建筑结构问题，在新旧建筑交接位置留沉降缝，图纸表达为双墙双柱，可以考虑用不同建筑材料做适当的立面过渡（图 6.10）。

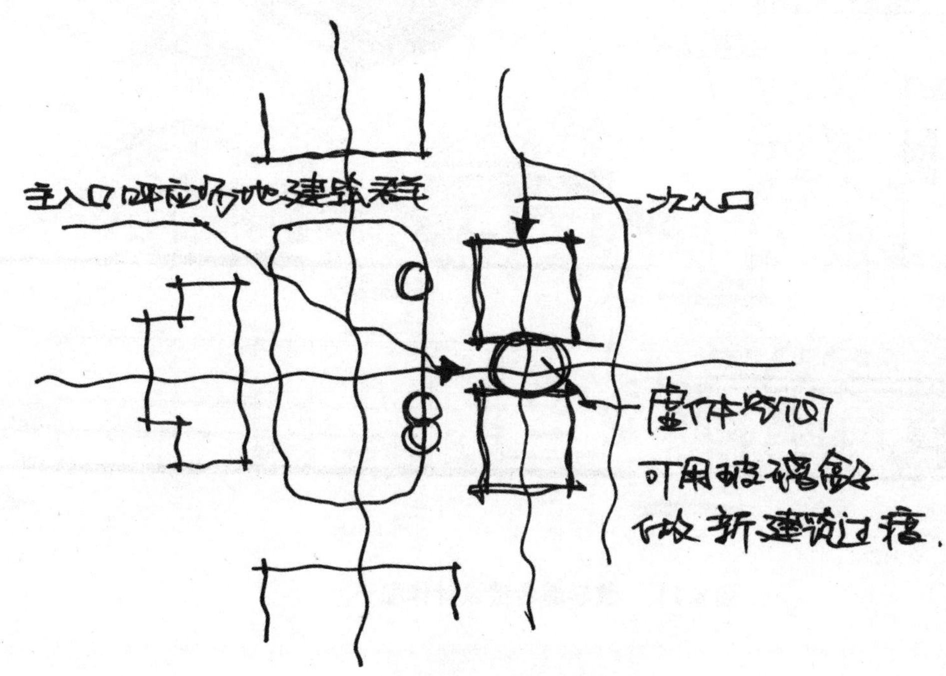

图 6.10　教学综合楼功能关系简图

作品一点评：本图是非常不错的一个设计，对题目中场地分析到位，表达也干净利落，图面清晰，一目了然，如果有一些说明意图的分析会更好。

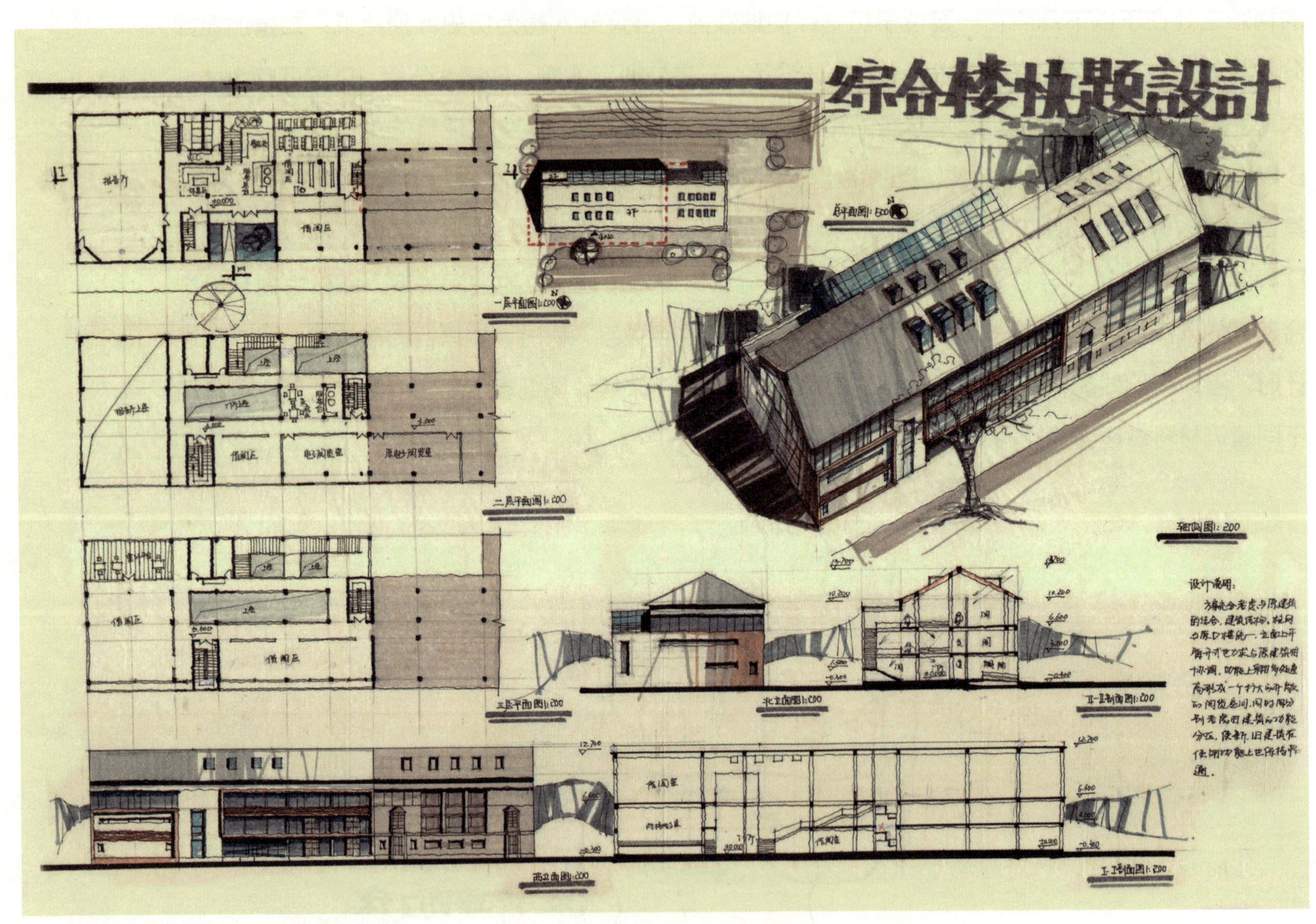

图 6.11　教学综合楼设计作品一

作品二点评：快题表现娴熟到位，整体效果较好。设计方案在大的构思上能够体现与校园的关系，在新旧建筑交接的部分用玻璃体块做过渡，较为巧妙。但在内部功能的组织上，还有待考虑，尤其是北侧连续的退台，形体不完整，没有实际意义。

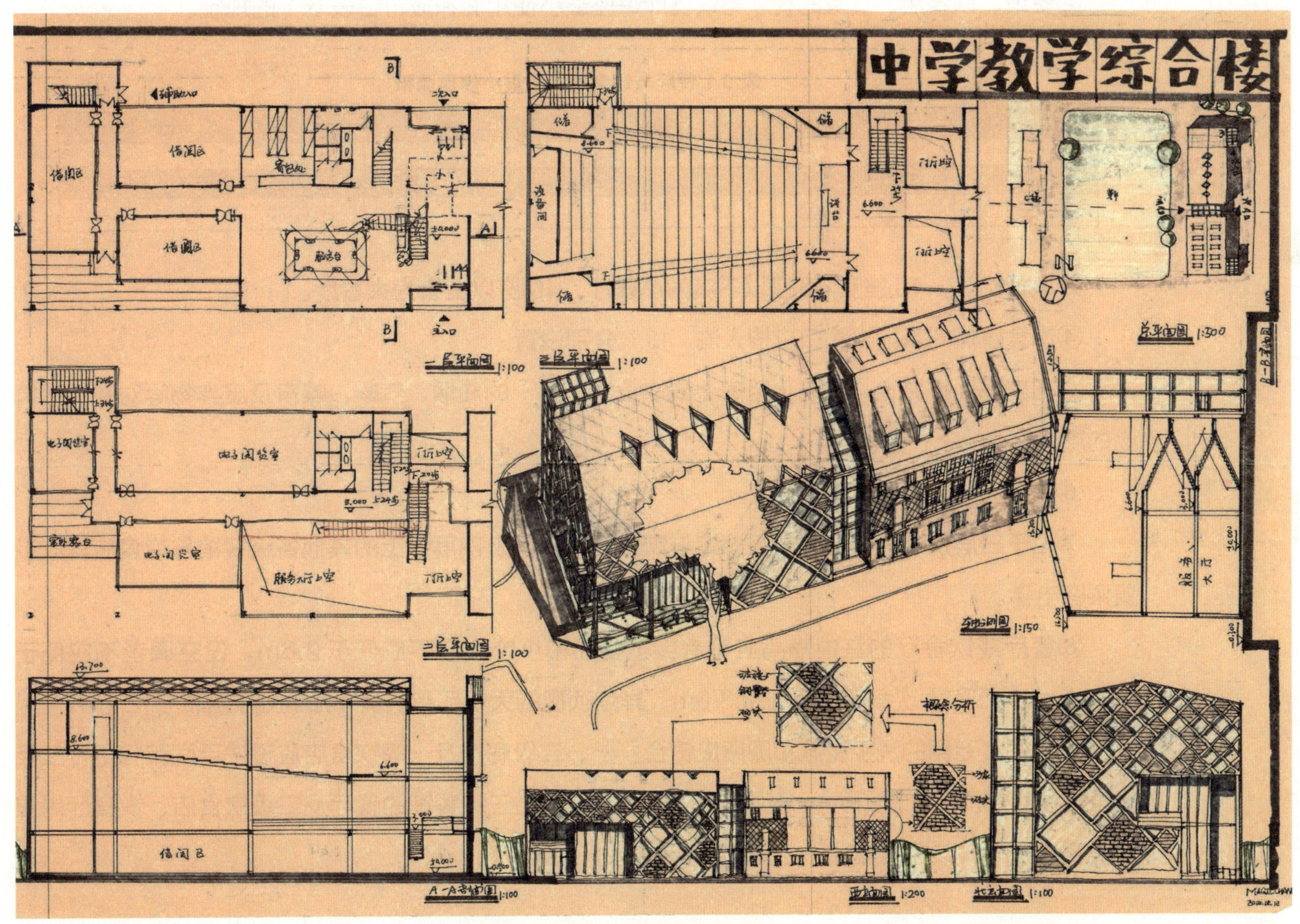

图 6.12　教学综合楼设计作品二

6.5 餐饮类建筑

6.5.1 餐饮类建筑部分规范及设计要点

①餐饮类建筑有餐馆、饮食厅和食堂等几种类型，由餐厅或饮食厅、公用部分、厨房或饮食制作间和辅助部分组成。

②餐馆、饮食店、食堂的餐厅与饮食厅每座最小使用面积应符合表 6.1 的规定。

表 6.1 餐厅与饮食厅每座最小使用面积

等级、类别	餐馆、餐厅（m^2）	饮食店、饮食厅（m^2）	食堂、餐厅（m^2）
一	1.3	1.3	1.1
二	1.1	1.1	0.85
三	1.0	—	—

③饮食建筑，40 座及 40 座以下者为小餐厅，40 座以上者为大餐厅。

④饮食建筑的基地出入口应按人流、货流分别设置。

⑤在总平面布置上，应防止厨房（或饮食制作间）的油烟、气味、噪声及废弃物等对邻近建筑物的影响。

⑥餐馆的餐厨比宜为 1 ：1.1。

⑦位于三层及三层以上的一级餐馆与饮食店和四层及四层以上的其他各级餐馆与饮食店均应设置乘客电梯。

⑧餐厅或饮食厅的室内净高应符合：小餐厅和小饮食厅不应低于 2.6m，设空调者不应低于 2.4m；大餐厅和大饮食厅不应低于 3.0m；异型顶棚的大餐厅和饮食厅最低处不应低于 2.4m。

⑨就餐者专用的洗手设施和厕所应符合：一、二级餐馆及一级饮食店应设洗手间和厕所，三级餐馆应设专用厕所，厕所男女分设，并应采用水冲式；三级餐馆的餐厅及二级饮食店、饮食厅内应设洗手池；一、二级食堂餐厅内应设洗手池和洗碗池。

⑩厨房与饮食制作间按原料处理、主食加工、副食加工、备餐、食具洗存等工艺流程合理布置，严格做到原料与成品分开，生食与熟食分隔加工和存放。

⑪辅助部分主要由各类库房、办公用房、工作人员更衣室、厕所及淋浴室等组成，应根据不同等级饮食建筑的实际需要选择设置。

6.5.2 餐饮类建筑题目及解析

案例：某餐馆方案设计

一、设计条件

某餐馆用地详见附图。用地东南侧为景色优美的湖面，西侧为城市道路，北侧为城市支路，用地内原有的停车场和树林、绿地均应保留。

建筑退道路红线不应小于 15m，建筑、露天茶座外缘距湖岸线和用地界线不应小于 3m。

二、建筑规模及内容

总建筑面积 1900m^2（面积均按轴线计算，允许 ±10%，详见表 6.2、表 6.3）。楼梯、走道等交通面积自定。

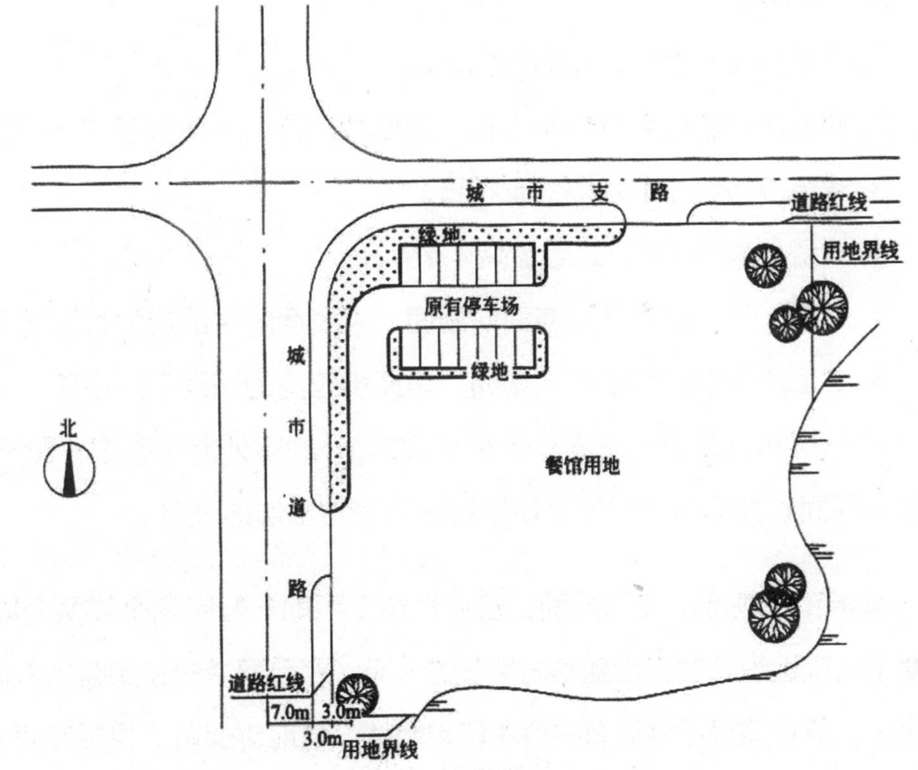

餐馆用地范围图

表 6.2　一层部分面积

房间名称	面积（m^2）
门厅（内设结账柜台）	90
咖啡厅（内设吧台）	100
快餐厅（内设销售台）	90
大餐厅	330
顾客用男、女厕所	50
快餐制作间	20
大厨房	240
备餐间	20
后勤门厅	20
厨师休息室	15
厨师用男、女更衣室、卫生间、淋浴室	20
一层建筑面积合计	995

表 6.3　二层部分面积

房间名称	面积（m^2）
休息室	90
6 桌大包间（1 间）	100
单桌小包间（10 间）	20×10=200
顾客用男、女厕所	50
厨房	90
备餐间	20
二层建筑面积合计	550

三、设计要求

1. 场地分设顾客出入和后勤出入口。

2. 快餐厅应临近西侧城市道路，设独立出入口，快餐厅应与门厅连通。

3. 建筑应按给定的功能关系布置。

4. 一层层高 5.1m，二层层高 4.2m。

5. 一层大厅和咖啡厅均应面向湖面，大餐厅的平面应为长宽比不大于 2 ∶ 1 的矩形。

6. 二层所有包间均应面向湖面，单桌小包间的开间不应小于 4m。

7. 一层和二层设一个面积不小于 200m^2 的室外露天茶座（露天茶座不计入总建筑面积），要求面向湖面，并应与室内顾客使用部分有较为密切的联系。

解析：在场地的布局方面，营业性餐厅用地一般有两个或两个以上方向与城市道路相连接，这样便于合理组织顾客与后勤不同性质的人流。题目要求分设顾客出入口和后勤出入口，以方便各部分的使用。给定建设用地原有的停车场和树林、绿地应保留。快餐厅要求临近西侧城市道路，设置独立出入口并且与门厅相连通；一层和二层各设置一个面积不小于 200m^2 的要求面向湖面的室外露天茶座。以上几点基本决定了该题目的空间格局与秩序特征，也是体现题目要求构思的关键。门厅与快餐厅、大餐厅及交通转换空间必须紧密连接，所以在空间布局上以门厅为中心，环绕门厅分区布置各功能转换空间是解决相关问题的对策。把厨房部分安排在用地北侧，在城市支路开设服务入口，既利用了题目给定的既有停车场及绿地，又可以将主要的使用空间临湖布置（图 6.13~ 图 6.15）。

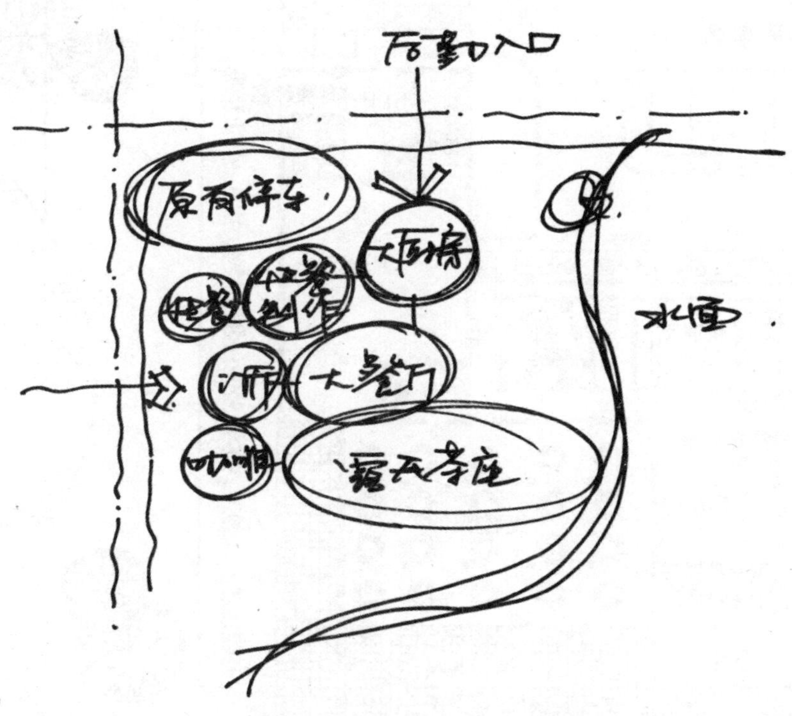

图 6.13　餐馆设计功能关系简图

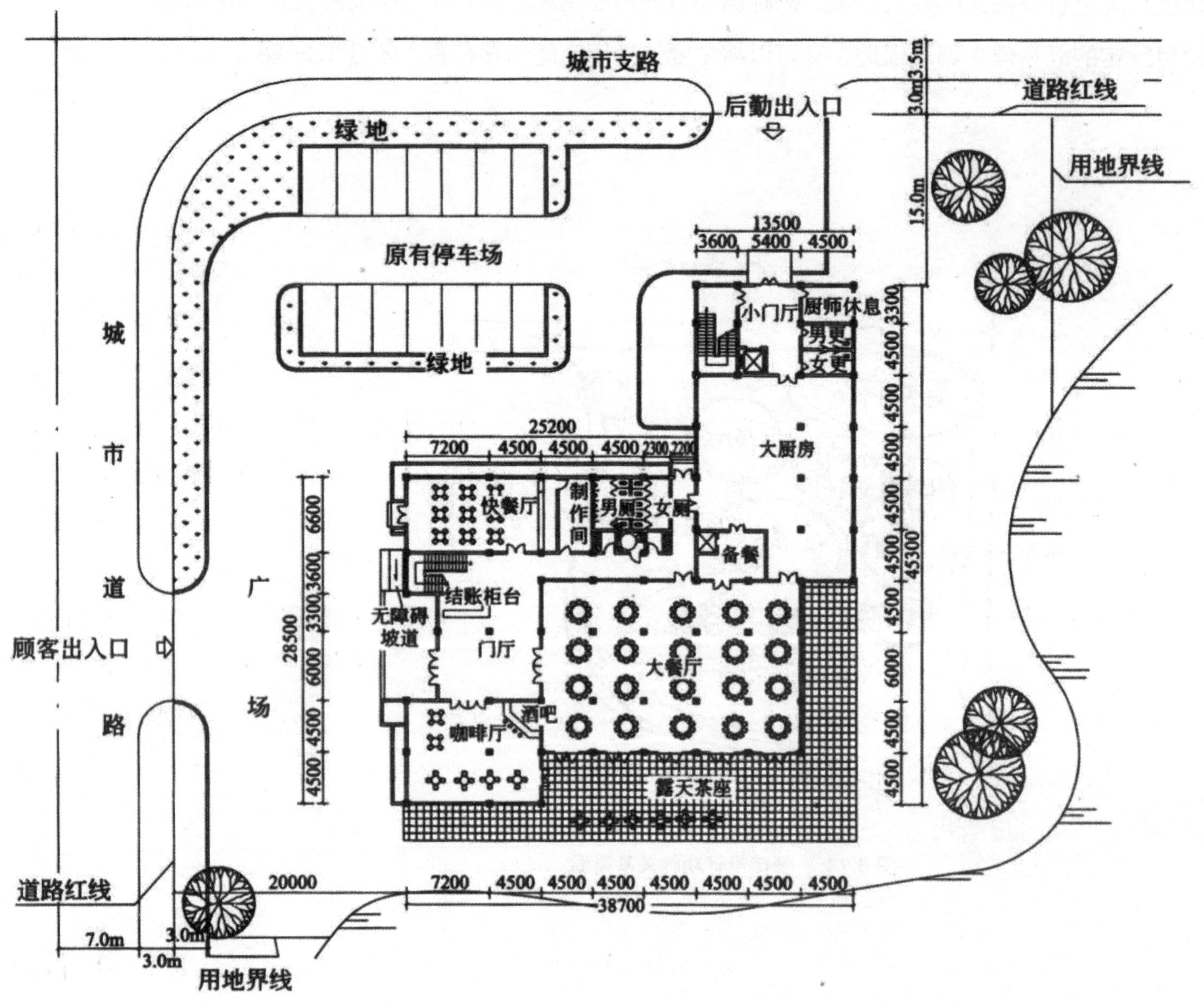

图 6.14　餐馆设计示例一

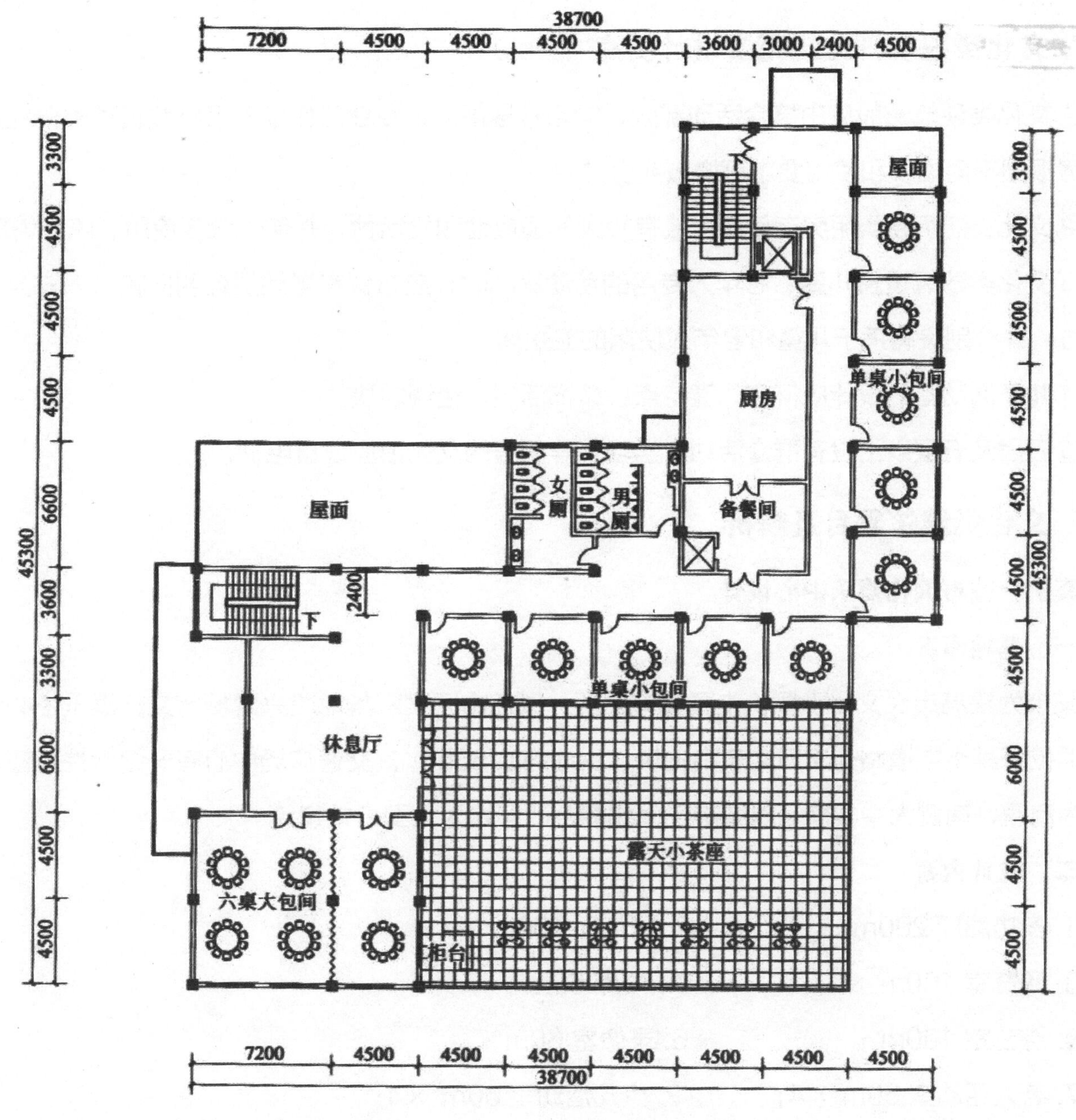

图 6.15　餐馆设计示例二

注：“图 6.15 餐厅和改扩建”图片出自《2014 年全国二级注册建筑师考试培训辅导用书》

6.6 文化类建筑

6.6.1 文化类建筑部分规范及设计要点

①文化类建筑一般应由群众活动部分、学习辅导部分、专业工作部分及行政管理部分组成。各类用房根据不同规模和使用要求可增减或合并。

②文化类建筑各类用房在使用上应有较大的适应性和灵活性，并便于分区使用、统一管理。

③文化类建筑设置儿童、老年人专用的活动房间时，应布置在当地最佳朝向和出入安全、方便的地方，并分别设有适于儿童和老年人使用的卫生间。

④儿童活动室的设计应符合儿童特点，装饰活泼，色调明快。

⑤五层及五层以上设有群众活动、学习辅导用房的文化馆应设置电梯。

6.6.2 文化类建筑题目及解析

案例：城市文化娱乐中心设计

一、基地概况

某市为提高市民文化素质，丰富城市生活，拟在市区某繁华地段兴建城市文化娱乐中心一座。该基地位于某十字道路交叉口之东南地块，占地约 0.56hm^2。交通广场中心有一纪念性雕塑。用地东侧为商厦，南侧为中学校，隔城市干道北侧、西侧均为大型公共建筑。

二、设计内容

1. 多功能厅 200m^2；　2. 展览厅 150m^2×4；
3. 阅览室 100m^2×2；　4. 书库 50m^2；
5. 游艺室 100m^2；　6. 录像室 60m^2；
7. 老人活动室 60m^2×4；　8. 少儿活动室 60m^2×4；
9. 冷热饮区 200m^2；　10. 管理用房 15m^2×6；
11. 室外活动广场 1000m^2；　12. 其他相应辅助面积为 3000m^2。

三、图纸要求

1. 总平面图：比例 1 ：1000；

2. 平面图：比例 1 ：400 ；

3. 立面图（2 个）：比例 1 ：400；

4. 剖面图：比例 1 ：400；

5. 透视图表现方法不拘。

四、时间要求

设计时间为 6 小时。

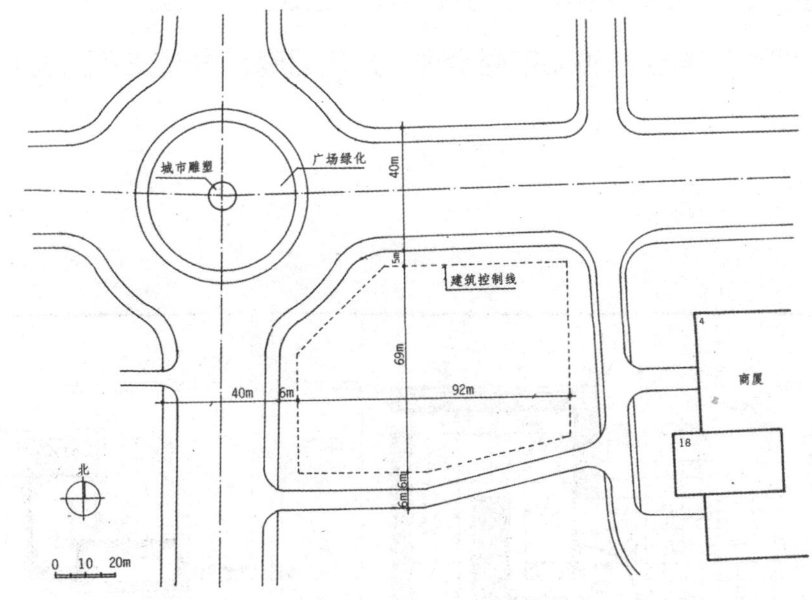

解析：题目本身并不复杂，城市文化娱乐中心，其功能方面主要注意动静分区，安静的阅览室与嘈杂的活动室应分区明确，减少干扰。而本题中“题眼”在于基地在城市中的位置—城市道路交叉口地带，因此，在设计时应注意与场地的退让关系，一般应留出足够的广场空间，既保证城市道路两侧视线的可通达性，也给市民留出足够的活动空间（图 6.16）。

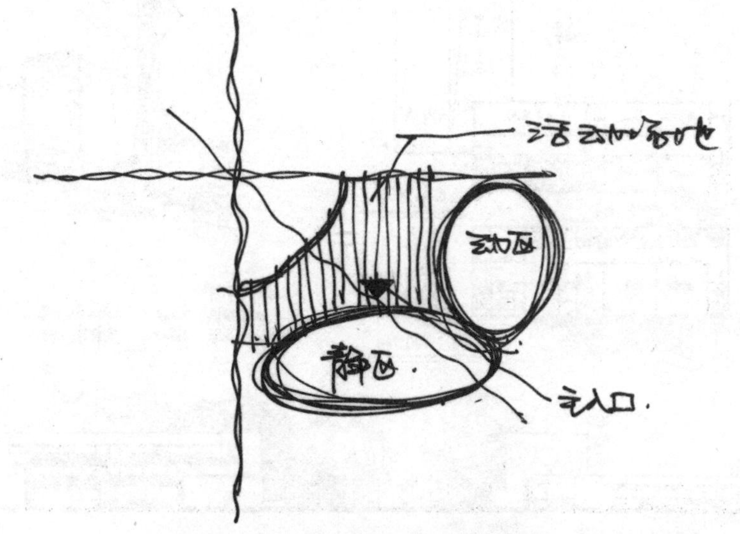

图 6.16　文化中心功能关系简图

作品一点评：本方案从城市设计角度出发，建筑形态很好地呼应了城市环境，留出了足够空间做入口广场，建筑内外部空间设计细致、丰富，功能布局合理，分区明确，内部交通流线顺畅。但建筑的两个体块交接生硬，其形体可以进一步优化。

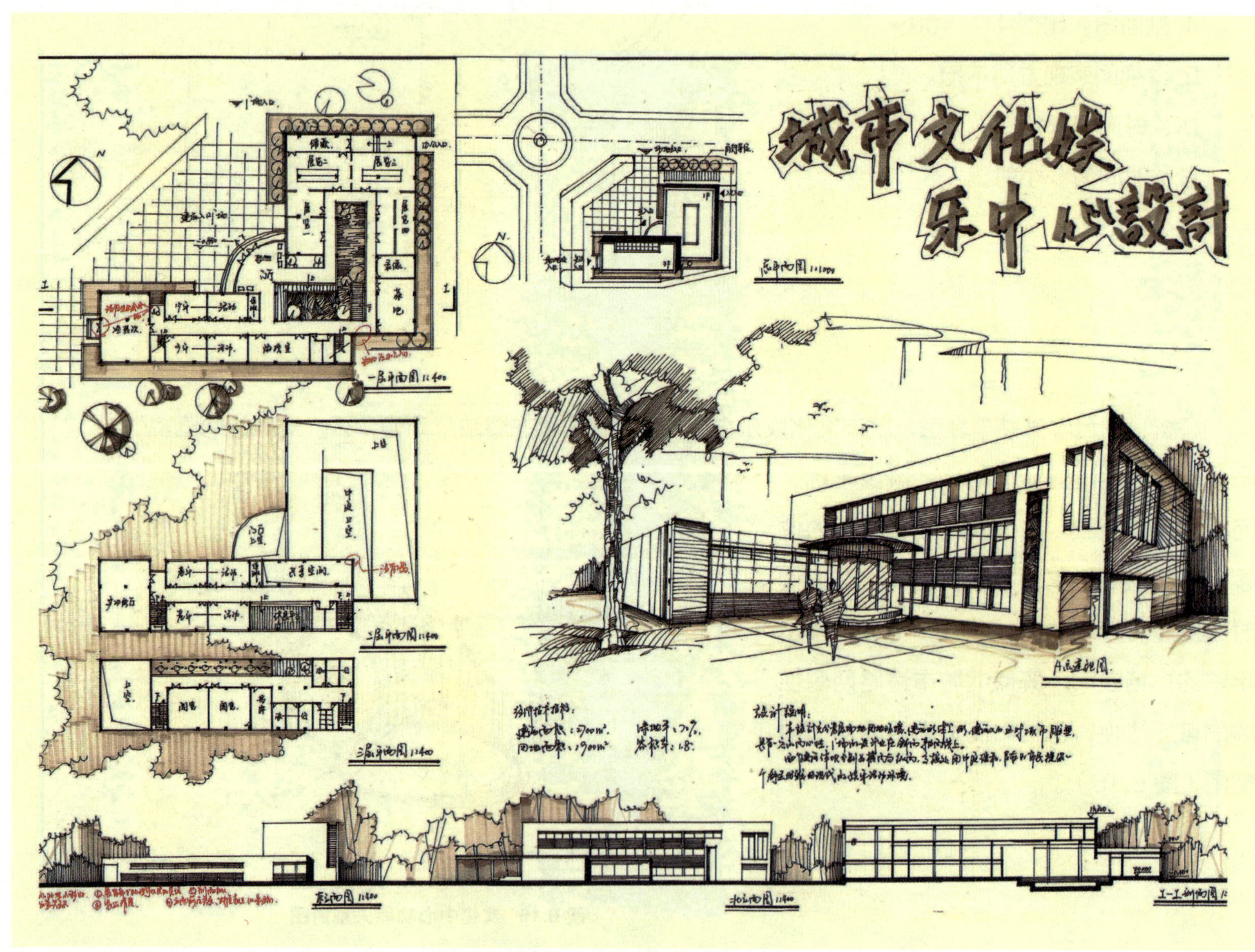

图 6.17　城市文化娱乐中心设计作品一

作品二点评：从整体的表现手法上看，运用娴熟。与场地有一定的衔接，但是，就整个方案的图形关系而言，L 形交接位置处理太过草率，在二层部分表现得尤为突出。对于建筑学的学生而言，平面间的形体构成关系是基本功，需要继续提升。就内部功能而言，建筑体块的交接关系也决定了建筑内部出现较多转角形空间，需要重新修正设计。

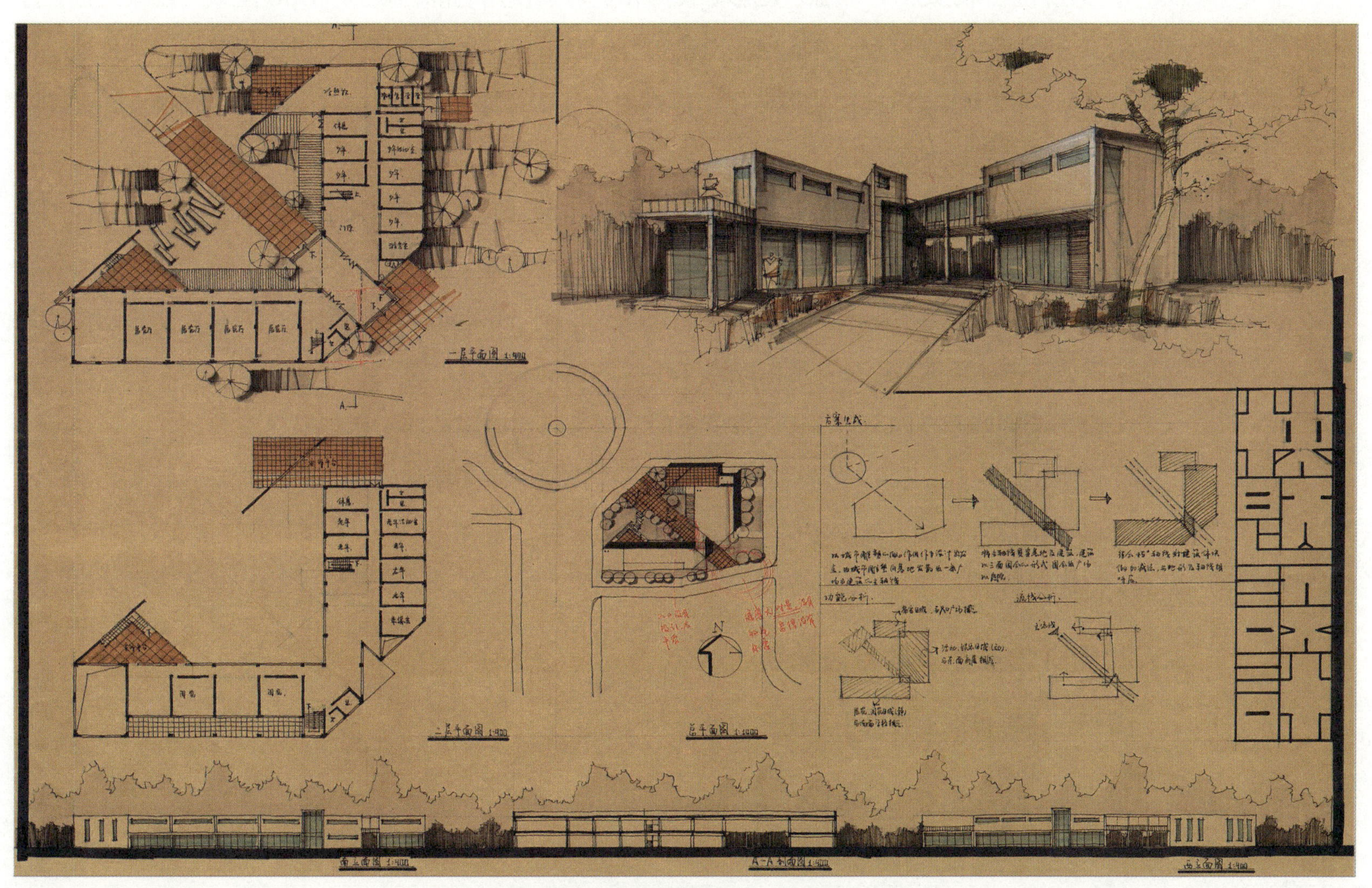

图 6.18　城市文化娱乐中心设计作品二

6.7 图书馆类建筑

6.7.1 图书馆类建筑部分规范及设计要点

①图书馆各空间柱网尺寸、层高、荷载设计应有较大的适应性和灵活性，藏、阅空间合一者，宜采取统一的柱网尺寸，统一层高和统一荷载。基本书库的结构形式和柱网尺寸应适应所采用的管理方式和所选书架的排列要求，框架结构的柱网宜采用 1.20m 或 1.25m 的整数倍模数。

②书库、阅览室藏书区采用积层书架的书库结构梁或管线底面之净高不得小于 4.7m。

③报告厅应满足幻灯、录像、电影、投影和扩声等使用功能的要求：300 座以上规模的报告厅应与阅览区隔离，独立设置，并应独立设置安全出口，且不得少于两个，应该设专用的休息处、接待处及厕所；300 座以下规模的报告厅，厅堂使用面积每座位不应小于 $0.80m^2$，放映室的进深和面积应根据采用的机型确定。

④使用频繁、开放时间长的阅览室宜临近门厅布置。阅览区不得被过往人流穿行，独立使用的阅览空间不得设于套间内。

⑤阅览区域应光线充足、照度均匀、防止阳光直晒。东西向开窗时，应采取有效的遮阳措施，阅览空间每座占使用面积设计计算指标为 $1.8\sim2.3m^2$。

⑥图书馆的四层及四层以上设有阅览室时，宜设乘客电梯或客货两用电梯。

⑦图书馆内书库、非书库资料的疏散楼梯，应设计为封闭楼梯间或防烟楼梯间。

⑧图书馆卫生间成人男厕按每 60 人设大便器一具，每 30 人设小便斗一具；成人女厕按每 30 人设大便器一具。

6.7.2 图书馆类建筑题目及解析

案例：某重点职业技术中学图书馆设计

一、场地条件

为适应职业技术教育的需要，武汉市某重点职业技术中学拟新建图书馆一座，藏书量约50万册，选址位于学校中心区的一片空地上，南面为水面，北面为教学楼，东面为小树林，西南为校行政办公大楼（详见附图）。要求建筑功能设计合理，造型新颖别致，能够反映建筑的时代特征。

二、建筑规模及空间要求

1. 总建筑面积：$3500m^2$。

2. 功能及空间要求：

（1）阅览室书库、出纳与目录室、报告厅面积：

普通阅览室：$250m^2$　科技阅览室：$250m^2$　书库：$1200m^2$　研究室：$8m^2\times 15$

开架阅览室：$250m^2$　社科阅览室：$250m^2$　期刊阅览室：$250m^2$　视听阅览室：$250m^2$

出纳与目录：$300m^2$　报告厅：$200m^2$

（2）内部管理及业务技术用房面积：

办公室：$15m^2\times 6$　采编室：$30m^2$

装订室：$30m^2$　照相室：$30m^2$

复印室：$15m^2$　储藏室：$15m^2\times 2$

（3）门厅、走道、卫生间、更衣室及存包处等空间可根据需要设置。

三、图纸要求

1. 总平面图：比例 1 ∶ 500，可附必要的文字说明。

2. 各层平面图：比例 1 ∶ 200，注明各层面积。

3. 立面图（两个）：比例 1 ∶ 200，注明关键位置标高。

4. 剖面图：比例 1 ∶ 200，注明各楼层及关键位置标高。

5. 透视图：不小于 A3 大小，表现方式不限。

四、时间要求

8 小时。

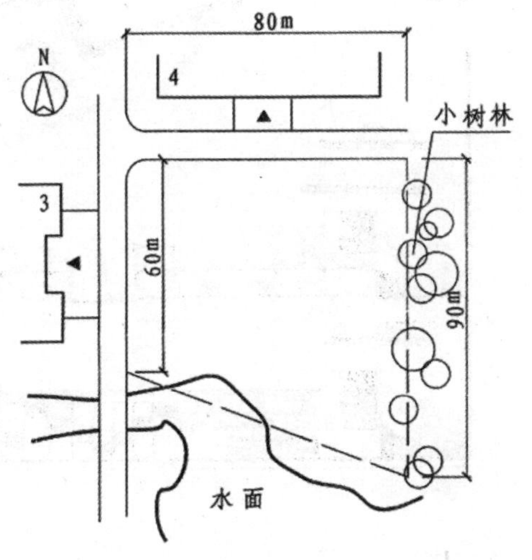

解析：见本书第 3.2 节建筑平面设计的一般方法。

作品点评：从整体来看，图面表达流畅，用笔成熟，表现响亮，建筑造型独特，也能够顺应地形，给人的第一印象较好。但是，在功能的处理上，仍旧存在一定问题。首先，在本书第 3. 2 节就对本题目进行过详细的解析，作为图书馆类建筑，至少存在 2 条及以上的流线：公众流线与图书流线。在公众流线上，入口门厅与出纳目录中间，有一借阅处，略显多余，且功能与出纳台重复，另出纳应与书库有直接联系。其次，作为图书流线，在图书入库前，必备的装订、编目等功能必不可少，在本方案中，该区域被放置在 2 层，有待优化，且图书流线入口处电梯与楼梯的做法不合理。再次，整个方案在功能分区上，没有考虑到结构问题，即功能形似、结构相同、大小相近的房间进行水平与垂直分区。在本方案中，出纳与目录大厅上方放置了一堆小隔间办公室，其天花板的上方梁架结构必然复杂，影响美观。

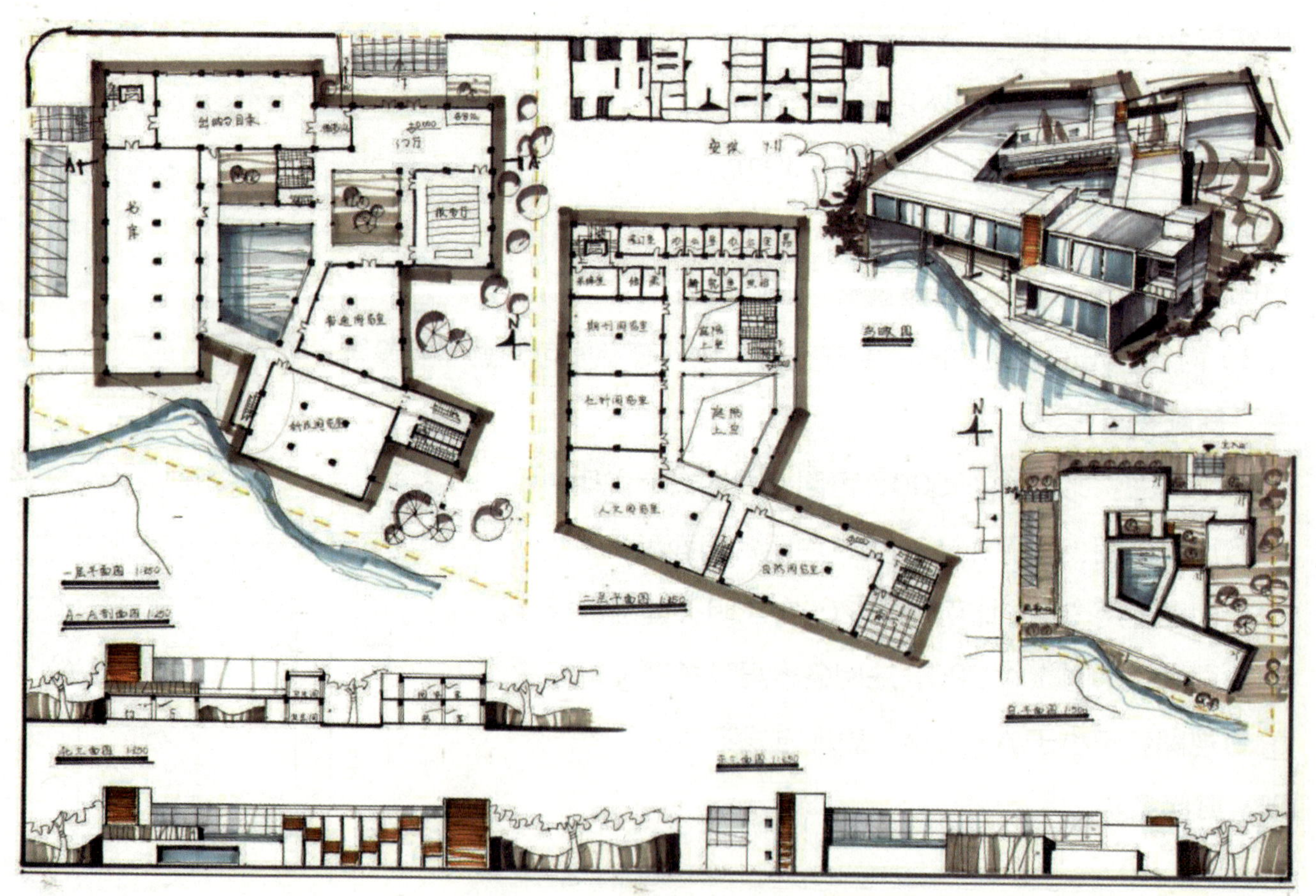

图 6.19　图书馆设计作品

6.8 改扩建类建筑

案例：某单层工业厂房改建社区休闲中心设计

一、设计条件

1. 原有单层工业厂房为预制钢筋混凝土排架结构，屋面为薄腹梁大型屋面板体系，梁下净高 10.5m，室内外高差 0.15m，首层平面详见附图 1。

2. 原厂房南北外墙拆除，仅保留东西山墙及外窗。

3. 原厂房西侧为居住区，拟利用原厂房内部改建为 2 层社区休闲中心。

4. 二层楼面标高为 4.5m，详见附图 2。

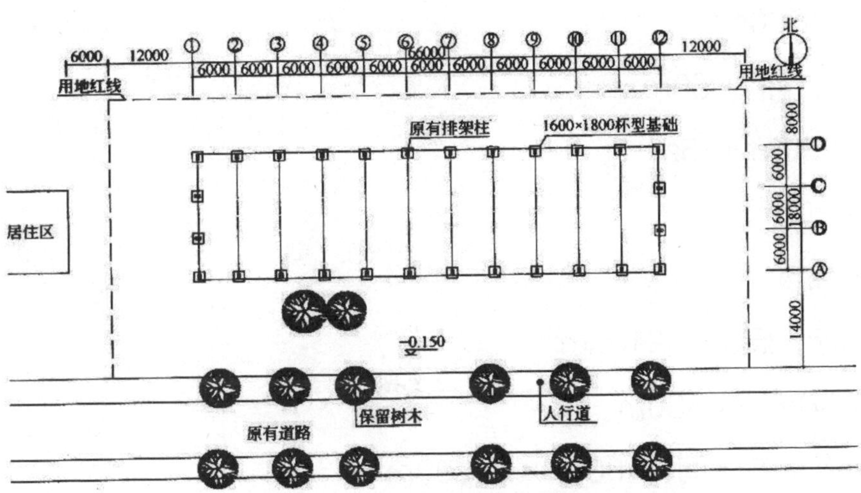

附图 1 原有厂房首层平面图

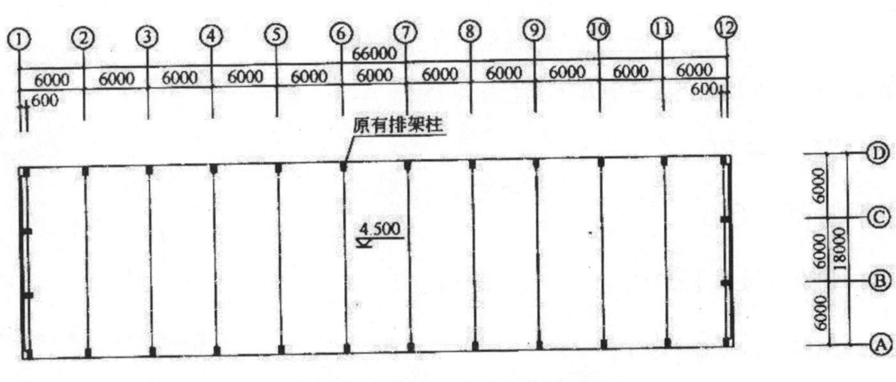

附图 2 原有厂房夹层平面图

二、改建规模和内容

改建后面积总计 2050m^2，其中，一层平面面积约 1100m^2，二层平面面积约 950m^2（房间面积均按轴线计算，允许误差 ±10%）。

1. 公共服务用房：199m^2

（1）门厅及主楼梯间：150m^2

（2）服务台：25m^2

（3）服务台办公室用房 2 间：12m^2 × 2=24m^2

2. 商业用房：685m^2

（1）超市：300m^2

（2）咖啡厅兼餐厅：200m^2

（3）咖啡厅吧台、工作间：50m^2

（4）书吧和书库：100m^2+35m^2

3. 休闲健身用房：680m^2

（1）多功能厅：200m^2

（2）多功能厅休息厅、展示厅：160m^2

（3）棋牌室 4 间：20m^2 × 4=80m^2

（4）健身房、乒乓球房各 1 间：100m^2 × 2=200m^2

（5）男、女更衣淋浴卫生间各 1 间：20m^2 × 2=40m^2

4. 其他用房：195m^2

（1）管理办公室 2 间：20m^2 × 2=40m^2

（2）公共卫生间 2 套：共 80m^2

（3）无障碍专用卫生间：5m^2

（4）强电间 2 间：6m^2 × 2=12m^2

（5）弱电间 2 间：4m^2 × 2=8m^2

（6）空调机房 2 间：25m^2 × 2=50m^2

5. 其他：包括公共走道、室外楼梯等交通面积和管道间、竖井等约 300m^2。

三、设计要求

1. 总平面要求：在用地范围内设置入口小广场以及连接出入口的道路，在出入口附近布置四组自行车棚，原有道路和行道树保留。

2. 改建要求：原厂房排架柱和杯形基础不能承受二层楼面荷载，必须另行布置柱网，允许在原厂房东西山墙上增设门窗。

3. 功能空间要求：主出入口门厅形成 2 层高中庭院空间，多功能厅为层高大于 5.4m 的无柱空间，咖啡厅和书吧应毗邻布置并能连通。

4. 交通要求：主楼梯结合门厅布置，次楼梯采用室外楼梯，要求布置在山墙外侧，主出入口采用无障碍入口，在门厅适当位置设置一部无障碍电梯。

5. 其他用房要求：空调机房和强弱电间应集中布置，上下层对应布置。在一层设置独立的无障碍专用卫生间。

解析：该题目属于既有建筑改造类设计，限定条件比较多，既有保留结构以及环境的利用，又有新要求的功能及空间改造，尤其是将旧厂房改造为社区活动中心，不但建筑性质改变，空间类型差别也比较大，还增加了竖向功能分区要求，流线比较复杂。题目要求原有厂房排架柱和环形基础不能接受二层楼面荷载，这就意味着必须另行布置柱网，支撑二层楼面必须新增独立的结构体系，新增结构体系与原厂房完全脱开；另外，二层不能新增结构柱子。

就场地布局而言，首要任务是确定出入口的位置。题目要求在用地范围内设置入口小广场以及连接出入口的道路，在出入口附近布置四组自行车棚，原有道路和行道树保留，另外题目给定用地西侧为居住区。综合以上信息可以确定，超市入口应该设置在西侧，主要入口结合广场恰当利用应该保留的数目，其他方向分设供应入口兼疏散口。

根据场地布置的结果，结合题目给定的二层楼面标高为4.5m、多功能厅层高大于5.4m的限定，综合判断出商业用房应该设置在一层，夹层部分为休闲健身用房，一层西侧为超市，东侧为咖啡厅、书吧、书库以及工作间，中间为共享空间及交通附属部分；二层西侧为多功能厅、休息厅、展示厅，东侧为棋牌室、健身房、乒乓球房及附属用房。

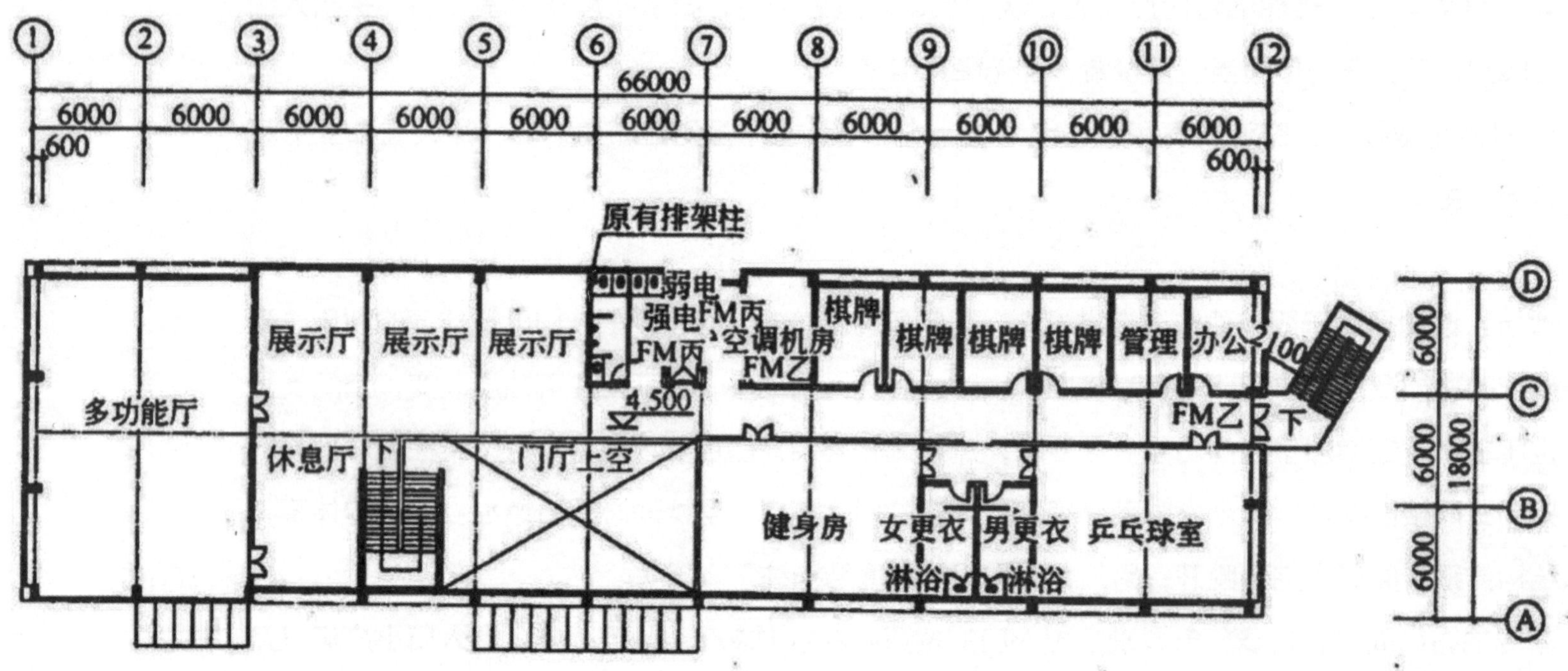

厂房夹层平面图

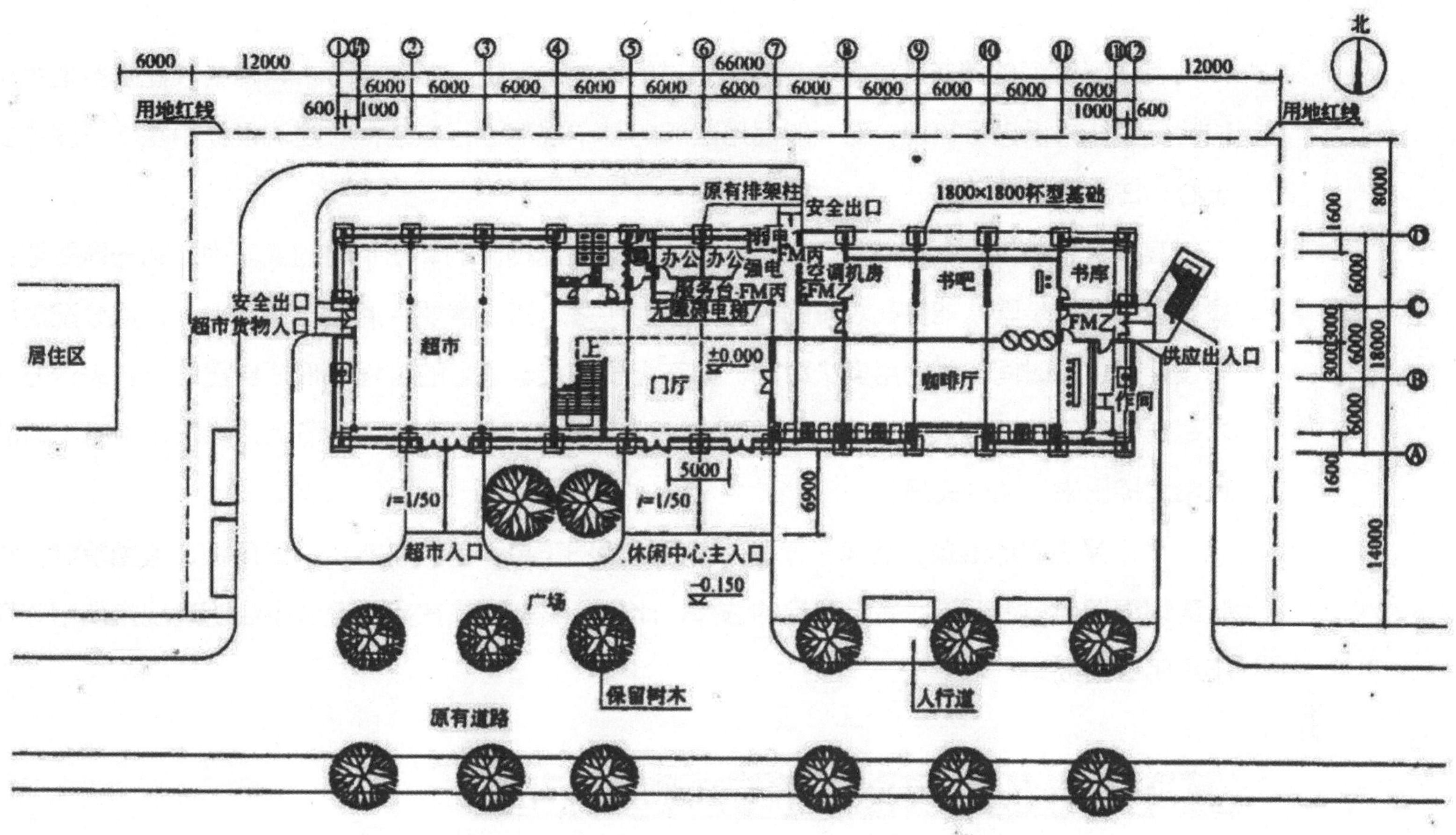

厂房首层平面图

注：改扩建类建筑试题、图片出自《2014 年全国二级注册建筑师考试培训辅导用书》。

第 7 章　常见问题解答

1. 快速设计应试准备期间应该进行哪些准备工作？

首先是知识的储备，将大学几年来做过的设计题目进行总结与分析，对各种建筑类型中所对应的特殊流线关系进行梳理，对一般民用建筑的基本规范进行总结，对建筑设计中基本尺度做到了然于心，注重素材的积累。

其次是技能准备，技能是可以通过反复练习快速提高的。在平时的练习中，第一需要把握工作量，规范设计步骤，能够在较短的时间内理清头绪。第二需要认清自己的能力，合理分配时间，比如设计用多少时间、表现用多少时间。第三需要在技能练习的过程中形成自己的一套表达方式，力求每一套练习都能够表达正确、表达到位。“习惯成自然”，待到考场上，能够将平时练习的水平正常发挥出来，减少失误。

最后是工具的准备，需找一套适合自己的绘图工具，包括丁字尺、三角板、绘图笔等，绘图纸张建议根据自己情况进行有针对性的选择，比如，某些高校在招生考试中会明确规定使用硫酸纸或不透明绘图纸。

2. 快速设计的步骤和方法能不能进行概括？

简要来说，快速设计的步骤可以分解为三大块：

一是审题。在审题阶段，首先要明确项目性质，对建筑类型、规模和使用者进行提取，明确该设计题目是文化教育建筑、公共办公建筑还是其他类型，区分是对内还是对外建筑，注意限定词，比如 6 个班的幼儿园、县城的图书馆、社区的图书馆等。其次要对题目的主要功能内容进行梳理，统计各类房间的数量及要求，将特殊功能要求的房间比如会堂、展厅等空间形态需要特殊处理的房间单独处理，仔细阅读地形图中隐含的因素，比如建筑退界、建筑入口位置，基地保留树木等。

二是分析。主要考虑两个方面的内容：一是功能，二是环境。在功能方面要求理顺各个空间的流线要求与面积分配，按照开放程度、朝向要求、动静要求进行平面与竖向的排布。在环境方面，注重车流与人流的组织、与周边建筑的功能关系，分析基地中各个部分与道路和环境的关系，提高建筑形态与图底的契合度。

三是设计操作。从内部功能流线上合理组织特殊功能空间、主体功能空间、统率性功能空间与室外空间，完善建筑的形态构成。

3. 快速设计的常用思维技巧有哪些？

在建筑设计的整个过程中，设计者要面对各种错综复杂的矛盾，这些矛盾贯穿设计过程的始终，相互依存、交织在一起，且随着设计的进程在不断转化。因此，设计者进行建筑设计的过程，实质上是不断解决矛盾的过程，要不断地对出现的各种矛盾进行分析、比较、综合并做出判断和决策。因此，设计者要着重掌握两种重要的思维方法：

1）抓住主要矛盾

首先，在设计初始阶段，来自内外部实际矛盾同时出现。面对这些矛盾，设计者只能抓住设计的主要矛盾，全力解决。例如，环境设计是若干设计矛盾中的主要矛盾，是属于决定全局性的问题。因此，首先要根据外部环境条件和内部各项要求，从场地入手，进行合理的建筑、场地布局，并对主次入口同时进行抉择，以使设计方案在总体上能初步满足环境条件的要求，并成为方案设计发展的基础。

其次，由于设计主要矛盾在发展过程中出现并随着设计进程而逐步转化，所以，设计者要用发展的眼光对待设计中主要矛盾的转化。例如，在方案设计初始阶段，解决了环境设计的问题后，单体设计就成了设计的主要矛盾。此时，前一阶段环境设计的成果就成了单体设计的外部条件，在单体设计的诸多矛盾中，矛盾的主要方面应是功能布局，这是此时应着重解决的问题。只有合理地解决功能布局问题，才能进一步考虑单体设计中其他矛盾的逐一解决。

综上所述，设计成果正是在这种设计进程的深化和主要矛盾逐步解决中慢慢呈现出来的，直至达到最终的设计目标。而快速设计正是要求设计者在设计的每个阶段都要善于抓住各个主要矛盾，提高设计效率，达到快速设计的目的。

2）同步思维

如前所述，建筑设计过程中相互交织在一起的各种矛盾相互制约，互为因果。因此，在进行建筑设计时，不是一般意义上的思考问题，而是要将若干问题联系起来进行同步思维，这是进行快速设计必须具备的思维方法。例如，当思考环境设计中的场地规划时，不能只考虑建筑、场地的合理布局，还要考虑建筑本身有什么要求，比如建筑的体量组合方式、功能布局要求、环境氛围、个性特征等问题。

再比如，建筑单体设计中一个重要的同步思维是：当入手做平面时，一定要预先思考建筑方案的造型设计有何特点，体量组合大体上有一个什么样的关系，剖面形式上有何考虑等。同样地，建筑设计与技术设计也需要同步思维，因为设计方案的成立一开始就需要技术，特别是结构的合理性是方案的支撑。而且，有时技术条件如结构选型、柱网确定等对于建筑设计的制约性更大。为了防止对技术条件的滞后思考给设计方案带来难题，必须在方案一开始就要使建筑技术与建筑设计同步思维，这样就可以大大减少设计后期的方案调整工作了。

4. 一般的设计方法有哪些？

建筑设计的程序有着自身的发展规律，所谓掌握正确的设计方法，就是把握好设计脉络，遵循设计程序的发展规律展开建筑创作。在具体的设计方法上，主要有以下两种模式：

1）从功能入手，再调整形式

先从设计任务的要求入手，将功能在各个平面上整理、归纳，待功能大致安排合理之后，再考虑空间形态、建筑造型的要求。根据这些要求反过来调整局部的功能安排，最终完成设计。从功能入手的模式，初学者比较容易上手，因为功能布局的安排较之空间形态的组织更为容易把握。设计者要先把握直观、理性因素，进而思考下一步的问题。这种模式的缺点是，初学者容易将形态设计平庸化，影响空间形态、建筑造型的灵感创造。

2）从形式入手，再调整功能

从建筑空间形态和造型入手。首先建立一个优秀的空间形体，再将功能填充和组织起来，经过反复调整之后，最终完成设计。从空间形态入手的模式，有着明显的优势：它有利于设计者自由地发挥空间想象能力，进而在初始阶段较少地受到约束条件的限制。这种模式对设计者能力要求较高，需要掌握一定的设计经验，才不至于在后期安排功能时缺乏协调。对于初学者而言，较难掌握。

5. 快速设计方案及表达的思维顺序如何？

1）设计路线由整体到局部

设计程序大致要经历“环境设计—群体设计—单体设计—细部设计”的全过程，而且各个环节之间是连续展开、相互进行的。这就需要设计者首先解决建筑环境中若干全局性的问题，诸如总平面布局、出入口选择、与周边环境要素的协调关系等。在单体设计中也要把握整体与局部的关系，只有在平面布局合理的情况下，才能进行局部各个房间设计的推敲。另外，单体建筑造型设计不是立即陷入对细部立面的推敲中，它仍然需要从整体上先把握好各体量的组合是否高低错落、有机协调，立体构成是否具有美感等。

从设计程序来看，设计路线是一个从整体到局部的渐进的过程，从设计分析阶段来说，也是一个先整体后局部的设计推敲过程。掌握了这个正确的设计路线，才能使设计顺利进行，对于快速设计来说，也是一个提高设计效率的有效途径。

2）设计表达由粗到细

建筑设计是从一个模糊的设计概念开始的，因此，设计表达一开始应该是粗放的、写意的。设计者需要借助徒手草图及时记录思维活动，然后将设计思维向纵深发展。对问题的考虑越来越深入、越来越具体时，会从初始的设计草图中理出形成方案框架的头绪，使设计程序顺利地从整体进入局部阶段。只有当设计进入到对局部问题的考虑时，设计操作才需要通过细致、准确的推敲来表达设计的意图。

6. 怎样把握快题设计的功能分区?

首先，从理性的角度出发，将同类型的房间合并成为功能体块。根据设计任务书的要求，将功能相近、要求相同的房间归为一类。一般可以分为三大类：使用功能房间类、办公管理房间类、辅助后勤房间类。将此三类房间作为功能体块，进行形体间的构成关系研究，化零为整，化繁为简。

其次，合理布局功能分区与总图间的关系。从平面上合理布置几大块功能体块间的位置，一般来讲，使用功能类房间放在总图中人流密度最大的部分、条件较好的位置，辅助后勤类靠近次要出入口，办公管理类依据流线及面积情况而定。

至于二层的或三层的平面功能分区，必须在一层的平面功能分区的基础上，根据具体设计条件确定是全部覆盖还是部分覆盖，其分析方法与一层无异，但是建议功能分析过程从平面与竖向两个角度同时进行，使得建筑的构思过程在三维的基础上开展，为建筑形体与立面塑造做铺垫。

7. 能否简要概括一下文化馆建筑的功能关系及设计特点?

①功能组成：包括完全对公众开放的群众活动部分和不完全对公众开放的学习辅导部分。一些活动功能如多功能厅，人流量大，集散时间集中，要求有对外单独出入口；还有些活动功能如学习辅导用房、试听教室等要求安静程度较高，需要相对独立。

②合理分区：文化馆的建筑设计要做好功能分区，使闹、静相对集中。另外，为适应文化馆的功能特点，某些用房设计应有较大的适应性和灵活性。

③空间体形富于变化：文化馆建筑的有些功能完全可以呈开放式组合，例如，展览空间可以是房间形式，也可以是展厅、展廊形式，茶室空间完全可以与公共空间融为一体呈开放式。它的性质决定了它的内部空间形态丰富，外部造型活泼。为创造适合文化馆建筑个性的空间形态，常常结合功能组织采用分散与集中式布局，前者外部空间丰富，建筑造型高低错落，后者则重在内部空间处理上，常采用流通空间手法。

8. 能否简要概括一下餐饮建筑的功能关系及设计特点?

①**功能组成**：可以分为“前台”和“后台”两部分，前台即为就餐区，后台是厨房加工部分和办公管理部分。前台和后台部分各自有单独的对外出入口。就餐区应选择好的景观方位，而厨房位置应较隐蔽，且各自都要与主次入口有联系。两者宜紧邻而避免通过长过道联系。

②**处理好流线设计**：餐馆的流线主要包括顾客就餐流线和食物加工流线。顾客进入餐厅的流线应通顺，且途经的空间要富于变化，而送餐流线要有单独通道，避免与顾客流线交叉。厨房内部的流线应按操作流程布置。

9. 能否简要概括一下展览建筑的功能关系及设计特点?

①功能分区：展览陈列区是核心部分，并与观众服务设施部分构成对外开放部分；而藏品库区、技术用房、学术研究用房、行政用房、设备辅助用房构成了内部作业区，并服务于对外开放部分。

②处理好“三线”：展览建筑的“三线”即流线、光线、视线。对于快速设计而言，重点在流线设计上。博物馆流线可分为一般观众流线、专业人员流线、藏品流线、行政管理流线。各流线有单独的出入口与外界联系。要求顺时针布置展览馆，避免迂回交叉，在其流线上合理布置休息、厕所等公共空间。

③空间设计：应适合不同展览内容的需求，做到灵活、多变、可分可合。

10. 能否简要概括一下旅馆建筑的功能关系及设计特点?

①功能组成：包括入口接待、住宿、公共活动、后勤服务管理等几大部分。入口接待部分包括大堂、总服务台及前台管理、商务中心、咖啡座、堂吧等。公共活动部分包括多功能厅、各类餐厅、会议厅、娱乐空间、健身空间等。

②功能分区：旅馆建筑注重各个组成部分的功能分区，保证各自与外部的有机联系。要强调竖向功能布局的合理性，旅馆自下而上的功能布局依次是：地下室后勤管理服务部分与车库、底层公共活动部分、标准客房层、顶层公共部分、顶层设备部分。其中底层公共活动部分，一般而言，从下至上的功能布局依次是：入口接待、商店、餐饮、健身、会议等，要结合门厅、大堂的精心设计做到功能合理、空间丰富。

③客房标准层是旅馆的核心部分，平面形式更要结合造型、结构、消防、景观、朝向、每层客房数量等因素综合考虑。

④合理解决垂直交通布局的方式与位置。

11. 能否简要概括一下观演建筑的功能关系及设计特点?

①功能组成：包括观众厅、休息厅、舞台、后台。观众厅、舞台、后台三者形成剧场建筑的主体，它们是一种按先后次序纵向排列的紧密组合的整体。需要合理处理这几个主要空间的功能关系，组织好人流集散。

②选择合理的观演平面与剖面形式，有利于满足试听条件的要求。

③合理进行舞台、侧台、后台三者的平面布局，有利于满足演出要求。

12. 能否简要概括一下阅览建筑的功能关系及设计特点?

①功能组成：包括公共活动区、检索服务区、阅览区、藏书区、行政业务区、技术设备区。主要处理好藏、借、阅三大功能布局，避免人流与书流交叉。

②合理组织平面关系：处理好各类阅览室（普通阅览室、报刊阅览室、儿童阅览室、专业阅览室、视听阅览室、学术报告厅等）的平面关系，按照读者对象、阅览时间、安静程度进行合理的布局，并解决好与各自相应书库的关系。

13. 能否简要概括一下商业建筑的功能关系及设计特点?

①根据有关条件合理确定柱网。

②合理布置垂直交通体系，做到分布均匀，与出入口关系紧密。

③造型应反映商业气氛，注意展示广告对建筑的要求。

④出入口的室外环境设计需满足人流集散要求。

14. 能否简要概括一下居住建筑的功能关系及设计特点?

①“公共”与“私密”相对分区应合理，各房间的平面组合关系要紧凑，符合人的居住生活和行为秩序。

②对于别墅类高级居住建筑，在平面功能合理的前提下，需努力创造丰富的空间形态和造型特色。

15. 什么叫作“图底关系”？

所谓“图底关系”，就是考虑把建筑物作为一个整体（即“图”）要素，如何放到场地上去。在整个场地中，剩余的室外空间，可以作为广场、绿地、道路、院落等，那么这些剩余的室外空间就是“底”。图底关系是从格式塔心理学引进到建筑领域的分析图解，经过几十年在设计研究中的运用，已经占据比较重要的地位。图底关系更多地关注外部空间的营造，并不是简单地去观察二维图形的连续性和相似性，而是考虑建筑外立面是否给外部空间（街道广场）做了一堵适宜的墙，是否处理好了与周围物体的关系，是否对公共空间的围合发挥着良好的作用。这样来看图底关系的话，就可以得到一个观点：外部空间，是以蓝天为屋顶的建筑。所以，做方案时，图底关系并不是凑数，它可以提供另一条独特的思路；而且图底关系虽然一般用于平面，但其实完全可以拓展开来，用到立面设计中去，即建筑是公共空间的墙，是公共空间的框景。

16. 什么叫作建筑的功能性？

雕塑与建筑的区别并不在于前者形式更为抽象、后者形式更为有机。功能性是建筑艺术区别于其他艺术的首要特征，建筑的价值大部分取决于它对功能性的满足程度。建筑功能的好坏，受其本身的要素限制，这限定了建筑师所承担的每一个项目。

功能需要来自于个人和群体的活动，基于人的生理和心理的需求。一般来说，功能需求的性质可分为动和静、公共和私密、短期和长期、服务和被服务、水平活动和垂直活动、通风采光以及交通组织。安排功能的准则就是要将各种相同性质聚集而成的活动集群和活动运作程序按一定的组织模式进行编排。

17. 什么叫作建筑的场地性？

建筑区别于其他艺术的最为明显的特征是它的场地性，场地特征不仅包括了地形、地势等自然地理因素，还有历史、人文因素。爱因斯坦把地点界定为“地球表面的一小块地方，由名称代表，具有某种物质对象的次序”，这个定义涵盖了物理存在、名称、词序这三个因素。建筑学对地点因素的研究集中在场地独特的精神内涵上，诺伯格－舒尔茨在《场所精神》一书中指出：建筑的实质目的是探索和最终寻找场所精神，在地点上建造出的文化与精神的作用，这就是场所精神的核心，是一个地点创造（Place-making）的过程，是一种通过建筑与环境建立关系的态度。

当建筑使基地及周围各种因素具体地凝聚成一个场所，将有关地方特性的线索收集、整理、编制成视觉焦点，建构出新的真实的时候，建筑的角色就不只是配合，而是引入新的元素转化既有基地的特点，也只有建筑能做这样的事情：创造场所，赋予城市活力与新生的一项，对当地居民与从未去过的人都具有影响力，就像天安门之于北京、埃菲尔铁塔之于巴黎、自由女神像之于纽约、悉尼歌剧院之于悉尼一样，这些城市的地标建筑构成了城市的丰富景象，建筑师还将不断地创造新的建筑地标。

安藤忠雄认为："一件作品对环境的影响力由两个方面的因素决定，一是建筑师对环境理解的深刻程度，二是建筑师对批判精神的表达力度。也就是说，是由建筑师的构想以及作为构想基础的建筑理念的说服力决定的。"

糟糕的建筑师在基地上像个外来的、多余的又不恰当的添加物，无关痛痒地悄悄融入周遭环境。而对建筑师扎哈·哈迪德来说，与其说是环境决定了建筑元素的生成，不如说是她的主观决定了建筑的一切，所有的建筑元素只不过是她进行空间游戏的工具，其建筑物的本质是和建筑周围环境相对立的。然而，建筑是没有办法完全撇开周围环境而独立存在的，可以不在形式上找到关系，但一定还有其他方面的联系。

一般来讲，对于基地情况的分析可以从以下几方面入手：

①建筑与城市规划的限制：基地退红线要求、建筑限高、建筑造型风格规定等。

②建筑与文化历史传统：了解当地建筑文化传统，确定设计。

③建筑与基地形状：以此为出发点，获得建筑的图形和设计的母体。

④建筑与交通流线：根据周围道路确定基地的入口位置和建筑形体的主要表现方位。

⑤建筑与坡度：应对不同的坡度，采取不同的设计策略。

⑥建筑与视线：考虑景观与隐私，以此为依据确定开窗的方向。

⑦建筑与朝向：根据日照分析，决定建筑趋光与遮阳的策略，确定屋子的朝向与房间分布。

⑧建筑与防噪：根据噪声源的位置确定防噪措施，用不重要的房间或植物阻隔。

⑨建筑与通风：根据季节风的方向与强度，确定通风处理方式。

⑩建筑与植被：确定基地上植物的取舍，使之成为景观中心或屏障。

18. 什么叫作建筑的时空性?

建筑艺术真正的核心是"空间"，各种艺术中唯有建筑能赋予空间完全的价值，绘画可以描绘空间，诗歌可以让人对空间有所想象，音乐常常被类比为建筑空间，但只有建筑与空间直接打交道，它以空间为媒介，并置人于其间。空间给人以美感，空间可以控制人的情绪，就像雕塑家用泥土、作曲家用音符、建筑师用空间来造型，他们是以空间为素材进行编排和组织的专家。

现代空间的概念是通过运用限定的要素在大的空间里进行分隔生成的。所谓的限定要素就是构成建筑的墙面、地面、楼板、顶棚、柱子、梁架等构件，如何认识和运用空间的限定要素一定程度上决定了空间的品质。在经历了一种视觉观念的转变之后，现代建筑改变了从空间容积的角度来观察空间的传统。空间容积是对空间本身的几何特性的关注。空间限定则是对构成空间的围合构建的关注，这也是古典建筑与现代建筑在空间观念上的区别。

对于建筑的感知，即使是最强有力的影像也不可能捕捉建筑的全部。人的眼睛可以先扫描全景，然后聚焦感知某个细节，人选择感知的界限不断扩张，又不断地集中。所有的感知都源于建筑设计所创造的空与实，而文字说明和图片只是一种设计的解释与理解的途径，甚至是一堆谎言。只有亲临现场，才能用自己的脚和眼来验证建筑的全部，尤其是建筑的空间序列。

任何建筑物中都存在不同等级的流线，它可以用来理清功能平面，使人流活动呈树状结构。流线的空间节点与所营造的参照物使使用者在建筑内部能够定位。楼梯与坡道既承担垂直交通的功能，也可以成为形式表达的手段，更富动态与表现力的楼梯形式，常常成为空间的焦点。在平面图上，不同楼层的双跑楼梯使用同一个平面位置；单跑楼梯和直跑楼梯，每个楼层都在不同的平面位置上；宽度足够的时候，楼梯平台可以承担社交空间的功能。有时候，这样的功能被强化成为设计特点。

空间序列的组织，就是在连续运动的过程中有计划地让使用者体会空间的变化、起伏与节奏。性质不同的空间之间的组合关系构成了空间体系的特点。空间系统以点（院子和房间）和线（走廊）来组织交通；空间放射状地围绕在中心点周围，可以通过组合，形成多核心式空间系统；院子和房间可以用走廊连接，“线”可以穿过和切过“点”空间，“线”可以是直线或曲线，“线”可以折叠，成为立体的“线”；“线”之间可以平行、相交，还可以构成网格。空间体系可以用点线结合的方式组合。

传统的空间形态以几何体为主，包括正方体、长方体、圆拱、圆柱体、金字塔、晶体等。当下电脑软件的发展，催生出了更为有机的空间形态。空间的形态、大小还有数目要与人的活动相匹配，每一个空间尺寸必须确定。一般来说，由平面决定面积，由剖面决定高度。空间使用的人数和使用状况、家具设备的数量与类型和尺寸、室内交通的流量等是决定空间形状与尺寸的一个因素，人的生理知觉和心理需求是另外的方面，尺度就是人对尺寸与比例的心理沉积，尺度可以决定空间的性质。

19. 快速设计容易出现哪些失误?

在短时间内，快速设计出现少许失误是难以避免的，这些失误中，有些是无关紧要的，有些却是致命的，本章在此将这些致命的错误进行一下总结：

①图纸内容不完整。任务书中对绘图的要求有明确的规定，比如各层平面图、立面图、剖面图、总平面图、效果图等，这些图纸是必不可少的。

②设计内容缺失。这种类型的失误在平面设计中常常出现，任务书中要求设计的较复杂的房间没有按照规定进行布置，或者任务书中没有，但按照常理应该添加的部分（比如卫生间等）缺失。

③场地设计硬伤。在总平面图中，经常出现的问题有：有高差的基地，没有高差的处理，消防违规，主次入口选择有误，甚至出现私自改动建筑控制线的做法。

④功能分区不明确及流线交叉。这是建筑方案设计的一个致命失误。几大分区务必区分明确，并且用明晰的流线将各个分区联系起来。

⑤房间形状欠妥并存在黑房间。主要表现为房间比例过于狭长，过于怪异，影响使用的有效性，比如将某个本来只有 $10m^2$ 的房间设计为三角形，去除掉房间的各个边角，有效的使用空间就很小了。尽量不要出现黑房间。若储藏室是黑房间，对功能影响不大，勉强可以接受，但是如果卫生间或主要功能房间是黑房间，就会存在问题，黑房间的问题是可以通过精心的设计来避免的。

20. 快速设计的图面效果怎么提升?

一般来讲，图面效果是一种综合的印象，只有对每一个表现要素表达到位，才能获得比较好的效果，可以尝试从以下几个方面入手：

①整体的版面设计。一套完整的图纸，包括平面图、立面图、剖面图、总平面图、透视图或鸟瞰图以及必要的标题、设计说明等组成，那么版面的设计就是指从平面构成的角度与逻辑出发，将以上各个部分形成有机的整体的过程。

②线条的绘制效果。推荐大家练习徒手绘制线条。徒手表现能力是一个建筑师功底的体现，尤其在小型的场地与建筑设计尺度上，徒手表现图纸往往是方案讨论与交接的基础。尺规作图在快速设计练习的初期容易出效果，但经过一段时间以后，往往显得图面过于程式化，没有活力。

③图面的整体色调。图面的配色，以烘托主体为目的，不求图面全面表现，但求重点突出，主次分明。

④配景的辅助协调。好的设计图纸，不仅有平面、立面、剖面、总平面的技术性图纸，还有起辅助作用的配景图纸。好的配景表现使得画面丰富，衬托主体的醒目地位，同时还可以根据需要烘托出某种气氛。

21. 快速设计配景应该怎么表现?

①平面配景和绿地的表现方法：一般来讲，平面配景和绿地只在一层平面上画。由于建筑形体的需要，建筑的外轮廓线可能造成图形意外的留白不规整，可以通过配景和绿地的完形，使得平面的图幅完整。若建筑有室外庭院，那么也需要用平面配景和绿地用以区别室内和室外。在表现时，一般有 2~3 种树形即可，不必写实，应注重大小搭配与虚实对比，以完形和衬托图面为第一要任。如图 7.1 所示。

②总平面配景和绿地的表现方法：总平面中的主角是两层关系，一个是道路与建筑之间的关系，另一个是建筑与周边环境之间的关系。配景只是配景，树形要简单，且仅作标示作用即可，无须过度表现，避免反客为主。

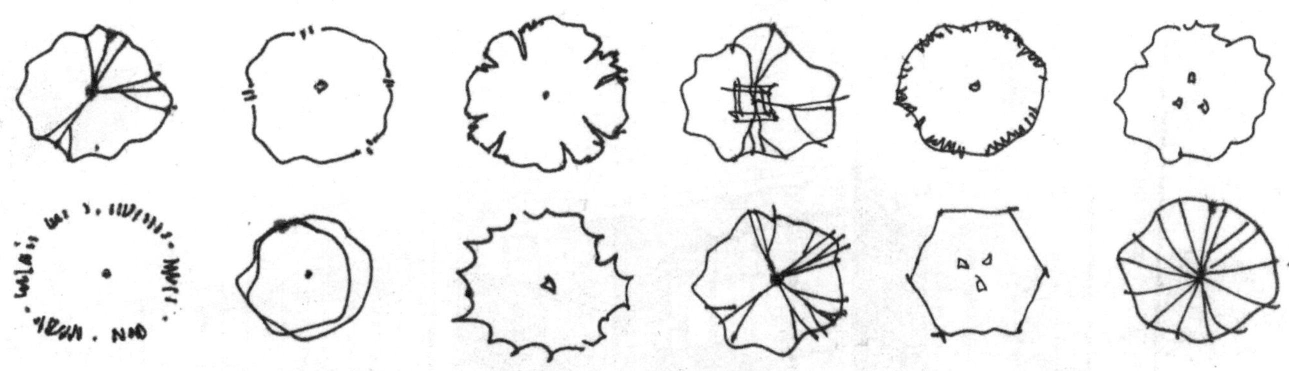

图 7.1　平面配景示例

③立面与剖面配景的表现方法：一般来讲，在版面设计的时候，立面与剖面通常放在图面的最下方，其配景可以表现得具有连续性，可以分为 2~3 个层次来衬托建筑轮廓。如图 7.2 所示。

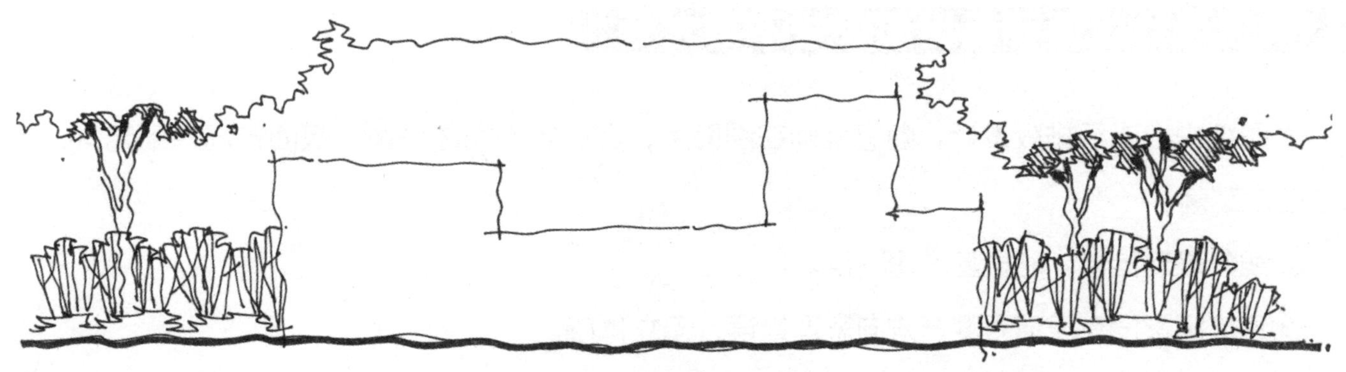

图 7.2　立面配景示例

④透视图配景的表达：一般来讲，透视图中配景分三个层次：近景，中景，远景。近景树需要推敲树干、树枝的姿态，需要自然优美，根部需要用草丛、灌木遮挡；中景树与建筑处在同一层次空间中，宜以成片灌木表现；远景树退后较远，表出轮廓即可，如图 7.3 所示。

图 7.3 透视配景示例

22. 快速设计版面容易出现哪些不当之处?

①图纸内容未经排版设计，随意堆砌在图面上，造成版面构图失衡，版面布局杂乱无章，版面内容空空荡荡。

②线条表现拘谨，略显基本功不足。

③建筑阴影没有表现力度，方向表现错误，无立体感。

④配景层次不足，构图不准确 。

⑤涂色过满，色彩混乱，喧宾夺主。

23. 考前应该怎样复习快速建筑方案设计科目?

①思维的训练：快速设计的训练，不是题海战术，而是要明确做题的目的。简而言之，做题不是为了获得一个方案，而是要掌握设计过程和整个逻辑顺序。

②表现的训练：从线条、配景树木、配景人、配景字体到马克笔表现及整个图面的构成，选择

2~3 套配景，练到娴熟，能够随手默画下来。

③综合的训练：可以将上述训练分项进行，但是快速设计需要在一个相对集中的时间内完成，所以应进行一段时间的封闭训练，检验分项练习的成果，确保可以在规定的时间内完成整套题目。

24. 如何判定一份快题设计是一个优秀的设计?

①从图面效果来看：在快速设计中，设计者可以自己动手进行设计构思，表达设计意图，推敲完善方案，表现设计过程与设计成果，可以从一张快速设计中看出设计者的绘画基础、美学功底、构图能力、基本素养等。这些综合素质正是建筑设计的基础，一幅好的快题设计，图面效果不能太差。

②从方案设计来看：建筑方案设计的优劣对整体的结果起着至关重要的作用，总平面的布局是否合理，平面设计是否有章法，立面设计对造型是否有建构能力，剖面设计中表达空间关系、结构、构造概念是否清晰，整体实际中是否有有违范及常识的地方，方案设计是否有巧妙过人之处等，都举足轻重。

附录 A　快速设计工具整理表

序号	内容	备否	数量	详细	状态
01	证件			考试通知、身份证明	必备
			笔类		
01	铅笔			2H、2B、6B	削好
02	自动铅笔			铅芯	
03	彩铅			型号、颜色	削好
04	橡皮			普通、素描	不脏纸
05	马克笔			型号、颜色	有水
06	绘图笔			型号	有水
07	草图笔			型号	有水
08	针管笔			型号	通畅、墨水够用
09					
			尺类		
01	一字尺				固定好
02	图板			1 号	
03	比例尺				
04	三角尺				
05	圆规			架笔配件	
06	曲线尺				
07	模板			圆、数字、家具	
			纸张类		
01	草图纸			1 号、2 号	裁好
02	硫酸纸			1 号、2 号	裁好
03	备用纸			1 号、2 号	裁好、边框画好
04	图样				
			其他		
01	工具盒				
02	裁纸刀				裁刀片
03	胶带纸				
04	双面胶带				
05	食品饮料				

附录 B 快速设计图面元素检查单

总图	图名	比例	层数	指北针	入口	红线	停车场
	道路	阴影	绿化				
平面图	图名	比例	标高	指北针	入口	尺寸	楼梯、台阶
	空间名称	剖切号	无障碍				
立面图	图名	比例	阴影	轮廓线	投影线		
剖面图	图名	比例	标高	阴影	轮廓线	投影线	
指标							
透视图（轴测图）	图名						

附录 C 快速设计常见透视图及配景参考

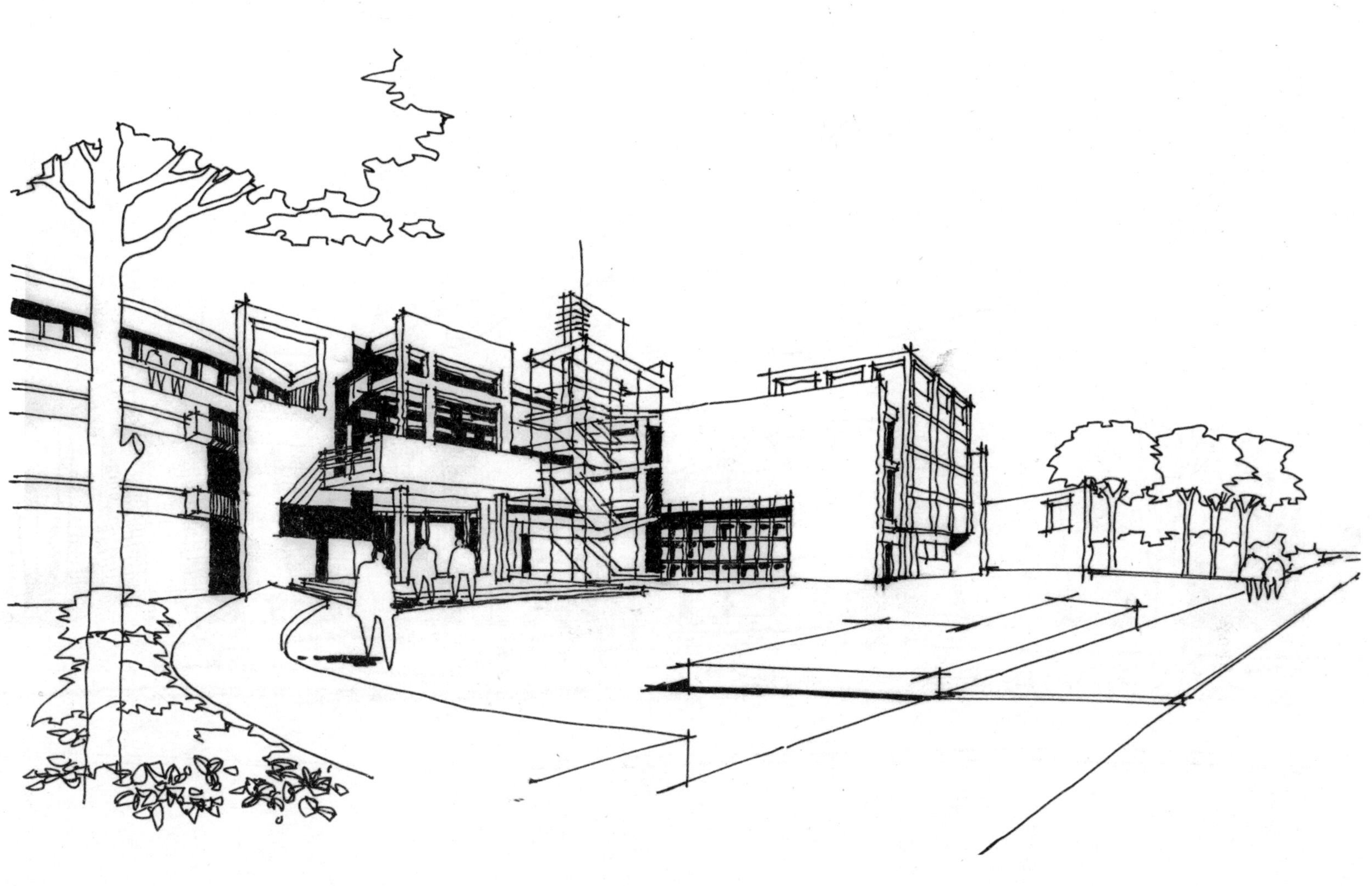

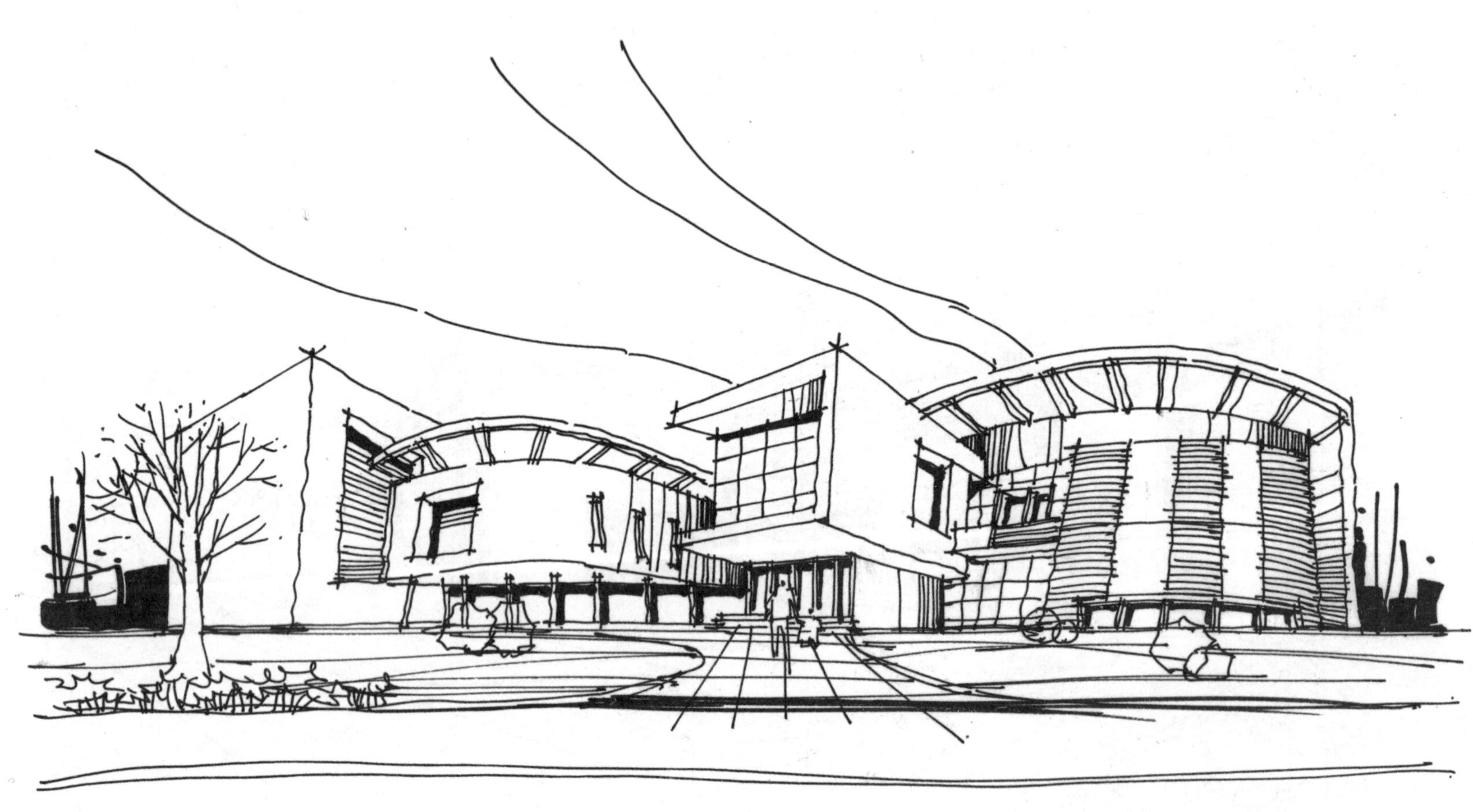

附录 D 版面设计常用模板参考

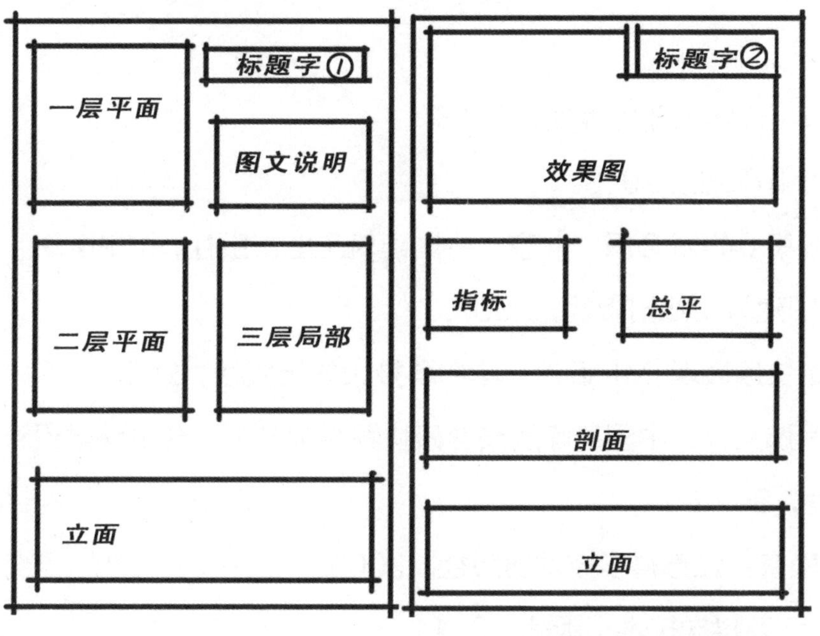

常用两张 A2 排版参考

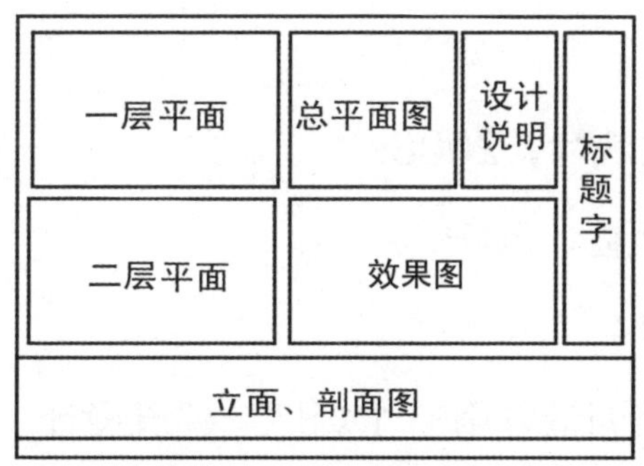

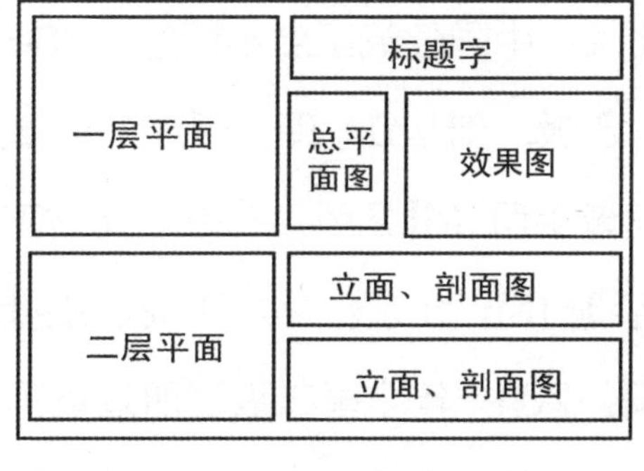

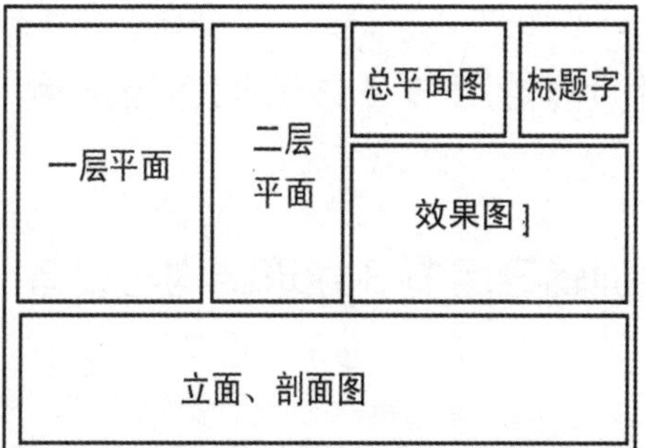

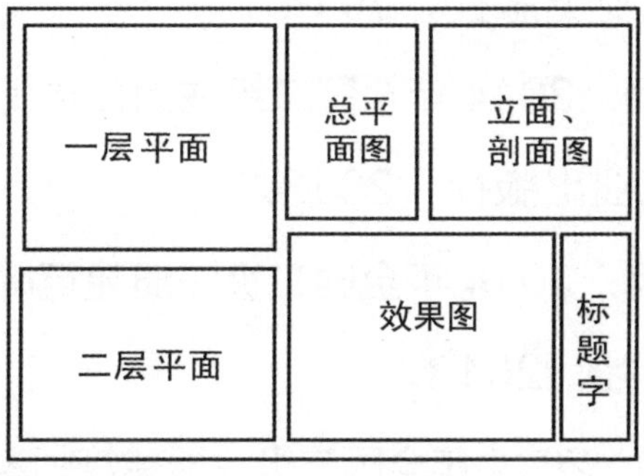

常用一张 A1 排版参考

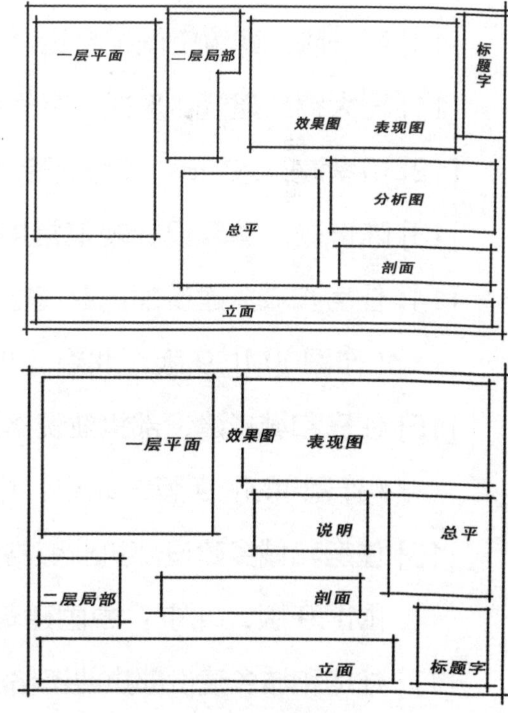

常用一张 A2 排版参考

参考文献

[1] 辛塞波．建筑专业快题设计 [M].2 版．北京：化学工业出版社，2013.

[2] 李延龄．建筑初步 [M]. 北京：中国建筑工业出版社，2013.

[3]《建筑设计资料集》编委会．建筑设计资料集 04[M].2 版．北京：中国建筑工业出版社，1994.

[4] 徐卫国．快速建筑设计方法 [M]. 北京：中国建筑工业出版社，2007.

[5] 三道手绘考研快题设计培训中心．设计手绘快速表现 [M]. 武汉：华中科技大学出版社，2013.

[6] 三道手绘考研快题设计培训中心，袁旦，罗选文等．中国高等院校考研快题系列丛书：建筑快题设计方案方法与评析 [M]．武汉：华中科技大学出版社，2013.

[7] 黎志涛．快速建筑设计 100 例 [M].3 版．南京：江苏科学技术出版社，2009.

[8] 黎志涛．快速建筑设计 100 问 [M]. 南京：江苏科学技术出版社，2011.

[9] 荆子洋．快速建筑设计 80 例 [M]. 南京：江苏科学技术出版社，2009.

[10] 彭一刚．建筑空间组合论 [M].3 版．北京：中国建筑工业出版社，2008.

[11] 程大锦．建筑：形式、空间和秩序 [M].3 版．刘丛红 , 译．天津：天津大学出版社，2008.

[12] 伍孝波，东艳晖．建筑设计常用规范速查手册 [M].2 版．北京：化学工业出版社，2015.

[13] 陈慢勤．建筑设计规范常用条文应用手册 [M]. 北京：化学工业出版社，2014.

[14] 住房和城乡建设部执业资格注册中心网．2014 年全国二级注册建筑师考试培训辅导用书 1 场地与建筑设计 (作图)[M] .9 版．北京：中国建筑工业出版社，2014.

[15] 住房和城乡建设部执业资格注册中心网．2014 年全国二级注册建筑师考试培训辅导用书 2 建筑构造与详图 (作图)[M] .9 版．北京：中国建筑工业出版社，2013.

[16] 住房和城乡建设部执业资格注册中心网．2014 年全国二级注册建筑师考试培训辅导用书 3 建筑结构与设备 [M] .9 版．北京：中国建筑工业出版社，2013.

[17] 住房和城乡建设部执业资格注册中心网．2014 年全国二级注册建筑师考试培训辅导用书 4 法律 法规 经济与施工 [M] .9 版．北京：中国建筑工业出版社，2013.